生物质能及其应用

晏水平　纪　龙　贺清尧
姚丁丁　王媛媛　胡迎超　◎著

中国石化出版社
·北京·

内 容 提 要

生物质能源的大规模利用不仅能保证能源的可持续供应，还能实现能源生产中的二氧化碳"近零排放"，如将其与碳捕集、利用和储存技术进行耦合，可实现负碳排放，助力碳中和目标达成。本书聚焦生物质能及其应用，系统介绍了典型生物质能转化技术的基本工作原理及应用实践，兼具通识性和基础性。本书共分 7 章，主要包括绪论、生物质直接燃烧技术原理及应用、生物质热裂解技术原理及应用、生物质热化学转化后灰渣的增值化利用技术及应用、生物质制氢技术原理及应用、生物天然气技术原理及应用、生物质能碳捕集和储存技术原理及应用。本书较详细地介绍了各种经典的生物质能转化利用技术与应用实例，并引入生物质能碳捕集与封存（BECCS）等新知识，具有较强的综合性、科学性和实用性。

本书可作为可再生能源和新能源领域相关专业本科生和研究生的教材或入门参考书，也可供能源工程、环境工程、化学工程、农业工程等相关领域的科研人员、工程技术人员和管理人员参考。

图书在版编目（CIP）数据

生物质能及其应用 / 晏水平等著 . -- 北京：中国
石化出版社，2024.12. -- ISBN 978-7-5114-7523-7

Ⅰ . TK6

中国国家版本馆 CIP 数据核字第 2024F7H250 号

中国石化出版社出版发行
地址：北京市东城区安定门外大街 58 号
邮编：100011　电话：（010）57512500
发行部电话：（010）57512575
http：//www.sinopec-press.com
E-mail：press@sinopec.com
北京艾普海德印刷有限公司
全国各地新华书店经销
*
787 毫米 × 1092 毫米　16 开本　13.75 印张　298 千字
2024 年 12 月第 1 版　2024 年 12 月第 1 次印刷
定价：78.00 元

—— 前言 ——

为遏制全球气温的进一步上升，实现《巴黎协定》(The Paris Agreement)中所提出的长期目标，即将全球平均气温较前工业化时期上升幅度控制在 2℃以内，并努力将温度上升幅度限制在 1.5℃以内，在 2023 年 12 月 13 日落幕的《联合国气候变化框架公约》第二十八次缔约方大会（COP28）中，198 个缔约方共同达成了"阿联酋共识"。协议呼吁各国在 2030 年前实现全球可再生能源产量增加 2 倍。在众多可再生能源中，生物质能是直接或间接地通过绿色植物的光合作用，将太阳能转化为化学能后固定和储存在生物体内的能量，具有可再生性和低污染性，是替代化石能源的理想能源。2020 年，我国生物质资源能源化利用实现了约 2.18 亿吨的碳减排量，预计 2030 年和 2060 年能分别实现超过 9 亿吨和 20 亿吨的碳减排量。显然，生物质能的大规模应用，不仅可保证能源的稳定供应，还能实现碳减排，如将生物质能转化与碳捕集、利用和储存技术相结合，还能实现负碳排放。另外，通过不同的生物质能转化技术，生物质可转化为高品质的固态、液态和气态燃料，具有物质性生产能力，可完全替代石油。因此，生物质的能源化利用具有非常重大的意义。

生物质的能源转化技术众多，包括直接燃烧技术、热裂解技术、制氢技术、生物天然气技术等，每种技术的工作原理、产物及相应的碳减排潜力均有所差异。基于此，本书较详细地介绍了典型生物质能转化技术的主要原理、技术、工艺及装备，并结合工程案例介绍了其主要应用，同时对碳减排特性进行初步分析，以方便相关专业本科生、研究生及相关领域的工程技术人员与管理人员既能了解生物质能转化技术的基本原理，又能了解所涉及的装备与应用场景及存在的关键难题。另外，本书还介绍了相关前沿性的内容，如生物质热化学转化后的灰渣的利用途径等及生物质能碳捕集和封存技术（BECCS）。本书共分 7 章，分别为绪论、生物质直接燃烧技术原理及应用、生物质热裂解技术原理及应用、生物质热化学转化后灰渣的增值化利用技术及应用、生物质制氢技术原理及应用、生物天然气技术原理及应用、生物质能碳捕集和储存技术原理及应用。

　　本书由华中农业大学晏水平统筹规划并领衔编著，并由华中农业大学晏水平、纪龙、贺清尧、姚丁丁、王媛媛和胡迎超共同撰写。第1章和第7章由晏水平撰写，第2章由胡迎超撰写，第3章由姚丁丁撰写，第4章由纪龙撰写，第5章由王媛媛撰写，第6章由贺清尧撰写。全书由晏水平统稿与校核，华中农业大学工学院研究生王恩宇、李复帅等协助绘图，其他研究生也在本书编撰中贡献了个人智慧，在此向他们表示诚挚的谢意。本书在编撰过程中参考了大量国内外书籍、学位论文和期刊论文等文献资料，在此表示深深的谢意。

　　作者力图使本书能够作为生物质能利用的入门参考书籍，为可再生能源和新能源等专业的学生和研究生，从事生物质能利用相关工作的研究人员、工程技术人员和管理人员等提供一个探讨、学习生物质能转化利用技术现状的途径。但生物质能转化利用技术研究非常火热，且新技术层出不穷，因此本书很难勾画出该领域的全部图景，同时编者水平有限，书中难免存在疏漏或不当之处，敬请读者批评指正。

编　者

目录
CONTENTS

167　7　生物质能碳捕集和储存技术原理及应用

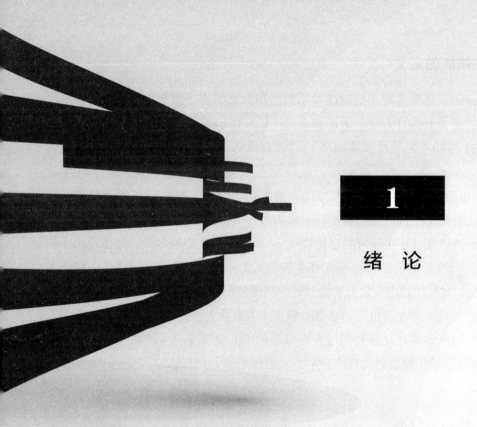

1

绪　论

1.1　生物质资源

1.1.1　生物质的定义

生物质（biomass）是指来源于植物或动物的一切有机物质。关于生物质，不同的国家或机构所给出的定义有些许差别。美国农业部（U.S. Department of Agriculture，USDA）推荐的定义为"任何可再生或可实现循环利用的有机物，且通常由水和二氧化碳经光合作用这种持续方式产生"。而《联合国气候变化框架公约》（United Nations Framework Convention on Climate Change，UNFCCC）所定义的生物质的概念则为："来源于植物、动物和微生物的非化石物质，且可生物降解的有机物质。"也有人将生物质定义为"一切直接或间接利用绿色植物光合作用形成的有机物质"。显然，无论何种定义，均体现出生物质是一种可持续、可再生的资源，包括农林业和相关工业产生的产品、副产品、残渣和废弃物，以及工业和城市垃圾中非化石物质和可生物降解的有机组分，其可通过二氧化碳（CO_2）、空气、水、土壤、阳光、植物和动物的相互作用源源不断地形成。

生物质在微生物降解和热化学利用过程中释放的 CO_2 全部来自生物质生长过程中所吸收的大气中的 CO_2，即生物质的大规模利用不会增加地球上 CO_2 总量。因此，生物质被誉为"碳中性资源"。

1.1.2　生物质的分类

从生物学的角度分类，生物质可分为植物性生物质和非植物性生物质。植物性生物质指的是植物体及人类利用植物体时所产生的植物废弃物，而非植物性生物质是指动物及其排泄物、微生物体及其代谢物，以及人类在利用动物、微生物时所产生的废弃物。从生物质开发利用历史角度分类，生物质可分为传统生物质和现代生物质两大类。其中，传统生物质主要是指薪柴、农作物秸秆、畜禽废弃物及人类生活废弃物等，而现代生物质则是指可进行规模化利用的生物质，如林业或其他工业的木质废弃物、制糖工业与食品工业的加工废弃物、城市有机垃圾、大规模种植的能源植物、能源作物和薪炭林等。据统计，我国目前各类生物质资源总量约为 37 亿吨，预计 2030 年和 2060 年我国生物质资源总量将分别达到 37.95 亿吨和 53.46 亿吨。

根据生物质的来源不同，将适合于能源利用的生物质分为农作物秸秆、畜禽粪便、林业剩余物、生活垃圾、废弃油脂、污水污泥和中药药渣等。

1. 农作物秸秆

农作物秸秆是指在农业生产中，在收获了稻谷、小麦、玉米等农作物籽粒以后，残留的不能食用的茎、叶等农作物副产品，不包括农作物地下部分、稻壳、玉米芯和花生壳等农产品加工剩余物。

中国产业发展促进会生物质能产业分会发布的《3060零碳生物质能发展潜力蓝皮书》中的数据显示，截至2020年，我国秸秆理论资源量约为8.29亿吨，可收集资源量约为6.94亿吨（平均草谷比由《第二次全国污染源普查公报》中提供的数据折算约为0.837），其中秸秆燃料化利用量约为8821.5万吨。我国秸秆资源主要分布在东北、河南、四川等产粮大省，黑龙江、河南、吉林、四川、湖南的秸秆资源总量位居全国前五，占全国总量的59.9%。随着我国粮食产量的平稳上涨，预计未来我国秸秆资源总量也将保持平稳上升，2030年农作物秸秆产生量约为9.16亿吨，秸秆可收集资源量约为7.67亿吨；2060年秸秆产生量约为12.34亿吨，秸秆可收集资源量约为10.33亿吨。

2. 畜禽粪便

畜禽粪便是畜禽养殖业中产生的一类固体废弃物，包括猪粪、牛粪、羊粪、鸡粪、鸭粪等，其是其他形态生物质（主要是粮食、农作物秸秆和牧草等）的转化形式。

我国畜禽粪便资源量约为18.68亿吨（不含冲洗废水），沼气利用粪便总量达到2.11亿吨。我国畜禽粪便资源集中在重点养殖区域，资源总量全国排名前五的省份依次是山东、河南、四川、河北和江苏，占全国总量的37.7%。随着肉蛋奶消费市场逐渐趋于饱和，畜禽粪便资源量将维持较低幅度的增长趋势（约0.6%），预计畜禽粪便资源总量在2030年和2060年将分别达到19.83亿吨和23.73亿吨。

3. 林业剩余物

林业剩余物是指林业生产和经营过程中产生的未商品化利用的有机物质，包括枝桠、梢头、灌木、树桩（伐根）、枯倒木、遗弃材及截头等木质物质。

截至2020年，我国可利用的林业剩余物总量为3.5亿吨，能源化利用量为960.4万吨。林业剩余物资源集中在我国南方山区，广西、云南、福建、广东和湖南的资源总量排名位居全国前五，占全国总量的39.9%。由于林业碳汇是重要的固碳手段，预计未来我国林业面积将会持续稳定增长，因而未来林业剩余物资源量也将随之持续增加。预计2030年林业剩余物总量将达到4.27亿吨，到2060年则增长至7.73亿吨。

4. 生活垃圾

生活垃圾是指在日常生活中或为日常生活提供服务的活动中产生的固体废物，以及法律、行政法规视为生活垃圾的固体废物，主要包括居民生活垃圾、集市贸易与商业垃圾、公共场所垃圾、街道清扫垃圾及企事业单位垃圾等。

目前我国生活垃圾清运量约为 3.1 亿吨，其中垃圾焚烧量为 1.43 亿吨。生活垃圾资源集中在东部人口稠密地区，资源总量全国排名前五的省份分别是广东、山东、江苏、浙江、河南，占全国总量的 36.5%。近年来，我国垃圾清运量以约 3% 增长率增长，厨余垃圾清运量持续保持约 3.6% 的增长速率。随着垃圾分类工作的持续推进，湿垃圾的分离使得厨余垃圾比重逐步提高。预计到 2030 年，生活垃圾清运量将达到 4.04 亿吨，若届时全面垃圾分类实施区域达到 10%，则厨余垃圾清运量将达到 1.72 亿吨。如果到 2060 年生活垃圾清运量达到 5.86 亿吨，实施区域达到 50%，则厨余垃圾清运量将达到 4.19 亿吨。

5. 废弃油脂

废弃油脂是指除居民日常生活以外的在餐饮服务、食品生产加工以及食品现制现售等活动中产生的废弃食用动植物油脂和含食用动植物油脂的废水。

2020 年，我国食用植物油消费量为 3382 万吨。在未统计畜禽处理产生的废弃油脂情况下，废弃油脂产生量约为食用油消费量的 30%，即 2020 年我国废弃油脂量超过 1055.1 万吨，其中能源化利用量约为 52.76 万吨。根据我国食用植物油消费量的年均增幅（约 0.7%）预估，2030 年和 2060 年我国废弃油脂产生量将分别达到 1131.3 万吨和 1394.7 万吨。

6. 污水污泥

污水是指工业、农业、生活等领域中含有污染物质的水，污泥是指在污水处理过程中从污水中分离出的含固体物质的淤泥状物质。

截至 2020 年，我国生活污水污泥产生量约为 1433.57 万吨，能源化利用量约为 114.69 万吨。污水污泥资源集中在城市化程度较高的区域，资源量全国排名前五的省（市）分别是北京、广东、浙江、江苏、山东，占全国资源总量的 44.3%。预计 2030 年和 2060 年我国污水污泥干重将分别达到约 3094.96 万吨和 1.4 亿吨。

7. 中药药渣

中药药渣是中药提取活性成分后的残留物，既是未被充分利用的生物质资源，又是潜在的环境污染源。近年来，我国中药产业发展迅猛，每年我国中成药、功能性食品、中兽药、生物农药等药材深加工产业化过程，产生药渣固废物高达 5000 万吨，其中中成药药渣占比高达 70%。中成药药渣含丰富的木质素、纤维素、半纤维素以及大量的多糖、蛋白质和氨基酸等生物活性物质，同时还含多种微量元素，包括氮、磷、镁、铁和锌等，其再生利用的价值近千亿元。

1.1.3 生物质的特点

1. 储量巨大，且具有时空不受限性

生物质基本无时空限制性，因而地球上生命的活动为人类提供了丰富的生物质资源，其遍布于陆地和水域的生物质之中。据估计，每年地球上的植物通过光合作用可固定碳约 2.0×10^{11}t，贮存在植物体内的太阳能可达 3×10^{21}J，相当于全球能源消耗量的 10 倍左右。

2. 具有可再生性和碳减排特性

生物质以有机体实物的形式存在，是通过植物的光合作用形成的可储存和可运输的可再生资源，资源量丰富，可永续开发与利用。由于生物质的合成过程中可以通过光合作用吸收大气中的 CO_2，而将生物质转化为生物质能及生物质能利用过程中会释放 CO_2，因而理论上利用生物质可实现 CO_2 零排放。如将生物质能生产及利用与碳捕集、利用和储存技术耦合，将生物质能生产及利用中产生的 CO_2 进行利用或封存，还能实现 CO_2 负排放。但需要注意的是，在生物质向生物质能转化的过程中，需要投入一定的外在能量。如果这些能量完全来自生物质能，则利用生物质能可实现 CO_2 零排放。如所投入的外在能量来自化石能源，且能量投入产出比小于 1 时，则利用生物质能无法实现 CO_2 零排放，但依然可实现化石能源替代，因而可实现 CO_2 减排；如果能量投入产出比大于 1，则利用生物质能无法实现碳减排，反而会增加 CO_2 排放。因此，在生物质能转化技术中，需要筛选能量投入产出比小于 1 的技术，或对技术进行革新，使能量投入产出比小于 1。

3. 环境友好性

生物质燃料含硫、氮量较低，灰分含量小，因此其燃烧所产生的 SO_x 和 NO_x 及灰尘排放量均低于化石燃料，是一种清洁、低碳和环境友好型的燃料。以生物质秸秆为例，1t 生物质秸秆资源与能量相当的煤炭相比，在使用过程中，生物质秸秆燃烧比煤炭燃烧减少 CO_2 排放量 1.4t，SO_2 排放量减少 0.004t，烟尘减少约 0.01t。

4. 兼容性强

生物质主要由碳（C）、氢（H）、氧（O）、氮（N）、硫（S）、磷（P）等元素组成，其组成成分与化石能源相似，如能脱除生物质中的 O、H 等元素，即可将生物质转化为"生物煤"，从而替代煤炭；如脱除生物质中的 O 等元素，并提高氢碳比（H/C），则可将生物质转化为"生物油"，从而替代石油。因此，生物质利用技术和方式与化石燃料具有很好的兼容性，其可以转化为气、液、固等资源，可对化石燃料进行良好的替代。

1.2　生物质能与生物质能转化技术概述

1.2.1　生物质能的基本概念

《中华人民共和国可再生能源法》中将生物质能定义为"利用自然界中的植物、粪便及城乡有机废物转化成的能源"。从本质上讲，生物质能是太阳能以化学能形式储存在生物质中的能量类型，即以生物质为载体直接或间接来源于绿色植物的光合作用的能量。显然，生物质能具有可再生性和环境友好性。生物质能是人类一直赖以生存的重要资源，是仅次于煤、石油和天然气的第四大能源。

1.2.2　生物质能转化利用技术

1.2.2.1　生物质能转化利用技术定义

通常把生物质通过一定方法和手段转变为使用起来更方便和干净的燃料物质或能源产品的技术统称为生物质能转化利用技术。

1.2.2.2　生物质能转化利用技术类型

总体而言，生物质能转化利用技术可分为物理法、热化学法、生物化学法及化学法等几种类型，如图 1-1 所示。

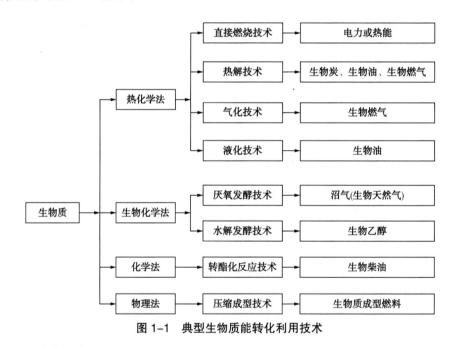

图 1-1　典型生物质能转化利用技术

1. 直接燃烧技术

生物质直接燃烧是一种最简单、最实用的生物质热化学转化利用方式，也是目前大规模高效清洁利用生物质能的一种重要途径。现代的生物质直接燃烧技术主要有生物质直接燃烧发电技术和生物质与煤混合燃烧技术两种。从化学角度看，生物质燃烧是构成生物质的有机质与空气中的氧气发生剧烈的氧化反应并放出热量的过程；从能量转化的角度看，生物质燃烧是蕴含在生物质有机质中的化学能通过氧化反应转化为热能的过程。从本质上讲，生物质燃烧属于气固异相反应，但由于生物质性质的复杂性，生物质燃烧过程还包含了干燥、热解（挥发分析出）、气相燃烧和焦炭燃烧等阶段，是化学反应、传热、传质及流动等诸多过程的耦合。

2. 热解技术

生物质热解又称生物质热裂解或裂解，是指在惰性条件下，利用热能切断生物质大分子中的化学键，使之转变为生物炭、可冷凝液体（生物油）和小分子不可冷凝气体（生物气）的过程。生物质热解中，三种产物的比例取决于热解工艺和反应条件。一般而言，在低温和长时间的慢速热解中，产物以生物炭为主，生物炭产量最大可达30%，约占50%的能量；在中等温度及中等反应速率的常规热解中，可制取相同比例的气体、液体和固体产物；当采用高温闪速热解技术时，产物以生物气为主；当采用中温快速热解时，产物以生物油为主。

3. 气化技术

生物质气化技术是以生物质为原料，以 O_2（空气、富氧或纯氧）、水蒸气或 H_2 等为气化剂，在高温条件下通过热化学反应将生物质中可燃部分转化为可燃气体的过程。生物质气化所产生的气体中，主要的有效成分为一氧化碳（CO）、甲烷（CH_4）和 H_2 等可燃气体。气化可将生物质转化为高品质气态燃料，产物可直接应用作为锅炉燃料或进行发电，或作为合成气进行间接液化生产甲醇、二甲醚等液体燃料或化工产品。

4. 液化技术

生物质液化技术是指将呈固体状态的生物质经过一系列化学加工过程后转化为液体燃料（如生物汽油、生物柴油等液体烃类产品，或甲醇和乙醇等醇类燃料）的技术，根据化学加工过程的技术路线不同，液化可分为直接液化和间接液化。直接液化是将固体生物质在高压和一定温度条件下加氢后直接转化为液体燃料的热化学反应过程，而间接液化则是指将生物质气化后得到的合成气（CO 与 H_2），经催化合成为液体燃料的过程。

5. 厌氧发酵技术

沼气是生物质在严格厌氧条件下经微生物发酵而形成的气体燃料，沼气中主要有效成分为 CH_4，还包含 CO_2、硫化氢（H_2S）等杂质气体。生物质厌氧发酵产沼气过程实质上是微生物的物质代谢和能量转换过程，在分解代谢过程中沼气微生物获得能量和物质，以满足自身生长繁殖需要，同时大部分物质转化为 CH_4 和 CO_2。一般而言，约90%的有机物被转化为沼气，约10%则被沼气微生物用于自身消耗。生物质经过厌氧发酵转化成沼气是通过一系列复杂的生物化学反应实现的，一般将此过程分为水解发酵、产酸和产甲烷三个阶段。

可用于沼气发酵的生物质非常广泛，包括各种农作物秸秆、水生植物、畜禽粪便、各种有机废水、有机污泥、餐厨垃圾等。沼气可直接使用，用于供热、发电或作为炊事用气，也可以经过提纯（主要是脱除 CO_2）后转变为生物天然气（bio-natural gas）或生物甲烷（bio-methane），用于替代天然气进行工业利用。

6. 水解发酵技术

水解发酵是指通过微生物的发酵将生物质转化为燃料乙醇的技术，其可以单独或与汽油混配制成乙醇汽油作为汽车燃料。甘蔗、甜菜、甜高粱等作物的汁液及制糖工业的废糖蜜等糖类原料可直接发酵成含乙醇的发酵醪液，再经蒸馏便可得到高浓度的乙醇；玉米、甘薯、马铃薯、木薯等淀粉类原料可先经过蒸煮、糖化后，再进行发酵、蒸馏后产生乙醇；木质纤维素类生物质亦可生产生物乙醇，其生化反应过程可概括为大分子物质（纤维素和半纤维素）水解为葡萄糖、木糖等单糖分子、单糖分子经糖酵解形成 2 分子丙酮酸和在无氧条件下丙酮酸被还原为 2 分子乙醇及释放出 CO_2 等三个阶段。

7. 转酯化反应技术

生物柴油是指以动物和植物油脂、微生物油脂为原料与烷基醇通过酯交换反应和酯化反应生成的长链脂肪酸单烷基酯（通常为脂肪酸甲酯和脂肪酸乙酯）。生物柴油的分子链长 14~20 个碳原子，与石化柴油链长相仿，性质与石化柴油类似，可直接用于内燃机。生物柴油具有可再生、污染小、易降解等优点，是具有巨大发展潜力的可再生清洁能源。

8. 压缩成型技术

生物质压缩成型技术是指将锯末、稻壳、秸秆等生物质废弃物在一定压力作用下，使其由松散、细碎和无定形状态转变为密度较大的棒状、粒状和块状等各种成型燃料的技术。

生物质压缩成型工艺可根据是否向生物质原料中添加黏结剂而分为黏结剂成型和不加黏结剂成型两种工艺，还可根据原料热处理方式不同而分为常温压缩成型、热压缩成型和炭化成型等三种工艺。

压缩成型技术不仅增加了生物质的能量密度，减小了生物质的体积，使其便于运输和储存，而且还解决了生物质直接燃烧中能效低的问题，使其能替代煤炭用作锅炉燃料或作为居民采暖和炊事燃料。

2

生物质直接燃烧技术
原理及应用

2.1.1 生物质燃料化学组成和结构

生物质是多种复杂的高分子有机化合物组成的复合体，其化学组成主要有纤维素（Cellulose）、半纤维素（Semi-cellulose）、木质素（Lignin）和抽提物（Extractives）等，这些高分子物质在不同的生物质、同一生物质的不同部位分布不同，甚至有很大差异。因此，掌握生物质的化学组成及各成分的性质是研究和开发生物质热化学转化技术与工艺的基础理论依据。典型生物质的化学组成如表2-1所示。

生物质的化学组成可大致分为主要组分（Major Components）和少量组分（Minor Components）两种，其中，主要组分由纤维素、半纤维素和木质素构成，存在于细胞壁之中。少量组分是指可以用水、水蒸气或有机溶剂提取出来的物质，也称"抽提物"，此类物质在生物质中的含量较少，且大部分存在于细胞腔和胞间层中，所以也被称为非细胞壁提取物。抽提物的组分和含量随生物质的种类和提取条件变化而改变，属于抽提物的物质很多，其中重要的有天然树脂、鞣质、香精油、色素、木脂素及少量生物碱、果胶、淀粉、蛋白质等。生物质中除了绝大多数为有机物质外，尚有极少量无机的矿物元素成分，如钙（Ca）、钾（K）、镁（Mg）、铁（Fe）等，在生物质热化学转换后，通常均以氧化物的形态存在于灰分中。

表2-1 不同生物质的化学组分 %

类型	纤维素	半纤维素	木质素	抽提物	灰分
软木	42.1	26.0	29.3	2.2	0.4
硬木	39.5	35.1	21.7	3.4	0.3
松树皮	34.0	16.0	34.0	14.0	2.0
小麦秸	39.0	28.0	16.0	10.5	6.5
稻壳	30.2	24.5	11.9	17.3	16.1
甘蔗渣	38.6	39.5	20.0	0.3	1.6

2.1.1.1 纤维素

纤维素是由葡萄糖组成的大分子多糖，通常由8000~10000个葡萄糖残基通过 β-1、

4- 糖苷键连接而成，是植物细胞壁的主要成分，化学通式为（$C_6H_{10}O_5$）$_n$（其中，n 为聚合度），其结构式如图 2-1 所示。纤维素是自然界中分布最广、含量最多的一种多糖，占植物界碳含量的 50% 以上。一般木材中，纤维素的含量为 40%~50%，半纤维素含量为 10%~30%，还有 20%~30% 的木质素，棉花是自然界中纤维素含量最高的植物，纤维素含量可达到 90%~98%。

提纯的纤维素本身是白色的，密度为 1500~1560kg/m³，比热容为 1.34~1.38kJ/（kg·K），燃烧热值约为 18MJ/kg。纤维素在酸、碱或盐的水溶液中，会发生润胀，使分子间的内聚力减弱，固体变松软，体积变大，因而可利用这一性质对纤维素进行碱性降解或酸性水解，以获得小分子的碳水化合物。纤维素在通常的热分解（隔绝空气加热到 275~450℃）条件下，除生成多种气态、液态产物外，还可得到固体碳。

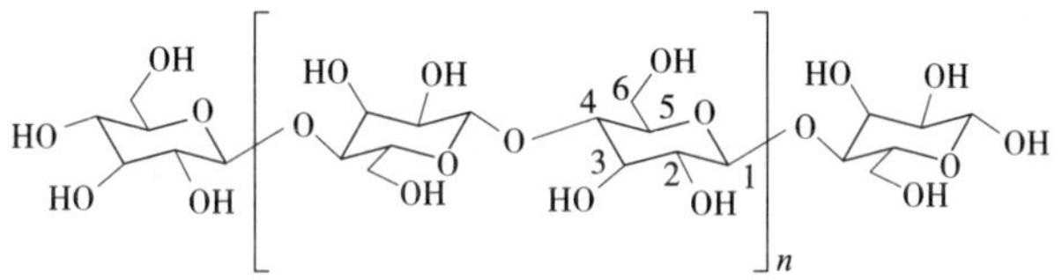

图 2-1　纤维素结构式

2.1.1.2　半纤维素

半纤维素是由 D- 木糖、D- 阿拉伯糖（以上均为戊糖，五碳单糖）、D- 甘露糖、D- 葡萄糖、D- 半乳糖（以上均为己糖，六碳单糖）等结构单元构成的多糖。其中戊糖多于己糖，平均分子式可表示为（$C_5H_8O_4$）$_n$，聚合度 n 为 50~200，低于纤维素的聚合度。半纤维素的部分结构式如图 2-2 所示。

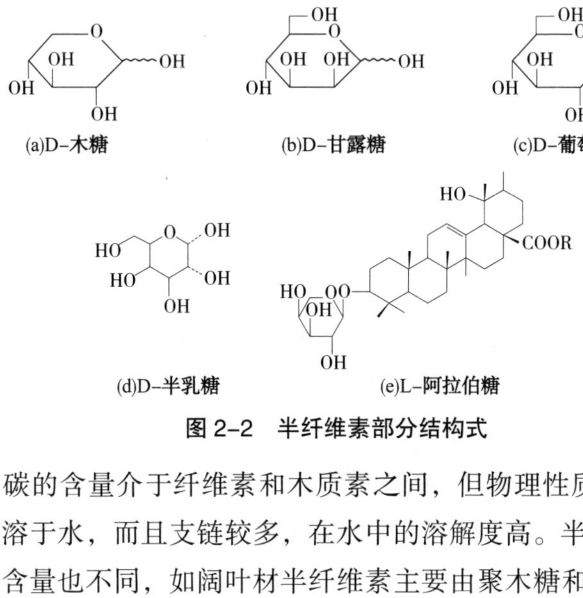

(a)D-木糖　　(b)D-甘露糖　　(c)D-葡萄糖

(d)D-半乳糖　　(e)L-阿拉伯糖

图 2-2　半纤维素部分结构式

半纤维素中碳的含量介于纤维素和木质素之间，但物理性质和化学性质有所差异。半纤维素多糖易溶于水，而且支链较多，在水中的溶解度高。半纤维素在不同生物质中的聚合物结构及含量也不同，如阔叶材半纤维素主要由聚木糖和少量聚葡萄糖、聚甘露糖组成，而针叶材半纤维素则由半乳糖、葡萄糖、聚甘露糖和相当多的聚木糖类纤维素组成。半纤维素的水解产物也随半纤维素的来源不同而不同，半纤维素的抗酸和抗碱能力都比纤维素弱。纤维素和半纤维素分子链中都含游离羟基，具有亲水性，但是半纤维素的吸水性和润胀度均高于纤维素，主要是因为半纤维素不能形成结晶区，水分子更容易进入。

2.1.1.3　木质素

木质素是由对香豆醇、松柏醇、5-羟基松柏醇、芥子醇4种醇单体所形成的一种复杂酚类聚合物。木质素是构成植物细胞壁的成分之一，具有使细胞相连的作用，在植物组织中具有增强细胞壁及黏合纤维的作用。木质素的组成与性质较复杂，并具有极强的活性，不能被动物所消化，在土壤中能转化成腐殖质。如果对木质素进行简单定义，可以认为木质素是对羟基肉桂醇类的酶脱氢聚合物。其性质稳定，一般不溶于任何溶剂。碱木质素可溶于稀碱性或中性的极性溶剂中，木质素磺酸盐可溶于水。

一般认为愈创木基结构、紫丁香基结构、对羟苯基结构是木质素最主要的3种基本结构。3种结构单元中都含有羟基，只是甲氧基含量不同而已，其化学结构式如图2-3所示。

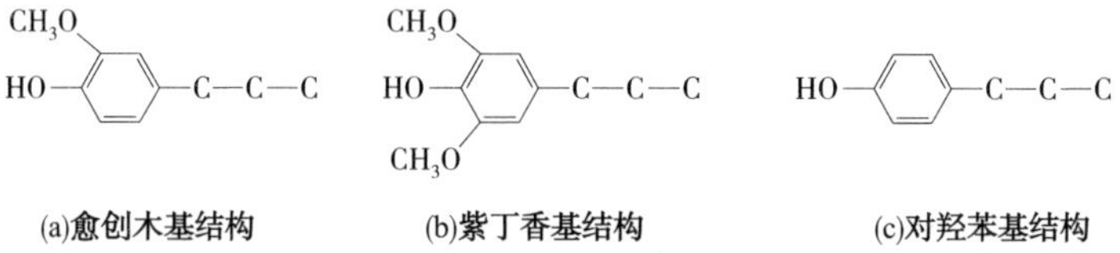

(a)愈创木基结构　　　　(b)紫丁香基结构　　　　(c)对羟苯基结构

图2-3　木质素的3种组成单元

各种植物的木质素含量存在差异，木本类植物的木质素含量一般为20%~40%，禾本科植物的木质素含量一般为14%~25%。不同植物的木质素的组成和结构也不完全一样，针叶材木质素的结构单元主要是愈创木酚，阔叶材木质素主要是愈创木酚和紫丁香酚，而禾本科草类木质素是由愈创木酚、紫丁香酚和对丙苯酚构成。

木质素中的碳元素含量高，因而热值较高，如干燥无灰基的云杉盐酸木质素的燃烧热值为110MJ/kg，硫酸木质素的热值为109.6MJ/kg。木质素的热分解温度是350~450℃，相对于纤维素热分解温度（280~290℃）而言，其热稳定性更高。

2.1.1.4　抽提物

生物质中除了含有较多的纤维素、半纤维素和木质素等主要成分外，还含有多种少量成分，其中较为重要的少量成分为抽提物。抽提物是采用乙醇、苯乙醚、丙酮或二氯甲烷等有机溶剂以及水从生物质中抽提出物质的总称，如用有机溶剂可以从木材中抽提出树脂酸、脂肪和萜类化合物，用水则可以抽提出糖、单宁和无机盐类。抽提物包含有许多种物质，主要有单宁、树脂、树胶、精油、色素、生物碱、脂肪、蜡、甾醇、糖、淀粉和硅化物等。在这些抽提物中，主要有三类化合物：脂肪族化合物、萜和萜类化合物和酚类化合物。

抽提物种类繁多，因生物质的种类、部位、产地、采伐季节、存放时间及抽提方法不同而差异很大，其对生物质的材料性质、加工及利用均会产生一定的影响。有些抽提物是各科、属、亚属等特有的化学成分，可以作为某一特定树种分类的化学依据。生物质抽提物是化工、医药及许多工业部门的重要原料，具有一定的经济价值。

2.1.2 生物质燃料的工业分析与元素组成

2.1.2.1 生物质的工业分析

燃料工业分析的主要任务是测定燃料中水分（M）、挥发分（V）、灰分（A）、固定碳（FC）4 种成分的含量。

1. 水分

生物质中的水分含量与生物质种类息息相关，同时也会由于位置的迁移、空气湿度不同而发生变化。根据不同的形态，生物质中的水分可分为游离水和结晶水。游离水附着于生物质颗粒表面及吸附于毛细孔内，而结晶水则和生物质内的矿物质成分化合。生物质水分还可以分为外在水分和内在水分。

生物质的外在水是指以机械方式附着于生物质表面上及在较大毛细孔（孔径＞100nm）中存留的水分。将生物质置于空气中，其外在水分将不断蒸发，直至外在水分的蒸气压力与空气中的水蒸气压力平衡为止，此时失去的质量即为外在水分的质量。但由于失去的水的质量取决于空气相对湿度和空气温度，因而对于同一生物质试样而言，其外在水分含量并不是固定的，而是随测定时空气湿度和温度的变化而变化。通常认为，在室温下自然干燥而失去的水分称为外在水分。

生物质中，以物理化学结合力吸附在生物质的内部毛细管（孔径＜100nm）中的水分为内在水分。由于内在水分的蒸气压力小于同温度下纯水的蒸气压力，因此其很难在室温下除去，必须在 105~110℃ 的温度下进行干燥才能除去。在工业分析中，风干生物质在 105~110℃ 下失去的水分即为内在水分。生物质中内在水分的含量比较稳定，而且有近似的固定值。

化合结晶水（Decomposition Moisture）是指与生物质中的矿物质相结合的水分，在生物质中含量很少，且在 105~110℃ 下不能除去，必须在超过 200℃ 时才能分解逸出。如 $CaSO_4 \cdot 2H_2O$、$Al_2O_3 \cdot 2SiO_2 \cdot 2H_2O$ 等分子中的水分均为结晶水。但值得注意的是，当温度超过 200℃ 时，生物质中的有机质已开始分解，因而结晶水不可能用加热的方法单独测出。因此，生物质的结晶水含量并不列入生物质的水分之中，而是与挥发物一同计入挥发分中。

2. 挥发分

生物质的挥发分是指生物质在与空气隔绝的条件下，在一定的温度条件下加热一段时间后，由有机物质分解出的液体和气体产物的总和。值得注意的是，挥发分在数量上并不包括由生物质中游离水分蒸发所得到的水蒸气，但包含了结晶水分解后蒸发的水蒸气。挥发分的主要成分有 H_2、CH_4 等可燃气体和少量的 O_2、N_2、CO_2 等不可燃气体。

挥发分并不是生物质中固有的有机物质的形态，而是特定条件下的产物，当生物质受热时才会形成。因此，生物质挥发分含量是指生物质所析出的挥发分的量，而不是指这些挥发分在生物质中的含量，因而称生物质挥发分产率较准确，但在实际中一般简称为生物质挥发分。

3. 灰分

生物质的灰分是指将生物质中所有可燃物质在一定温度 $[(550 \pm 10) \, ℃]$ 下完全燃烧，以及其中的矿物质在空气中经过一系列的分解、化合等复杂反应后所剩余的残渣。生物质的灰分是生物质中的不可燃杂质，可分为外部杂质和内部杂质，外部杂质是在采获、运输和储存过程中混入的矿石、沙和泥土等，内部杂质主要是指生物质本身所包含的一些矿物质成分，如硅铝酸盐、二氧化硅和其他金属氧化物等。在有效清理外部杂质后，生物质灰分主要来自生物质中的矿物质，但其组成或含量与生物质中的矿物质并不完全相同，而是矿物质在一定条件下的产物。

4. 固定碳

生物质中的挥发分逸出后，剩余的残留物称为焦渣，且生物质燃烧后，其中的灰分转入焦渣中。因此，焦渣质量减去灰分质量，就是固定碳质量。固定碳是相对于挥发分中的碳而言的，是燃料中以单质形式存在的碳，例如在灰渣中包含的未燃烧的碳一般是这种碳。固定碳的燃点很高，在较高温度下才能着火燃烧，所以燃料中固定碳的含量越高，则燃料越难燃烧，着火燃烧的温度也越高。

5. 分析基准

由于生物质中的水分和灰分含量常常受到季节、运输和储存等外界条件的影响，因而即使是同一种生物质，其成分的质量分数也会随之变化。因此，除了给出成分的质量分数外，还需要同时标明该种成分组成的计算基准。根据实际需要，生物质燃料的工业分析和元素分析通常使用以下 4 种基准。

1）收到基（As Received Basis）

以收到状态的生物质燃料为基准，即包括水分和灰分在内所有生物质组成的总和作为计算基准，称为收到基，又叫应用基，以下角标 ar 表示。按收到基组成表示的生物质燃料反映了生物质在实际应用时的成分组成，生物质燃料的收到基工业分析组成表示为：

$$M_{ar} + V_{ar} + FC_{ar} + A_{ar} = 100\% \qquad (2-1)$$

式中，M_{ar} 为收到基水分含量，%；V_{ar} 为收到基挥发分含量，%；FC_{ar} 为收到基固定碳含量，%；A_{ar} 为收到基灰分含量，%。

2）空气干燥基（Air Dried Basis）

以实验室条件下（20℃、相对湿度60%）自然风干的生物质试样为基准，即生物质试样与实验室空气湿度达到平衡时的生物质作为计算基准，称为空气干燥基（旧称分析基），以下角标 ad 表示。生物质的空气干燥基工业分析组成可表示为：

$$M_{ad} + V_{ad} + FC_{ad} + A_{ad} = 100\% \qquad (2-2)$$

式中，M_{ad} 为空气干燥基水分含量，%；V_{ad} 为空气干燥基挥发分含量，%；FC_{ad} 为空气干燥基固定碳含量，%；A_{ad} 为空气干燥基灰分含量，%。

　　3）干燥基（Dried Basis）

　　以在烘箱中（102~105℃）烘干后失去全部游离水分（外在水分和内在水分）的生物质试样为计算基准，称为干燥基，以下角标 d 表示。由于生物质的组成中已不包括水分在内，因而即使生物质中水分有变动，其干燥基组成依然不受影响。生物质的干燥基工业分析组成表示为：

$$V_d + FC_d + A_d = 100\% \qquad (2-3)$$

式中，V_d 为干燥基挥发分含量，%；FC_d 为干燥基固定碳含量，%；A_d 为干燥基灰分含量，%。

　　4）干燥无灰基（Dry Ash-free Basis）

　　以去掉水分和灰分的生物质作为计算基准，称干燥无灰基，又称可燃基，以下角标 daf 表示。生物质的干燥无灰基工业分析组成表示为：

$$V_{daf} + FC_{daf} = 100\% \qquad (2-4)$$

式中，V_{daf} 为干燥无灰基挥发分含量，%；FC_{daf} 为干燥无灰基固定碳含量，%。

　　显然，干燥无灰基组成不受水分、灰分变化的影响，可以较真实地反映生物质燃料的本质。

2.1.2.2　生物质的元素组成

　　生物质燃料中除含少量的无机物和一定量的水分外，大部分是可以燃烧的有机物。生物质燃料的元素的基本组成是 C、H、O、N、S、P、钾（K）、钠（Na）等。典型木质生物质的元素组成如表 2-2 所示。

表 2-2　部分木质生物质的元素组成和热值

生物质种类	元素分析结果 /%					干燥无灰基热值	
	C_{daf}	H_{daf}	O_{daf}	N_{daf}	S_{daf}	高位热值 HHV_{daf}/（MJ/kg）	低位热值 LHV_{daf}/（MJ/kg）
杉木	51.4	6	42.3	0.06	0.03	20.504	19.194
榉木	49.7	6.2	43.8	0.28	0.01	19.432	18.077
松木	51	6	42.9	0.08	0	20.353	19.045
红木	50.8	6	43	0.05	0.03	20.795	19.485

续表

生物质种类	元素分析结果 /%					干燥无灰基热值	
	C_{daf}	H_{daf}	O_{daf}	N_{daf}	S_{daf}	高位热值 HHV_{daf}/（MJ/kg）	低位热值 LHV_{daf}/（MJ/kg）
杨木	51.6	6	41.7	0.6	0.02	19.239	17.933
柳木	49.5	5.9	44.1	0.42	0.04	19.921	18.625
桦木	49	6.1	44.8	0.1	0	19.739	18.413
枫木	51.3	6.1	42.3	0.25	0	20.233	18.902

1. 碳和氢元素

碳（C）是生物质燃料中最基本的可燃元素，也是主要元素，其含量决定了生物质燃料的发热量，含碳量越高，发热量或热值越高。1kg 纯碳完全燃烧生成 CO_2 时，可放出约 33913kJ 热量。以干燥无灰基计，则生物质中含碳 44%~58%。碳在燃料中一般与 H、N、S 等元素形成复杂的有机化合物，在受热分解（或燃烧）时以挥发物的形式析出（或燃烧）。除这部分有机物中的碳外，生物质中其余的碳是以单质形式存在的固定碳。固定碳的燃点很高，在较高温度下才能着火燃烧，所以燃料中固定碳的含量越高，则燃料越难燃烧，着火燃烧的温度越高，易产生固体不完全燃烧，导致在灰渣中有碳残留。1kg 碳不完全燃烧时，会生成 CO，仅能释放出 10204kJ 热量。

氢（H）是生物质燃料中仅次于碳的可燃成分，氢在生物质中占比为 5%~7%。1kg 氢完全燃烧时，能放出约 125400kJ 的热量，相当于碳的 3.5~3.8 倍。氢含量直接影响燃料的热值、着火温度以及燃料燃尽的难易程度。氢在燃料中主要是以碳氢化合物形式存在。当燃料被加热时，碳氢化合物以气态产物析出，所以燃料中含氢越高，越容易着火燃烧，燃烧得越好。在固体燃料中有一部分氢与氧化合形成结晶状态的水，该部分氢是不能燃烧放热的，而未和氧化合的氢称为自由氢，其和其他元素（如 C、S 等）化合，构成可燃化合物，在燃烧时与空气中的氧反应释放出很高的热量。含有大量氢的固体燃料在储藏时易风化，风化时会失去部分可燃元素，首先失去的是氢。

2. 氮元素

氮（N）不能燃烧，一般情况下以自由态排入大气，但在高温状态下可与空气中的 O_2 发生燃烧反应，生成 NO_2 或 NO，统称 NO_x。NO_x 排入空气后会造成环境污染，在光的作用下对人体有害。

生物质中的氮含量较少，一般在 3% 以下，且生物质中的氮是唯一完全以有机状态存在的元素。生物质中有机氮化物被认为是较稳定的杂环和复杂的非环结构的化合物，如蛋白质、脂肪、植物碱、叶绿素和其他组织的环状结构中都含有氮，而且相当稳定。

3. 硫元素

硫（S）是燃料中的可燃成分之一，也是有害的成分。1kg 硫完全燃烧时，可放出

9210kJ 的热量，同时在燃烧后会生成硫氧化物 SO_x（如 SO_2、SO_3）气体。生物质中的含硫量极低，一般小于 0.3%，有的生物质甚至不含硫。

4. 氧元素

氧（O）不能燃烧释放热量，但加热时，氧极易使有机组分分解，因此仍将其列为有机成分。燃料中的氧是内部杂质，会使燃料成分中的可燃元素碳和氢相对减少，使燃料热值降低。此外，氧与燃料中一部分可燃元素氢或碳结合处于化合状态，因而减少了燃料燃烧时放出的热量。氧是燃料中第三个重要的组成元素，以有机和无机两种状态存在。有机氧主要存在于含氧官能团，如羧基（—COOH）、羟基（—OH）和甲氧基（—OCH$_3$）等，无机氧主要存在于水分、硅酸盐、碳酸盐、硫酸盐和氧化物中等。

5. 其他元素

磷（P）和钾（K）元素是生物质燃料特有的可燃成分。磷燃烧后产生五氧化二磷（P_2O_5），而钾燃烧后产生氧化钾（K_2O），成为草木灰的磷肥和钾肥。生物质中磷的含量很少，一般为 0.2%~0.3%。

生物质的元素组成与煤等传统化石能源相比，含硫量和含氮量均较低，灰分含量也较低，因而生物质燃烧后生成的 SO_x、NO_x 及灰尘排放量均远低于化石燃料，是一种清洁燃料。但生物质作为燃料时也有缺点，其热值及热效率较低，体积大且不易运输，直接燃烧生物质的热效率不高，仅为 10%~30%。

2.1.3 生物质燃料的物理特性

生物质的物理特性直接影响生物质的利用，主要包括气味、堆积密度、流动特性、粒度和形状、孔隙结构、比热容、灰熔点、导热性等。

1. 气味

许多生物质燃料都带有浓重的气味，如桂树、樟树等带有浓厚的苦涩气味，这些气味一般是无毒的，但是不利于采集和存放。

2. 堆积密度

生物质材料的堆积密度和一般单一的特定物质的真实密度不同。真实密度是指颗粒间间隙为零时计算的物质密度，如水、铁、黄金的密度在特定的温度和压力下是固定不变的。堆积密度是指散粒材料或者粉状材料在自然堆积状态下单位体积的质量，反映了实际应用过程中单位体积物料的质量。

生物质的堆积密度可采用如下公式进行计算：

$$p = \frac{m}{v} = \frac{m}{v_0 + v_p + \omega} \tag{2-5}$$

式中，p 为物料堆积密度，kg/m^3；m 为物料的质量，kg；v 为物料的体积，m^3；v_0 为纯颗粒的体积，m^3；v_p 为颗粒内部空隙的体积，m^3；ω 为颗粒间空隙的体积，m^3。

与煤相比，生物质具有密度小、体积大的特点，如褐煤的堆积密度为 560~600kg/m³，而玉米秸秆的堆积密度为 150~240kg/m³，硬木屑的堆积密度为 320kg/m³ 左右。由于生物质堆积密度小，因而在原料的收集、存储和燃料燃烧设备运行方面均比煤困难。

3. 流动特性

流动特性是设计燃料加料装置和输送管路的重要依据，而颗粒物料的流动特性由自然堆积角和滑动角决定。自然堆积角是指物料自然堆积时形成的锥体地面和母线的夹角，与其流动特性存在一定的关系。流动性好的物料颗粒在很小的坡度时就会滚落，但只能形成"矮胖"的锥体，此时自然堆积角很小；反之，流动性不好的物料会形成很高的锥体，自然堆积角很大。表 2-3 列出了常见颗粒物料的自然堆积角。

表 2-3　常见生物质颗粒的自然堆积角

生物质种类	风干锯末	玉米	新木屑	谷物
堆积角 /（°）	40	35	50	24

滑动角是指有颗粒物料的平板逐渐倾斜，当颗粒物料开始滑动时的最小倾角（平板与水平面的夹角 α）。滑动角反映出物料颗粒的黏性和摩擦性能，黏性和摩擦系数越大，滑动角越大。在设计物料漏斗或灰尘漏斗的时候必须考虑物料的滑动角，例如料斗设计成圆锥状，锥顶的角度小于 $180° - 2\alpha$。

4. 粒度和形状

生物质的粒度是指生物质颗粒在空间范围所占的线性尺寸。生物质燃料并非粒度均匀一致的单颗粒体系，而是由粒度不等的颗粒组成的多颗粒体系。不同的生物质转化利用方式，对生物质燃料的粒度及其分布的要求也不一样。通常情况下，粒度较小的生物质颗粒具有较好的热扩散特性，其热转化效率也更高。

生物质颗粒形状是指生物质颗粒轮廓或表面各点所构成的图像。生物质颗粒形状千差万别，可用球状、柱状、枝状、不规则状等定性描述，也可采用颗粒形状系数等进行定量表征。生物质的形状与其颗粒粒度密切相关，两者均对生物质的转化效果与转化经济性产生重要影响。生物质的粒度和形状还会直接影响燃烧效率和燃尽时间，在实际的生产运行中必须通过干燥、粉碎、筛分等工序使物料达到合适的形状、粒度和粒度分布，以便于稳定高效的利用。

5. 孔隙结构

生物质颗粒具有天然的孔隙结构，孔的形状、结构、分布等因生物质种类、部位和对应的植物生长年限的不同而具有较大差异。生物质颗粒的孔隙结构对传热、传质、机械强度等特性影响很大，并会直接影响最终的转化效率。孔隙结构可通过比表面积、孔隙体积和平均孔径等参数进行量化表征。

6. 比热容

比热容（C_p）是单位质量的某种物质升高或降低单位温度所需的热量，单位是 J/（kg·K）或 J/（kg·℃）。干燥的木材比热容几乎和树种无关，但是与温度（t）基本呈线性关系（$C_p=1.112+0.00485t$）。几种常见生物质的比热容和温度的关系如表 2-4 所示。

表 2-4 几种常见生物质的比热容与温度的关系

生物质种类	比热容 C_p/[J/（kg·℃）]							拟合关系式
	温度 t/℃							
	20	30	40	50	60	70	80	
玉米芯	1	1.04	1.081	1.123	1.145	1.167	1.189	$C_p=0.948+0.00316t$（$R^2=0.977$）
稻壳	0.75	0.75	0.756	0.761	0.764	0.769	0.772	$C_p=0.743+0.0004t$（$R^2=0.979$）
锯木屑	0.75	0.762	0.768	0.7772	0.781	0.79	0.811	$C_p=0.732+0.0009t$（$R^2=0.955$）
杂树叶	0.68	0.7	0.718	0.73	0.742	0.748	0.75	$C_p=0.665+0.00118t$（$R^2=0.935$）

7. 灰熔点

灰熔点是指固体燃料中的灰分达到一定温度以后，发生变形、软化和熔融时的温度。生物质的灰熔点可用角锥法测定，即将灰粉末制成的角锥在保持半还原性气氛的电路中加热。当角锥尖端开始变圆或弯曲时，此时对应的温度称为变形温度；而角锥尖端弯曲到和底盘接触或呈半球形时的温度则称为软化温度；角锥熔融到底盘上开始熔溢或平铺在底盘上显著熔融时的温度被称为流动温度。

8. 导热性

导热性可反映物质导热性能，用热导率衡量。热导率定义为物体上下表面温度相差1℃时，单位时间内通过导体横截面的热量，符号为 λ，单位为 W/（m·K）。生物质是多孔性物质，孔隙中充满空气，而空气是热的不良导体，所以生物质的导热性很差。生物质的导热性受其密度、含水率和纤维方向的制约，且随生物质温度、密度和含水率的增加而增大，同时，顺着生物质纤维方向的导热性高于垂直纤维方向。

2.1.4 生物质燃烧基础原理

2.1.4.1 生物质燃烧过程

生物质燃烧是生物质与空气中的氧结合发生化学反应并伴随热量急剧释放的过程，该过程旨在释放并利用生物质中的化学能。生物质燃烧需在有氧气或空气的条件下进行，将生物质加热到其着火温度，生物质化学键在热作用下被打开，燃料反应才能持续发生。因此，生物质燃烧需具备生物质、氧气和热量三要素。

生物质燃烧主要包括热量和质量传递两个过程，可分为如图 2-4 所示的 4 个阶段。

1. 预热与干燥

该阶段为燃烧过程的起始阶段，生物质进入炉膛受热升温，随着受热程度的加深，生物质颗粒内部水蒸气分压增加，生成的水蒸气会通过生物质颗粒中的微孔排出。

2. 挥发分释放与着火

挥发分的释放与着火是生物质燃烧的第二个阶段。当生物质颗粒温度升高到一定程度时，生物质分子的化学键开始断裂，形成小分子化合物，且随着反应的进行，生物质颗粒内部气体分压增加，气体从生物质颗粒的微孔中排出。释放出的小分子气体与生物质颗粒外的氧化介质快速反应，当温度达到一定程度时，小分子气体会着火燃烧，此时燃烧火焰会出现在生物质颗粒表面。由于挥发分释放及氧化反应速率较高，氧气通常无法穿透到燃烧的生物质颗粒内部。

3. 焦的燃烧

挥发分释放与着火后，残余的生物质焦将继续发生氧化反应。在此阶段，生物质颗粒温度继续升高，生物质中大部分氢已发生反应，剩下的主要可燃成分为碳，生物质焦中的碳通过 CO_2 气化、H_2O 气化及较小程度的氧化发生相对缓慢的反应，产生的烟气会通过生物质焦的微孔排出。此时，生物质颗粒表面会燃烧发光。

4. 灰的形成与沉积

当进入生物质燃烧后期，生物质中大部分有机质已经完全燃烧，剩下的主要是无机组分（Fe、Mg、Si、Ca 等），最终形成的灰分通常被认为是稳定的、不活泼的，但有机组分燃烧后剩下的无机物还可能会进一步反应（如氧化）。此时，灰分会持续生成，还可能结团并在反应器壁表面沉积。

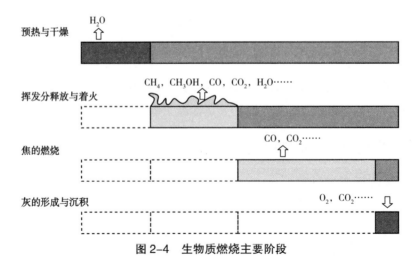

图 2-4 生物质燃烧主要阶段

2.1.4.2 影响生物质燃烧的关键因素

生物质燃烧取决于各种参数，如燃料特性、燃料条件、燃料系统的设计等。

1. 生物质燃料特性的影响

生物质燃料的种类和特性是关键因素。对于不同的生物质类型，燃烧火焰温度是不同的。例如，木材燃烧的最高火焰温度在 1300~1700K 之间，而稻壳的最高火焰温度在 1000~1300K 之间，这是因为稻壳的热值要比木材低。

生物质的燃烧受原料性质的影响很大。燃烧过程中释放的热量取决于原料的热值以及反应的转化效率。生物质组分在燃烧过程中起着关键作用，通过光合作用和植物呼吸合成的有机物是生物质中能量的主要部分，但无机部分对燃烧系统的设计和运行也很重要，特别是在灰沉积、结渣等方面。

生物质原料中的挥发分含量一般高于化石原料，通常在 70%~86% 之间变化。由于挥发分的含量很高，生物质原料的质量大部分在均相气相燃烧反应发生之前就转变为了气态，剩下的生物质焦则经历异相燃烧反应。因此，挥发分的含量对生物质燃料的热分解和燃烧行为有很大的影响。

生物质中的金属对燃烧反应速率也有明显影响，且被认为对热解有催化作用。在水中浸出生物质会对燃烧反应动力学产生明显影响，结果与已知的碱的氯化物对生物质热解速率的影响一致。在等温加热条件下，观察到经浸出处理的生物质挥发分的析出比未处理原样提前结束，并且观察到浸出的稻草比未处理稻草更容易点燃。

生物质颗粒形态因原料类型（如稻草、木材）、加工水平和类型（如刀磨、锤磨）不同而变化很大。生物质颗粒通常具有较大的长宽比，更像圆柱体或条索状，而非球体，其表面积与体积比的差异也会影响燃烧速率。较大尺寸的生物质颗粒会形成较厚的边界层，燃烧时部分或全部火焰可能包含在传热和传质边界层内。因此，在氧化阶段，颗粒的表面温度都会升高。

生物质中水分含量对燃烧化学和能量平衡有很大影响。生物质中水分或灰分的增加会降低生物质燃烧的火焰温度。如对于木屑的燃烧，当灰分含量低于 25% 时，即使含水量高达 40%，也能保证木屑稳定燃烧。

2. 燃烧条件的影响

空气湿度和风速等燃烧条件也会对生物质的燃烧产生影响。在燃烧条件中，过量空气比（ER）是影响燃烧特性的主要参数，过量空气比是指实际燃烧所用空气量与将生物质完全燃烧为 CO_2 和水所需的理论空气量之比。增加 ER 值，将导致燃烧产气温度的降低。在实际应用中，由于生物质颗粒与空气的理想混合很难实现，一般将过量的空气引入燃烧室以使燃烧转化率最大化。一般而言，在 $ER < 1.5$ 的条件下燃烧，既能提高燃烧效率，又能提高燃烧温度，这有利于生物质原料的完全燃尽。针对特定生物质、燃烧反应器和燃烧条件，可通过实验确定最佳 ER 值。例如，木材燃料的 ER 值通常在 1.6~2.5 范围内。

3. 燃烧系统设计

燃烧系统的设计对燃烧速率也有很重要的影响。锅炉及其他燃烧装置设计不当常常会导致设备容量降低和运行经济性降低。例如，在设计不佳的电厂中，由于需要在高于设计温度的条件下运行，当为了满足设计负荷时，锅炉的积灰和结渣将会更严重。

2.2 生物质直接燃烧利用技术与装备

2.2.1 生物质直接燃烧技术

生物质燃烧是从生物质中获得高温和能量的最古老、最传统且最简便的方法。生物质直接燃烧是生物质能量转化的一个重要方式，自人类发现火以来，就一直利用此种方式获取能量。生物质直接燃烧是将生物质直接作为燃料进行燃烧，燃烧产生的能量主要用于发电或集中供热。作为最早采用的一种生物质开发利用方式，生物质直接燃烧具有如下特点：①生物质燃烧所释放出的 CO_2 大体相当于其生长时通过光合作用所吸收的 CO_2，因此可以认为是 CO_2 零排放；②生物质的燃烧产物用途广泛，灰渣可加以综合利用，如用作土壤改良剂等；③生物质燃料可与矿物质燃料混合燃烧，既可以降低运行成本，提高燃烧效率，又可以降低 SO_x、NO_x 等有害气体的排放量；④采用生物质燃烧设备可以最快速地实现各种生物质资源的大规模减量化、无害化和资源化利用，且成本较低，因而生物质直接燃烧技术具有良好的经济性和开发潜力。

当生物质燃料的热值和水分含量合适，燃料与空气的比例以及锅炉的结构匹配时，燃用生物质时炉膛内火焰温度甚至会超过 1650℃。但生物质直接燃烧有如下几个突出的缺点：①燃烧高水分生物质燃料时存在显著的热量损失；②生物质中碱金属与碱土金属易导致换热面结焦和沾污；③生物质的生长与收获的季节性，导致其产量无法为现代大型生物质直燃发电厂提供大量充足的生物质。

生物质的主要燃烧系统分类如图 2-5 所示。生物质的大规模燃烧主要采用振动炉排或移动炉排的层燃技术、流化床燃烧技术及悬浮燃烧技术 3 种技术。这 3 种技术在生物质能利用方面各有优缺点，可以看作互补技术，而非相互竞争关系。

采用炉排炉进行燃烧时，无论燃料状态如何，其几乎可以燃烧任何类型的固体燃料，但与悬浮燃烧锅炉相比，其效率较低。生物质悬浮燃烧技术是指生物质细小颗粒在悬浮气体中燃烧的技术，生物质悬浮燃烧锅炉基本上采用了与煤粉炉相同的技术。悬浮燃烧技术是目前生物质燃烧的所有技术中表现最好的技术之一，该技术包括磨粉机的粉碎、管道系统的气力输送以及燃烧器内复杂的旋涡结构以达到最佳燃烧效果，且燃烧器和锅炉内部的火焰组织必须尽可能减少未燃烧颗粒从锅炉顶部逃逸或沉积在灰斗中。流化床燃烧技术介于炉排炉层燃技术与悬浮燃烧技术之间，具有较高的效率，并且在燃料适用性方面也较灵活。与其他燃烧技术相比，流化床燃烧技术的优点之一是热力型 NO_x 形成更少，而缺点是空气供应所需的高能耗成本及床层磨损导致的锅炉表面高磨损。在生物质燃烧技术选择上，最终采用何种燃烧技术取决于燃用的生物质原料种类及性质。如有充足的高品质生物质燃料供应，如颗粒状或焙烧木材，则悬浮燃烧技术是最佳选择；对于垃圾或高水分燃料等劣质生物质燃料，流化床燃烧技术则是最佳选择；而对于化学成分不适合流化床的难燃烧的生物质燃料，则可选择炉排炉层燃技术。

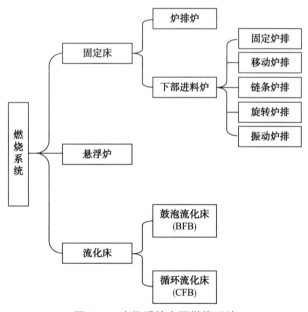

图 2-5 生物质的主要燃烧系统

2.2.2 层燃技术

炉排炉是最早用于固体燃料燃烧的燃烧系统，现在主要用于燃烧生物质等领域。在热电厂中，燃烧生物质的炉排炉的容量从 4MW 到 300MW 不等，大多在 20~50MW 之间。由于生物质燃料具有典型的高挥发分和低灰分特性，每个炉排面积的放热功率可达 4MW/m² 左右。图 2-6 为典型振动炉排结构示意图，图 2-7 为典型移动炉排炉结构示意图。现代炉排炉主要包括燃料供给系统、炉排组件、二次风（包括燃尽风）系统和排灰系统 4 个关键要素。

　　生物质炉排炉典型的燃料供给系统是机械式加料机，包括进料螺杆、液压推料机等。炉排位于燃烧室底部，是炉排锅炉的除垢部件。炉排有 2 个主要功能：完成燃料的纵向输送以及对炉排下面进入的一次风进行分配。炉排可以是风冷的，也可以是水冷的。水冷炉排需要少量的空气进行冷却，同时，采用先进的二次风系统实现流动性。

　　炉排分为固定倾斜炉排、移动炉排、往复炉排和振动炉排，炉排的运动保证了燃料在燃烧过程中沿炉排输送和混合。典型炉排的主要特性比较如表 2-5 所示。

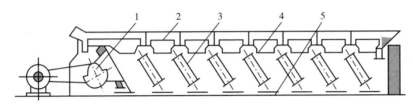

图 2-6　振动炉排结构示意图

1—激振器；2—炉排片；3—弹簧板；4—上框架；5—下框架

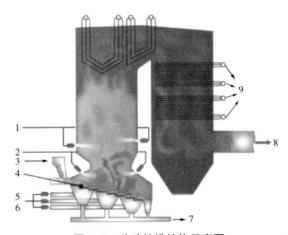

图 2-7　移动炉排结构示意图

1—燃尽风；2—二次风；3—燃料；4—炉排；5——次风；
6—烟气再循环；7—除尘；8—烟气；9—换热管

表 2-5　不同类型的炉排及其主要特性

炉排种类	主要特征
固定倾斜炉排	炉排固定，燃料在重力作用下滑下斜坡时燃烧。倾斜角度是此类炉排的一个重要特征。缺点：①难以控制燃烧过程；②崩塌的风险巨大
移动炉排	燃料被送入炉排一侧并燃烧，同时炉排将其运送到灰坑，与固定倾斜炉排相比，它更容易控制并具有更高的碳燃尽率（原因是炉排上的燃料层很薄）
往复炉排	随着燃烧的进行，炉排通过炉排棒的往复（向前和向后）运动翻滚和运输燃料。灰最终被输送到炉排末端的灰坑。该炉排使燃料更好混合，能进一步提高碳燃尽率
振动炉排	炉排通过振动使燃料分布均匀。这种类型的炉排比其他可移动炉排的活动部件更少，因此维护成本更低，可靠性更高，碳燃尽率得以提高

　　一次风和二次风系统对生物质高效、完全燃烧起着非常重要的作用。对于炉排燃烧，大多数生物质燃料的总过量空气系数通常设置在 1.25 及以上。在燃烧生物质的现代炉排炉中，一次风与二次风的比例趋于 40∶60，而在较老的机组中则为 80∶20，这使得现代炉排炉的二次风供应更灵活。一次风通过炉排下方的一个或多个分离区域，而二次风和三次风（燃尽风）则注入燃料床上方的燃烧室。从炉排入口到炉排末端，可以划分主要的反应区域：干燥和加热、脱挥发分，以及焦炭烧尽并形成灰。一次风分布和炉排的运动对燃料床内的混合、生物质转化以及燃烧机理有着重要的影响。绝大多数生物质燃烧炉排炉是交叉流反应器，生物质在垂直于一次风气流的厚层中被输送。生物质床的底部暴露在预热的一次风中，而床的顶部在炉内。燃料床通过辐射加热由燃烧炉和耐火炉壁，直至床顶部着火。先进的二次风供应系统是超高舷燃烧优化的重要内容之一，代表超高舷燃烧技术的真正突破。炉排上生物质转化释放的气体和少量夹带的燃料颗粒继续在干舷燃烧，二次风在干舷上生物质的混合、燃尽和排放中起着重要作用。现代炉排锅炉中采用的高级二次风供应系统的功能包括形成不同局部燃烧环境的空气分级，优化二次风射流（如射流数、射流动量、直径、位置、间距和方向等）以形成局部再循环区域或旋流，并使用带有或不带有空气注入的静态混合装置。

　　为了获得较高的固体转化率，炉排燃烧燃料床必须尽可能均匀，而这在很大程度上取决于炉排运动和一次气流的分布。此外，烟气可以在炉排的第一部分下再循环，以补偿燃料水分的蒸发热。在炉排末端，固体残留物（带有未燃碳的灰）会落入灰渣坑，最后再采用湿法或干法清除。

　　在脱挥发分过程中，在燃料床中形成的可燃气体及一些轻质灰被燃料床上方的一次风带走，在锅炉上部与二次风和燃尽风混合以确保其完全燃烧。高温燃烧气体流经换热器，热能被传递到管内的流体（水或蒸汽）中。被吸收了热量的烟气迅速降温，离开锅炉后进入烟气处理系统。炉排炉虽然可以燃烧不同类型的生物质，但也缺乏对生物质条件变化（如水分变化）做出快速响应的能力。

2.2.2.1　移动式炉排

　　在移动式炉排系统中，炉排具有连续运动的特点，这种运动特性可以使非均相反应区域（干燥、脱挥发分和焦炭燃尽）分离，使得燃料床内存在明显的温度梯度，最终达到良好的均匀性和高燃尽率。因此，为了获得较好的效果，该系统应具有相对较小的燃料床高度，可通过抛料机锅炉实现。在抛料机锅炉中，燃料通过机械（如旋转叶片系统）或气动方式进行供给，如图 2-8 所示。燃料颗粒通过炉

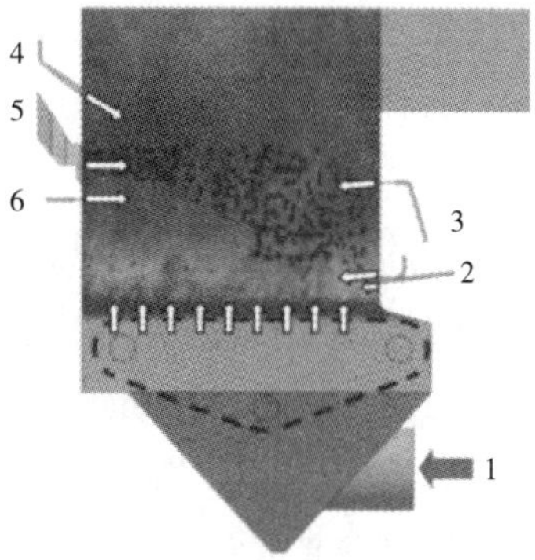

图 2-8　抛料机系统示意图

1——次风；2—烟气再循环二次风；3——上二次风；
4——三次风；5—气动燃油喷射；6—副喷油进气口

排飞到炉排的另一侧，落在炉排上的不同位置，其飞行距离是质量的函数。在飞行过程中，燃料颗粒被干燥，并部分（或完全）脱挥发分。因此，炉排表面积越小，转化率越高。然而，由于小生物质颗粒会被燃料气携带走，导致飞灰中未燃尽碳增加，因而限制了移动式炉排炉系统在生物质利用中的使用。

2.2.2.2 往复式炉排

往复炉排炉主要由固定炉排片、活动炉排片、传动机构及往复机构等部分组成，其结构如图2-9所示。

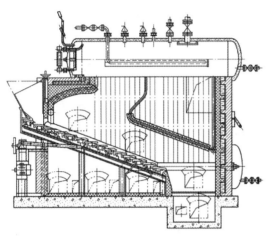

图2-9 往复炉排炉结构示意图

活动炉排片的尾端卡在活动横梁上，其前端直接搭在与其相邻的下一级固定炉排片上，使整个炉排呈明显的阶梯状，并具有一定的倾斜角度，以方便燃料下行。各排活动横梁与两根槽钢连成一个整体，组成活动框架。当电动机驱动偏心轮并带动与框架相连的推拉杆时，活动炉排片便随活动框架做前后往复运动，运动的行程为30~100mm，往复频率为1~5次/min，可通过改变电动机转速实现往复评率调整。固定炉排片的尾端卡在固定横梁上，与活动炉排片相似，其前端

也搭在与其相邻的下一级炉排片上，在炉排片的中间还搁置了支撑棒，以减轻对活动炉排片的压力和往复运动造成的磨损。燃烧所需的空气，可通过炉排片间的纵向间隙及各层炉排片间的横向缝隙送入，炉排的通风截面比为7%~12%。在倾斜炉排的尾部，燃料经燃尽炉排后落入灰渣坑中。

往复炉排炉的主要优点为：①除火床头部外，燃料的着火基本上属双面引燃，比链条炉优越；②对燃料的适应性也优于链条炉，尤其对黏结性较强、含灰量较大且难以着火的劣质燃料；③由于燃料层不断受到耙拨及松动，空气与燃料的接触大大加强，燃烧强度较高，若操作得当，有望降低化学及机械不完全燃烧热损失。但是，往复炉排炉的活动炉排片的头部因不断耙拨灼热的焦炭，容易被烧坏。同时，由于结构上的原因，炉排两侧的漏风及漏料量均较大，火床不够平整。

2.2.2.3 水冷式振动炉排

图2-10为水冷式振动炉排锅炉结构总图。秸秆通过螺旋给料机输送到振动炉排上，秸秆中挥发分首先析出，由炉排上方的热空气点燃。秸秆焦炭由于炉排振动和秸秆连续给料产生的压力不断移动并进行燃烧。炉排的振动间隔时间可以根据蒸汽的压力、温度等进行调节。灰斗位于振动炉排的末端，秸秆燃尽后的灰到达水冷室后排出。燃烧产生

的高温烟气依次经过位于炉膛上方、烟道中的过热器，再经过尾部烟道的省煤器和空气预热器后，经除尘后排入大气。

水冷式振动炉排锅炉具有燃料适应性范围广、负荷调节能力大、可操作性好和自动化程度高等特点，可广泛用于生物质燃料。在炉排设计中，物料通过炉排的振动实现向尾部运动，在炉排的尾部设有一个挡块，可以保证物料在床面上有一定的厚度，从风室来的高压一次风通过布置在床面上的小孔保证物料处于鼓泡运动状态，使物料处于层燃和悬浮燃烧两种状态，从而提高燃烧效率。通过在炉膛上部与后部增加低温的蒸发受热面，烟气进入第一级对流受热面后温度降低到相对安全的程度，缓解了尾部受热面碱金属沉积问题。

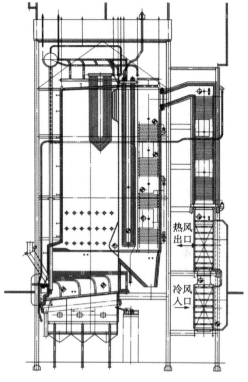

热风出口

冷风入口

图 2-10　水冷式振动炉排锅炉结构总图

2.2.3　悬浮燃烧技术

悬浮燃烧使用的燃料必须为细粉状，该粉状燃料以气动方式输送，并与一次空气一起被吹入锅炉，其燃烧方式类似于气体燃烧。在悬浮燃烧过程中，燃料的燃烧区可以分布在整个锅炉的大容积上，而不再局限于靠近锅炉底部的小区域。生物质燃烧技术与煤粉燃烧技术类似，具有燃烧效率高、燃烧完全等优点。图 2-11 为采用悬浮燃烧技术的生物质锅炉。

在悬浮燃烧系统中，燃烧器可以箱形或切线形放置，以形成复杂的漩涡状燃烧模式。在设计生物质悬浮锅炉时，与煤粉炉相比，还要考虑生物质与煤粉不同的化学成分、粒径和形状。煤的晶体结构使其很容易破裂，从而容易磨成细粉（煤粉的典型平均尺寸约为 65μm），但木材和其他类型的生物质原料具有纤维状结构，这意味着在受到压力时很难破裂，并且在研磨过程中必须使用很大的能量才能将其撕裂。生物质颗粒的平均尺寸取决于研磨过程以及原料特性，平均粒径甚至通常在 200~300μm。同样，由于具有纤维状结构，生物质颗粒形态与煤粉颗粒形态相比存在显著差异。煤颗粒近似球形，木材颗粒则呈典型的矩形和片状，而稻草颗粒呈片状。但需要注意的是，已有研究表明，烘焙过的生物质具有与煤相似的研磨特性，而烘焙过的木材与成球木材相比，在破碎过程中产生了更多的粉末。

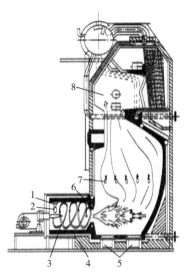

**图 2-11　采用悬浮燃烧技术的
生物质锅炉示意图**

1—一次空气；2—燃料输送；3—还原段；
4—烟气回流；5—灰室；6—二次空气；
7—三次空气；8—锅炉水管

生物质中挥发分的比例显著高于煤，因而其燃烧速率和一般煤的燃烧模式存在明显差异，并得到验证。同时，一些生物质原料中含有大量的氯，氯可通过终止自由基化学反应而阻碍生物质燃烧，这大大增加了预测生物质燃烧过程的难度以及锅炉内部区域特性的复杂性。这些都是设计生物质锅炉所必须考虑的问题。

2.2.4　流化床燃烧技术

20世纪80年代初兴起的循环流化床燃烧（CFB）技术具有燃烧效率高、有害气体排放易控制、热容量大等优点，流化床锅炉适合燃用各种水分大、热值低的生物质，具有较高的燃料适应性。因此，生物质流化床锅炉是大规模高效利用生物质的最有前途的技术之一。

流化床燃烧是固体燃料颗粒在炉床内经气体流化后进行燃烧的技术。当气流流过一个固体颗粒的床层时，若其流速达到使气流流阻压降等于固体颗粒层的重力时（达到临界流化速度），固体床本身会变得像流体一样，原来高低不平的界面会自动地流出一个水平面，即固体床料已经流态化，而流化床燃烧即利用了这一现象。如果把气流流速进一步加大，气体会在已经流化的床料中形成气泡，从已流化的固体颗粒中上升，到流化的固体颗粒的界面时，气泡会穿过界面而破裂，就像水在沸腾时气泡穿过水面而破裂一样，因此这样的流化床又称沸腾床、鼓泡床。如果继续加大气流流速，当超过终端速度时，颗粒就会被气流带走，但若将被带走的颗粒通过分离器加以捕集并使之重新返回床中，就能连续不断地操作，成为循环流化床。

流化床燃烧技术的开发始于1922年，当时Winkler申请了煤气化专利。Lurgi公司在20世纪60年代获得第一台循环流化床锅炉专利。流化床锅炉主要有两种类型：鼓泡流化床锅炉（BFBB）和循环流化床锅炉（CFBB），两种类型的锅炉对比如表2-6所示。

表 2-6　鼓泡流化床锅炉（BFBB）和循环流化床锅炉（CFBB）的比较

参数	BFBB	CFBB
床中表现气流速度	通常为2~3m/s，较大时可以保持床处于流化状态，较小时可以使大多数从床中上升的固体颗粒再次落回床中	密度床为4.5m/s，自由区域为5~7m/s；颗粒被向上带离床面并被分离器捕获再重新循环到炉中
过量空气系数	1.2~1.3	1.1~1.2
气流分量	约50%助燃空气由底部分配器供给，其余空气从床上方传入	50%~70%的助燃空气由底部分配器供给，其余空气通过过火空气端口进入

参数	BFBB	CFBB
燃烧颗粒尺寸	粒径低于 80mm	粒径为 0.1~40mm
床层材料	通常为直径为 0.5~1.0mm 的硅砂	通常为粒径更小的硅砂（0.2~0.4mm）
床层温度	650~850℃	815~870℃
床层密度	约为 720kg/m³	约为 560kg/m³
气体停留时间	床层高度：0.5~1.5m；气体在床层停留 1~2s	气体在整个炉中停留时间为 2~6s
燃烧过程	由于较低的气体速度和较粗的燃料颗粒，燃烧主要发生在床层中	燃烧不限于床层，许多燃料颗粒分布在自由空间，被分离器收集再循环到炉中
污染物排放	通过添加石灰石在床内捕获硫，SO_x 排放量很低；NO_x 排放难控制，通常需要复杂的空气系统和选择性非催化还原	添加石灰石在床内捕获硫，且再循环床材料中的炭存量，SO_x 和 NO_x 排放量均不高
机组容量	最高可提高的功率为 300MW，经济可行的功率为 5~30MW，更典型的机组输出功率低于 100MW	通常的功率范围为 100~500MW，小型经济可行的规模为 20~300MW，最多可提供的功率为 400~600MW

在鼓泡流化床中，气体速度较低。因此，在固体燃料磨损并烧尽之后，仅细粒灰从流化床中喷出。但是，粗粒灰会积聚在流化床床料中，因此必须将其清除。循环流化床中空气和燃烧气体的流速较高，炉中的全部固体流被吹出并循环，循环流化床占用了炉子的全部空间。在鼓泡流化床和循环流化床中，固体在炉中的停留时间明显长于气体在炉中的停留时间。图 2-12 为 CFBB 锅炉系统组成示意图。

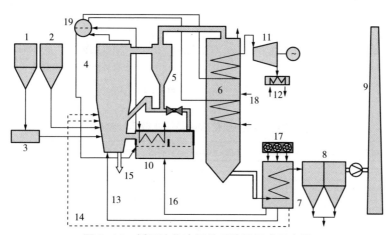

图 2-12 循环流化床锅炉系统的组成示意图

1—燃料料斗；2—石灰石料斗；3—燃料粉碎机；4—流化床燃烧室；5—旋风分离器；6—对流换热器；
7—空气预热器；8—静电除尘器；9—烟囱；10—流化床热交换器；11—汽轮发电机；12—区域供热；
13——次风；14—二次风；15—底灰；16—流化床 - 空气热交换器；17—鼓风机；18—给水；19—汽包

如果一次风的风速逐渐增加，则灰、沙子和燃料颗粒将被气流带走。因此，该床漂浮在一次进气上方，使颗粒之间的距离增加（图 2-13），这是流化床的工作基础。90%~98% 的流化床料是惰性材料，如灰烬、沙子、二氧化硅或白云石等。惰性材料的存在增强了热传递，使床内温度分布更加均匀。另外，流化床具有较好的混合特性、燃烧稳定性和燃尽特性。增强混合的直接结果是需要更少的空气。由于床内的温度低于1200℃，因此热力型NO_x的排放较低。同时，可以向惰性材料中添加石灰石或白云石控制SO_x排放。与炉排层燃系统相比，流化床燃烧系统需要更高的投资和维护成本。此外，流化床对床的结块敏感，由于颗粒流速较高而呈现较大的磨损特性，部分负荷操作运行复杂。

循环流化床锅炉的流化速度要高于鼓泡流化床。在循环流化床中，床层被完全分散，固体颗粒跟随气流流动。因此，需要一个过滤装置，通常是旋风过滤器或U形返料器，捕获固体颗粒并将其送回到炉中。与鼓泡流化床相比，循环流化床可实现更高水平的湍流，从而实现更好的热传递，实现更均匀的温度分布和更高的燃尽效率。对于循环流化床锅炉，烟道气的粉尘含量较高，床层材料的损失增加，且还需要较小的燃料颗粒，而后者直接影响运营成本，因为生物质通常呈纤维状，很难研磨，为达到合适的粒径，需要消耗更大的能量。

鼓泡流化床锅炉和循环流化床锅炉的典型运行参数如表2-7和表2-8所示。

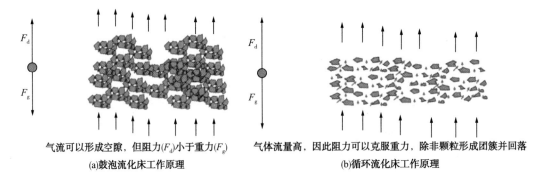

气流可以形成空隙，但阻力(F_d)小于重力(F_g)
(a)鼓泡流化床工作原理

气体流量高，因此阻力可以克服重力，除非颗粒形成团簇并回落
(b)循环流化床工作原理

图2-13　工作原理图

表2-7　鼓泡流化床锅炉的典型运行参数

参数	单位	数值
体积热负荷	MW/m²	0.1~0.5
横截面热负荷	MW/m²	0.7~2
床层压降	kPa	2~12
液化速度	m/s	1~3
床层高度	m	0.4~0.8
一次风温度	℃	20~400
二次风温度	℃	20~400
床层温度	℃	700~1000
干舷温度	℃	700~1000
过量空气系数	—	1.1~1.4
操作时床层密度	kg/m³	1000~1500

表 2-8　循环流化床锅炉的典型运行参数

参数	单位	数值
体积热负荷	MW/m²	0.1~0.3
横截面热负荷	MW/m²	0.7~5
总压降	kPa	10~15
流化速度	m/s	3~10
床料粒径	mm	0.1~0.5
飞灰粒径	μm	< 100
底灰粒径	mm	0.5~10
一次风温度	℃	20~400
二次风温度	℃	20~400
旋转分离后的温度	℃	850~950
床层温度	℃	850~950
过量空气系数	—	1.1~1.3
床层密度	kg/m³	10~100
再循环率	%	10~100

　　虽然固体燃料流化床燃烧技术是一项成熟的、应用广泛的技术，但在实际应用中仍存在一些运行问题，其中最突出的问题是床层在高温下发生团聚现象，即床层颗粒相互黏附，形成较大的团聚。这个过程通常难以察觉，直到突然发生脱流化才被发现，这将会导致非计划停炉，进而引起较大的停炉损失。在流化床燃烧器中燃烧生物质燃料时，由于生物质燃料通常具有较低的灰熔点，因而可能会增加床层团聚和脱流化的风险。如以硅砂为床料，在燃用咖啡壳、太阳花壳、棉花壳、芥末、大豆壳、胡椒渣、花生壳、椰子壳、麦秸等生物质燃料时，出现床层结块和床层软化现象。

2.3　生物质直接燃烧利用应用案例

2.3.1　典型国内应用案例

　　生物质发电起源于丹麦，于 2006 年走进中国，并得到了迅猛的发展。生物质发电在中国已经形成一条完整的产业链，成为环保型能源产业，目前年处理农林废弃物近 6000

万吨，每年可产出环保电力约 350 亿 kW·h，每年可节约标煤约 2300 万吨，减少二氧化碳排放约 5700 万吨。目前我国生物质燃烧发电行业采用的燃烧技术主要有国外引进的水冷振动炉排生物质燃烧技术和我国自主研发的循环流化床燃烧技术两条技术路线。在已建成项目中，许多采用了丹麦 BWE 技术制造的水冷振动炉排式锅炉。我国第一个建成投产的生物质直燃发电项目由国家电网公司下属公司投资建设，该锅炉设计采用的就是水冷振动炉排，该项目于 2006 年 12 月 1 日正式投产运营。

河北晋州秸秆发电项目是我国第一个秸秆燃烧发电项目（图 2-14），规模为 2×12MW，采用抽汽凝式供热机组配 2×75t/h 秸秆直燃炉（2 台无锡华光锅炉厂的 UG75/3.82-J 锅炉）。该工程的燃料以玉米秸秆、麦秸等为主，生物质燃料采用打包的形式收购，半封闭储存。年消耗生物质燃料约 17.6 万吨，年发电量 1.32 亿 kW·h，如上网电价按 0.595 元/（kW·h）计算，年收益 7854 万元，年供热量 539920GJ，可满足 100 万平方米建筑物的采暖供热，如供热价格按 4.6 元/m² 计算，年收益为 460 万元。该工程年减排量为 178626 吨 CO_2 当量。按工程运行时的核证减排量（CER）价格为 6 欧元/吨 CO_2 当量计算，年 CERs 收益约为 107.2 万欧元。与同等规模的燃煤火电厂相比，该工程每年可节约标煤 6 万吨，减少 SO_2 排放量 600 吨，烟尘排放量 400 吨，具有很好的环境效益。

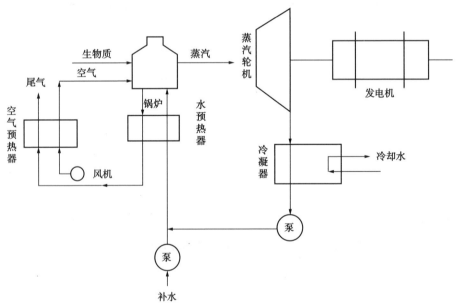

图 2-14　晋州秸秆直燃发电流程

以广西某垃圾焚烧发电厂为例，该电厂采用循环流化床垃圾焚烧炉。该厂工程系统主要由垃圾储存和输送给料系统、焚烧与热能回收系统、烟气处理系统、灰渣收集与处理系统、给排水处理系统、发电系统、仪表及控制系统等子项组成，采用国产技术，配备 2 台 35t 循环流化床焚烧炉，2 台 7.5kW 凝汽式汽轮发电机组，日处理垃圾能力达到

500 吨，具有减容、减量、无害、资源化的特点。该工程选用的循环流化床焚烧炉主要技术参数为：额定蒸发量 38t/h，额定蒸汽参数 450℃ /3.82MPa，给水温度 105℃，一次风热风温度为 204℃，二次风热风温度为 178℃，一次风和二次风比例为 2∶1，排烟温度为 160℃，设计热效率 > 82%。锅炉设计燃料为 80% 城市生活垃圾和 20% 烟煤，设计燃料热值为 8700kJ/kg，额定垃圾处理量为每天 250 吨，设计燃烧温度 850~950℃，灰渣热灼减 < 3.0%，烟气净化采用半干法脱酸、布袋除尘。该工程各项排放指标全部达到我国生活垃圾焚烧污染控制标准。

中节能宿迁生物质直燃发电项目是国内第一个采用自主研发系统的生物质直燃发电示范项目，于 2007 年初并网发电并成功运行。该项目总投资 2.48 亿元，建设规模为 2 台 75t/h 中温中压秸秆燃烧循环流化床生物质锅炉，配置 1 台 12MW 抽凝式供热机组和 1 台 12MW 凝汽式汽轮发电机组及相应的辅助设施。项目所采用的循环流化床生物质燃烧技术是由中节能（宿迁）生物能发电有限公司联合浙江大学等科研机构研发，设计燃料为稻秸和麦秸，可兼烧其他种类生物质。锅炉主要参数为：锅炉额定蒸发量 75t/h，过热蒸汽参数 450℃ /3.82MPa，给水温度 150℃，燃料低位发热量 14351.35kJ/kg，燃料设计含水率 15%，锅炉设计效率 90.2%，秸秆消耗量 15.66t/h。锅炉设计在保证燃烧效率的前提下，利用流态化的低温燃烧特性避免碱金属问题造成的危害。通过运行，炉内床料流化良好，炉内温度分布正常，未出现明显的床料聚团迹象。在连续运行 3~4 个月后进行的停炉检查中发现，炉膛受热面、高温区辐射受热面和高温区对流受热面上的结渣和沉积情况都很轻微，未影响到锅炉的正常运行，这说明流态化燃烧的低温特性在很大程度上缓解了碱金属问题。该锅炉实现了连续正常运行，锅炉运行的可靠性和可用率都满足指标。

除了上述应用案例外，由广东省粤电集团投资的湛江生物质发电项目总装机容量 2×50MW，包括 2 台 220 吨的生物质锅炉（HX220/9.8- Ⅳ 1 型，自然循环、高温高压、平衡通风、露天布置的固态排渣循环流化床），配套 2×50MW 的发电机组，年发电量达到 6 亿 kW·h。该项目于 2011 年 11 月 18 日正式投入商业运营，主要燃料为桉树皮、桉树枝等生物质，每年可节省 28 万多吨标准煤炭，还可实现 SO_2 零排放，每年减排 CO_2 约 48 万吨。庆祥热电庆安县农林生物质热电联产示范项目总投资 6.67 亿元，项目包括 1 台 260t/h 高温超高压生物质循环流化床锅炉，1 台 80MW 高温超高压、一次中间再热、抽凝式汽轮发电机组。该项目 2021 年 6 月 10 日顺利并网，年消耗农林生物质（以秸秆、树枝等为主原料）燃料 57.75 万吨，可有效减少散煤污染，促进循环经济发展。韶能集团新丰生物质发电项目于 2016 年 3 月开工，历经 4 年多建设，2020 年底一、二、三、四期全部建成投产。目前该项目已配备 6 台 130t/h 的直燃生物质锅炉和 6 台 30MW 装机容量的汽轮发电机组，年发电量可达 13.8 亿 kW·h，年可供热量 100 万吨。

2.3.2 典型国外应用案例

丹麦 BWE 公司于 1988 年建成了世界上第一座秸秆生物质直燃发电厂，容量为 5MW，水冷振动炉排炉采用直燃燃烧炉。此后，BWE 公司在西欧设计并建造了大量的生物发电厂，最大的发电厂是英国的 Elyan 发电厂，装机容量为 38MW。早在 2010 年，丹麦就已建成 15 家大型生物质直燃发电厂，年可消耗农林废物约 150 万吨，可保证丹麦全国 5% 的电力供应。瑞典、丹麦和德国等发达国家在流化床燃用生物质燃料技术方面具有较高的水平，美国爱达荷能源产品公司已经开发生产出生物质流化床锅炉，锅炉蒸汽出力为 4.5~50t/h，供热锅炉出力为 36.67MW；美国 CE 公司利用鲁奇技术研制的大型燃废木循环流化床发电锅炉出力为 100t/h，蒸汽压力为 8.7MPa；美国 B&M 公司制造的燃木柴流化床锅炉也于 20 世纪 80—90 年代初投入商业运行。此外，瑞典以树枝、树叶等林业废弃物作为大型流化床锅炉的燃料加以利用，锅炉热效率可达到 80%。

英国剑桥郡的 Elyan 电站，由 FLS Miljo 负责建设，2000 年 12 月交付使用，每年发电量超过 270GWh，早在 2003 年该电站就生产了超过 10% 的英国可再生电力。Elyan 电站主要燃料为小麦、大麦、燕麦等作物的秸秆，也能够燃烧一些其他的生物燃料和 10% 的天然气，还曾成功地燃烧了速生的芒属能源植物。电站燃料供应由 AnglianStraw 公司专门负责，其建立了满足 76h 连续运行的秸秆储存场，在电厂周边 43 英里（约为 69.2km）范围内收购打捆秸秆原料，每个秸秆捆约重 500kg，燃料最大含水量 25%，每年可消耗秸秆 20 万吨。电站采用振动炉排锅炉，蒸汽参数为 540℃ /9.2MPa，蒸汽产量为 149t/h，给水温度为 205℃，秸秆消耗量为 26.3t/h，锅炉效率为 92%。针对高蒸汽参数，该生物质电站采用了特殊结构设计和材料，以应对受热面的积灰和腐蚀等问题。该电站净效率超过 32%，系统可用性超过 93%。烟气净化系统包括半干式脱硫器和袋式除尘器。

英国 Treco 是一家英国生物质工业锅炉制造商，其制造的 PRO 系列生物质锅炉可以燃用木材成型燃料或者木屑，其输出功率可在 175~1000kW 之间任意调控。锅炉的最低稳定运行负荷为 26%，锅炉从最低负荷直到满负荷运行的过程中，热效率可一直维持在 96% 以上。锅炉的结构简图如图 2-15 所示。该炉型采用全自动热空气点火系统，并可根据燃烧状况自动优化配风，以达到最优的燃烧工况，稳定燃烧状况下炉膛烟气温度达到 1300℃。垂直布置的紊流器能上下运动，以保持热交换器清洁，从而可以减少灰在换热面上的沉积，并且增强热效率。基于上述机制，此锅炉可以在较长的使用时间内避免暂停和清洗受热面。

芬兰 Oy Alholmens Kraft 发电厂位于芬兰的 Pietarsaari 市，于 2002 年投入商业化运行，是目前世界上最大的混燃生物质的循环流化床电厂。该电厂循环流化床燃料以生物质（木材残渣：树皮 =1：1）与泥煤混合物为主，10% 重油和烟煤为辅（在启动时使用）。循环流化床炉膛横截面尺寸长 × 宽 =24m×8.5m，流化床高 40m。CFBB 锅炉容量为 550MW（热功率），蒸发量为 702t/h，蒸汽参数为 16.5MPa/545℃，最大电能输出功率为 240MW，同时产生 160MW 的蒸汽，供附近的工厂和居民使用。

图 2-15 英国 Treco 公司 PRO 系列生物质木屑锅炉示意图

1—炉排；2—气化室；3—余烬床的控制；4—清洁盖；5—扰流器；6—热交换器；7—助燃风机；
8—自动清洗装置；9—风管连接；10—氧传感器；11—烟气探头；12—炉排驱动装置；13—灰箱；
14—触摸屏控制面板；15—LED 电源指示灯

2.4 生物质直接燃烧利用的碳减排特性

采用生物质直接燃烧利用替代化石燃料，可以实现 CO_2 减排。我国每年将农林废弃类生物质用于燃烧发电代替煤炭消耗的潜力为 4~5 亿吨标准煤，可减排 CO_2 折合为 10 亿 ~ 13 亿吨。与此同时，由于这些生物质被直接燃烧利用，因而减少了生物质弃置于野外或水体时因有机质降解而释放出的大量 CO_2 和 CH_4。

除了生物质直燃发电外，生物质还可与燃煤进行耦合发电，有助于降低煤耗、促进能源结构调整和实现节能减排，同时也在保证电力供应的前提下实现了生物质的稳定利用。燃煤耦合生物质发电已在全球 150 余座电厂中得到了应用，技术较成熟。2022 年，我国煤炭发电量为 50792 亿 $kW \cdot h$，假设燃煤电厂平均每度电煤耗为 300g 标准煤 /$kW \cdot h$，且所有电厂均进行生物质掺混燃烧改造，当生物质掺混比例为 5%、10% 和 15% 时，每年可利用的生物质量相当于 0.76 亿吨、1.52 亿吨和 2.28 亿吨标准煤，因而由于替代煤炭而导致的年 CO_2 间接减排量约为 1.99 亿吨、3.98 亿吨和 5.97 亿吨。当然，在实际运行中，并非所有的燃煤电厂都适合生物质掺混燃烧改造，一般认为约 2/3 的燃煤电厂适宜改造。此时，在相同的假设条件下，当生物质掺混量为 5%、10% 和 15% 时，生物质掺混改造可实现的 CO_2 年减排量对应降为 1.33 亿吨、2.65 亿吨和 3.98 亿吨。如果在燃煤耦合生物质发电系统中耦合碳捕集和储存（CCS）CO_2 捕集率为 90% 时，每年可实现的总 CO_2 减排量、直接 CO_2 减排量、间接 CO_2 减排量及负碳排放量如表 2-9 所示。

表 2-9　燃煤耦合生物质电厂 + 碳捕集和储存的 CO_2 减排量[①]　　　　　　亿吨 / 年

CO_2 减排量[②]	生物质掺混比例		
	5%	10%	15%
直接减排量	23.95	23.95	23.95
间接减排量	1.33	2.65	3.98
负碳排放量	1.19	2.39	3.58
总减排量	25.28	26.6	27.93

注：①基于 2022 年燃煤发电量折算，且 2/3 燃煤电厂实现生物质掺混与 CCS 改造；②直接减排量表示在 90% 的 CO_2 捕集率下所能捕集和储存的 CO_2 量，间接减排量是生物质掺混后实现煤炭替代所带来的 CO_2 减排量，负碳排放量则是掺混的生物质燃烧后产生的 CO_2 被 CCS 系统捕集的量。

3

生物质热裂解技术
原理及应用

3.1 生物质热裂解基本原理

3.1.1 生物质热裂解定义

热裂解又称热解或裂解，是当前生物质能研究的前沿技术之一。热解（pyrolysis）一词来源于希腊语，pyro 是指火，lysis 是指破碎或分解。生物质热解是指在惰性气氛下，利用热能切断生物质大分子中的化学键，使之转变为生物炭、生物油和生物气的过程。利用可再生的生物质资源，通过热解将其转化为有用的化学品和能源，从而减少对传统化石能源的依赖，对于能源的绿色可持续发展具有重要意义。

3.1.2 生物质热裂解基本原理

生物质热裂解是一个十分复杂的过程，伴随一系列的物理变化和化学反应，生物质原料组分发生了脱水、解聚、脱羧、异构化、芳构化、炭化等多个过程，其中涉及分子键的断裂、分子异构化和小分子聚合等化学反应，同时还包括热量传递和质量传递等，如图 3-1 所示。对于生物质热裂解反应机理的研究和认识，可以分别从反应进程、原料结构变化、原料组成变化及热质传递过程等四个方面进行分析。

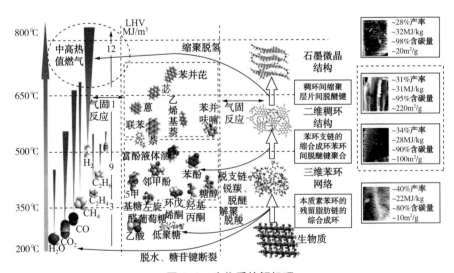

图 3-1　生物质热解机理

3.1.2.1 生物质热裂解反应进程

从反应进程的角度，生物质的热裂解过程可分为四个阶段：①脱水阶段，也称干燥阶段，温度在100~150℃范围内，生物质原料中的水分子受热蒸发，物料化学组分几乎不变；②热解初始阶段，温度范围在150~300℃之间，此阶段生物质原料开始发生热裂解反应，化学组分开始发生变化，主要是半纤维素和少量纤维素开始发生分解反应，同时有少量生物炭生成；③充分热解阶段，温度在300~600℃之间，此阶段生物质原料组分大量热分解，主要是纤维素和木质素发生复杂的物理和化学变化，为挥发分大量生成的阶段，并有大量的生物炭生成；④炭化阶段，此阶段主要发生C—C、C—H、C—O键的进一步断裂，生物质颗粒深层的挥发物进一步向外层的扩散，最终形成生物炭。实际上，上述四阶段的界限难以明确划分，在生物质热裂解过程中各阶段往往会相互交叉进行。

3.1.2.2 生物质热裂解中生物质结构变化

从生物质结构角度考虑，生物质热裂解是一个多级过程，可反应在不同的空间和时间尺度上。生物质颗粒尺寸为10^{-3}~10^{-2}m，质量传递主要在纤维导管方向，而热量传递却主要发生在导管的垂直方向。生物质颗粒内的细胞腔尺寸约为10^{-5}m，热裂解生成的蒸气、挥发分（尺寸约为10^{-6}m）等主要通过导管以及胞壁上的纹孔道释放出去。在时间尺度上，生物质受热升温、裂解反应、热质传递等过程也可能会由于外部条件的不同而存在较大差异。一般而言，当生物质颗粒被加热升温至200℃以上时，细胞壁结构开始分解，发生一次裂解反应，以解聚反应为主，生成了液体、蒸气以及固体炭。然而，随着时间的延长，生物质裂解挥发分中的化学成分和液相中间产物在脱离生物质颗粒的过程中，极有可能发生二次反应，包括蒸气相内的均相反应以及与残炭颗粒的非均相反应等。

3.1.2.3 生物质热裂解中生物质组成变化

从生物质的组成角度考虑，生物质由纤维素、半纤维素和木质素三种主要物质组成。纤维素在超过150℃后就会缓慢地发生热解反应，在低于300℃范围内主要发生聚合度的降低、自由基的形成、分子间或分子内的脱水、CO_2和CO的形成。温度超过300℃后，纤维素的热解速率大幅提高。基于著名的Broido-Shafizadeh（B-S）模型，纤维素热解可分为两个阶段，如图3-2（a）所示。在热解初期，纤维素聚合度降低形成活性纤维素，之后经过解聚或开环反应形成脱水低聚糖、左旋葡萄糖以及小分子醛、酮、醇等产物。在B-S模型的基础上，研究者提出了热解模型优化，如图3-2（b）~图3-2（f）所示。不同生物质原料的半纤维素组成有较大差别，对于半纤维素的热解，一般都认为具有和纤维素类似的反应机理。木质素是三组分中热稳定性最好的组分，且热解反应温度区间较宽，在200~900℃之间。木质素是一种芳香族高分子化合物，其裂解比纤维素和半纤维中糖苷键的断裂困难，热解后焦炭的产率较高。半纤维素和木质素的热解模型大部分也是由B-S模型演变而来，如图3-2（g）~图3-2（j）所示。

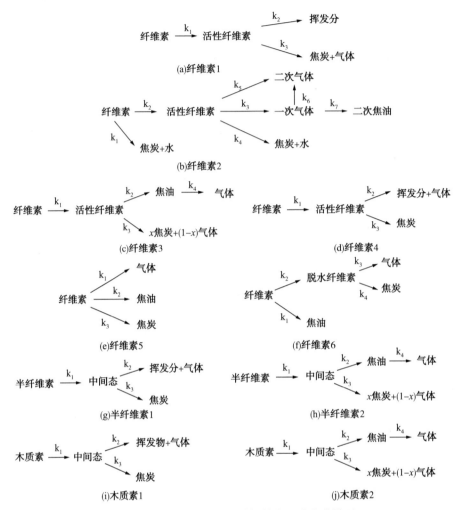

图 3-2　生物质三组分热裂解的集总动力学模型

3.1.2.4　生物质热裂解中的热质传递

从热质传递角度考虑，生物质颗粒在热解过程中，热量被传递到颗粒表面，并从表面传到颗粒的内部，热解过程由外至内逐层进行。生物质颗粒被加热后迅速分解成炭和挥发分，其挥发分中可凝结气体经过快速冷凝得到生物油。一次热解反应生成了炭、一次可凝结气体和不凝结气体。可凝结气体可能还将进一步热解，形成二次可凝结气体和不凝结气体，最后可凝结气体经过冷凝后生成生物油。反应器内的温度越高、气相停留时间越长，则二次裂解反应发生的频率越高，且反应也越剧烈。因此，为了减少二次裂解反应的发生，应该采取合适的反应温度和较短的停留时间。与慢速热解相比，快速热解的传热过程发生在极短的原料停留时间内，强烈的热效应使生物质原料迅速热解，产生的可凝结气体通过骤冷，从而最大限度地获得主要产品生物油，具体热解过程如图 3-3 所示。

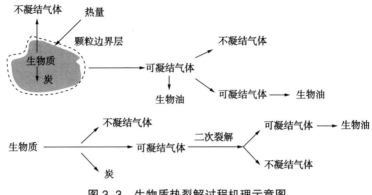

图 3-3　生物质热裂解过程机理示意图

总而言之，热裂解是一种可以将低品位生物质能转化为高附加值产品的一种新型生物质能利用技术。在此基础上，为了进一步提高产物品质，定向制备目标产品，通过反应过程参数的调控，开发了生物质的气化、炭气联产、热解液化等技术，后续章节将逐一介绍，而热解也组成了这些技术过程的基本反应步骤。

3.2　生物质气化技术

气化是指将固体或液体燃料转化为气体燃料的热化学过程。早在 1659 年，进行了实验研究。在 18 世纪，煤制燃气主要用于家庭以及街道的照明和供暖。1940~1975 年，气化作为燃料合成技术进入了内燃机与化学合成汽油及其他化学品领域。20 世纪的石油危机之后，为了减少对进口石油的依赖，气化等可替代技术得到大力发展。国内生物质气化技术在 1980 年以后得到较快发展。2000 年后全球变暖以及一些石油生产国的政策不稳定性，给可再生能源气化技术的发展带来了新的机遇，生物质气化制备气体燃料得到迅速推广和发展。

3.2.1　生物质气化基本原理

生物质气化是以生物质为原料，借助空气、O_2、水蒸气、CO_2 或其混合气等气化剂，在较高的反应温度下，通过热化学反应将固体生物质转化为气体燃料的过程。生成的产物中含 H_2、CO、CH_4 等可燃性小分子气体，以及水蒸气、CO_2、N_2（如以空气作为气化剂时）等不可燃小分子气体，以及由大分子碳氢化合物组成的可凝性焦油杂质。生物质气化与热解技术的区别主要在于气化过程要加气化剂，而热解过程是无氧气氛、无气化剂。同时，气化的目标产物是可燃性气体，以空气为气化剂时产出的气体中 N_2 含量较多，气体的热值不高，一般为 $4\sim6MJ/m^3$。而热解的目标产物是液、气、炭三种产物，且气体的热值较高，一般为 $10\sim15MJ/m^3$。此外，一定的条件下，如空气气化过程可实现热量的自供给，不需要额外热源，而热解反应是强烈的吸热反应，需要有外源热量供应。

生物质气化在气化炉中完成，反应过程较复杂。需要说明的是，随着气化炉炉型、工艺流程、反应条件、气化剂的种类、原料等条件的改变，气化反应过程和反应产物分布也随之改变。为了更好地描述生物质的气化过程，以上吸式固定床气化炉为例，具体分析了生物质的气化过程。如图 3-4 所示，生物质原料从气化炉上部加入，空气、O_2 或水蒸气等气化剂从底部吹入，气化炉中生物质原料自上而下分成四个区域，即干燥层、热分解层、还原层和氧化层，炉内温度从氧化层向上递减。

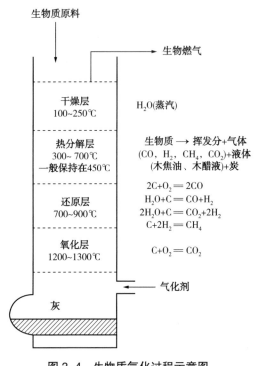

图 3-4　生物质气化过程示意图

1. 干燥层

上吸式气化炉的最上层为干燥层，从上部加入的生物质原料直接进入干燥层，湿物料在这里与下面三个反应区生成的热气体产物进行换热，使原料中的水分蒸发，生物质物料由含一定水分的原料转变成干物料。干燥层的温度为 100~250℃，干燥层的产物为干物料和水蒸气。水蒸气随着下述的三个反应区域的产气排出气炉，而干物料则落入热分解层。

2. 热分解层

在氧化层和还原层生成的热气体，在上行过程中经过热分解层，将生物质原料加热。由前述的气化原理可知，生物质受热后发生裂解反应。在反应中，生物质中大部分的挥发分从固体中分离出去。由于生物质的裂解需要大量的热量，在热分解层，温度基本为 300~700℃。在裂解反应中主要产物为炭、H_2、水蒸气、CO、CO_2、CH_4、焦油、木醋液及其他烃类物质等，这些热气体继续上升，进入干燥层，而炭则进入下面的还原层。

3. 还原层

在还原层已没有 O_2 存在，在氧化反应中生成的 CO_2 在此处与炭、水蒸气发生还原反应，生成 CO 和 H_2。由于还原反应是吸热反应，还原层的温度也相应比氧化层略低，为

700~900℃，其还原反应方程式包含：

$$C+CO_2 \Longrightarrow 2CO \tag{3-1}$$

$$H_2O+C \Longrightarrow CO+H_2 \tag{3-2}$$

$$2H_2O+C \Longrightarrow CO_2+2H_2 \tag{3-3}$$

$$H_2O+CO \Longrightarrow CO_2+H_2 \tag{3-4}$$

$$C+2H_2 \Longrightarrow CH_4 \tag{3-5}$$

还原层的主要产物是 CO、CO_2 和 H_2，这些热气体与氧化层生成的部分热气体上升进入热分解层，而没有反应完的炭则落入氧化层。

4. 氧化层

气化剂由气化炉底部进入，在经过灰渣层时与热灰渣进行换热，被加热的气化剂进入气化炉底部的氧化层，在这里与炽热的炭发生燃烧反应，放出大量的热量，同时生成 CO_2。由于是限氧燃烧，氧气的供给并不充分，因而发生不完全燃烧反应，生成 CO，同时也放出热量。在氧化层，温度可达到 1200~1300℃，反应方程式为：

$$C+O_2 \Longrightarrow CO_2 \tag{3-6}$$

$$2C+O_2 \Longrightarrow 2CO \tag{3-7}$$

在氧化层进行的均为燃烧反应，并放出热量，也正是此部分的反应热为还原层的还原反应、生物质原料的热分解和干燥提供了热量。在氧化层中生成的 CO 和 CO_2 等热气体进入气化炉的还原层，灰分则落入底部的灰室中。

通常把氧化层和还原层联合起来称为气化区，气化反应主要在气化区进行。而热分解层及干燥层则统称为燃料准备区或燃料预处理区，此处的反应是按照干馏的原理进行的，其载热体来自气化区的热气体。如上所述，实际情况下，气化炉内并不存在几个明显的区域，一个区域可以局部地渗入另一个区域，所述过程有部分是可以互相交错进行的。生物质气化过程实际上同时进行物料的干燥、热分解过程，而气体产物中总是掺杂燃料的干馏裂解产物，如焦油、醋酸、低温干馏气体。因此，在气化炉出口，产物气体成分主要为 CO、CO_2、H_2、CH_4、焦油及少量其他烃类（C_mH_n），还有水蒸气及少量灰分，这也是实际气化产生的可燃气热值总是高于理论上纯气化过程产生的可燃气的热值的原因。

3.2.2　生物质气化工艺与装备

3.2.2.1　生物质气化工艺

与热解不同的是，气化需要水蒸气、空气或 O_2 等气化介质重新排列原料的分子结构，以便将固体原料转化为气体。这些气化介质也称为气化剂，常见的气化剂主要包括空气、水蒸气、CO_2、水蒸气—空气以及 H_2。气化剂的选择是气化过程重要影响因素之一，直接影响到反应速率与停留时间，从而影响气体产物品质与产率。

1. 空气气化

空气中的 O_2 与生物质中可燃组分发生氧化反应，向气化过程中的其他反应提供热量，产生可燃气。由于空气易于收集，不需要额外的能源消耗，因此空气是一种极为普遍、经济且容易实现的气化介质。空气中含约 21% 的 O_2 和 78% 的 N_2，虽然 N_2 一般不参与化学反应，但 N_2 在气化反应过程中会吸收部分反应热，降低气化炉温度，阻碍 O_2 的充分扩散，降低氧化反应速度。不参与反应的 N_2 还会稀释生物质燃气中的可燃组分，降低燃气的热值。在空气气化的生物质燃气中，N_2 含量可高达 50%，燃气热值一般为 $5MJ/m^3$，属于低热值燃气，不适合采用管道进行长距离输送。

2. 纯氧气化

纯氧气化反应原理与空气气化相似，但若以纯氧作为气化剂，需严格控制 O_2 供给量，既可保证气化反应所需的热量，不需要额外的热源，又可避免氧化反应生成过量的 CO_2。与空气气化相比，O_2 气化由于没有 N_2 参与，反应温度和反应速率提高，反应空间缩小，热效率提高，生物质燃气热值也相应提高可达 $15MJ/m^3$，属于中热值燃气，与城市煤气相当。但是纯氧气化技术也存在一定局限和缺点，如由于 O_2 的制备和分离所造成的成本问题。

3. 水蒸气气化

生物质燃料的水蒸气气化不仅能有效缓解反应过程中的积碳问题，还能够产生较高浓度的 H_2，而且产生的合成气更容易满足工业上一些化工品（碳氢化合物、甲醇、二甲醚等）合成过程对于原料气的要求。水蒸气作为气化剂时，气化过程中水蒸气与碳发生还原反应生成 CO 和 H_2，同时 CO 与水蒸气也发生水煤气变换反应以及各种甲烷化反应。生物质燃气产物中 H_2 和 CH_4 的含量较高，燃气热值可达到 $17\sim21MJ/m^3$，属于中热值燃气。由于水蒸气气化的主体反应是吸热反应，因而反应温度对于产物品质影响较大，但反应温度也不宜过高。水蒸气气化经常应用于需要中热值气体燃料而又不使用 O_2 的场景。

4. CO_2 气化

由于全球变暖日益严重，温室气体的减排受到了越来越多的关注。利用工业释放的 CO_2 作为气化剂，能有效减少 CO_2 的排放，是一种清洁利用手段，具有较好的社会经济和生态效益，因此 CO_2 也成为近年来研究较多的一种气化剂。在气化过程中，CO_2 与碳发生反应产生 CO，该过程是强吸热反应。可通过调节反应参数提高反应产率，调节合成气组成。但是 CO_2 的反应活性低，反应速率比水蒸气气化低很多。此外，CO_2 参与的反应大多为吸热反应，需要更多的热量，单位耗氧量也会增加，且后续的酸气脱除步骤也需要设备投入，因此目前单独的纯 CO_2 作气化剂还未大规模应用。

5. 空气（O_2）/水蒸气混合气化

空气（O_2）/水蒸气混合气化是指空气（O_2）和水蒸气同时作为气化剂的气化过程。

从理论上分析，是比单用空气（O_2）或单用水蒸气都优越的气化方法。一方面，气化是自供热系统，不需要复杂的外部热源；另一方面，气化所需要的一部分氧气可由水蒸气提供，减少了空气（O_2）的消耗量，并生成更多的 H_2，特别是在有催化剂存在的条件下，CO 转化为 CO_2 的反应降低了气体中 CO 的含量，使气体燃料更适合于用作城市燃气。水蒸气-氧气气化的主要缺点是需要空气分离单元。尽管在大规模煤气化中低温空气分离技术非常先进，但在环境压力下运行的中小型生物质气化技术中，空气分离主要是通过选择性 N_2-O_2 吸附系统（例如变压装置）以实现变压吸附（PSA），需要压缩空气。因此，当 PSA 分离效率小于 1 时，需要压缩比气化过程中有效利用的 O_2 气流量大 5 倍甚至更多的空气气流，这对整个系统的能源效率影响较大，因而需要消耗生物质气化产物中的部分能源用于供能和提供所需的 O_2 气流。

6. 热分解气化

热分解气化又称干馏气化，是在完全无氧或只提供极有限的氧使气化不至于大量发生的情况下进行的生物质热降解，可描述成生物质的部分气化，与热解过程相似。主要是生物质的挥发分在一定温度作用下挥发，生成固定碳、气化气（不可凝挥发物）、木焦油和木醋液（可凝挥发物产物）四种产物。占比分别为固定碳 28%~30%，气化气 25%~30%，木焦油 5%~10%，木醋液 30%~35%，气化气热值约 15MJ/m^3，为中热值气体。按热解温度可分为低温热解（600℃以下），中温热解（600~900℃）和高温热解（900℃以上）。由于热解是吸热反应，在工艺中需提供外部热源以使反应进行。

7. H_2 气化

H_2 气化是利用 H_2 作为气化剂对生物质中的碳质进行气化反应的过程，可燃气主要成分是 CO、CH_4 和 H_2 等，热值为 22.3~26MJ/m^3，属于高热值燃气。但 H_2 气化反应的条件极为严格，需要在高温高压下进行，且 H_2 较为危险，不常使用。

表 3-1 列出了使用不同气化剂进行气化时，典型的气化气组成成分。虽然每种气化剂条件下燃气组分基本相同，但含量差异较大，如利用 O_2-水蒸气作为气化剂时 H_2 含量最高，且产生的 CO、CO_2 含量也较高，而空气-水蒸气气化得到的这 3 种气体含量总体偏低。

表 3-1 不同气化剂下的典型燃气组成 %（体积分数）

气化剂	H_2	O_2	N_2	CO	CO_2	CH_4	C₂+	H_2/CO
空气	10.0	0.5	41.2	23.0	18.1	5.2	2.0	0.44
富氧	9.5	0.5	7.3	46.8	23.4	9.7	2.8	0.2
空气-水蒸气	18.2	0.5	33.7	21.1	19.5	5.3	1.7	0.85
氧气-水蒸气	32.1	0.3	0.3	28.2	30.4	7.5	1.2	1.14
水蒸气	50.8	0.3	0.3	20.3	19.6	7.1	1.6	2.5

3.2.2.2 生物质气化影响因素

1.原料

在气化过程中，生物质物料的水分和灰分、颗粒大小、料层结构等都对生物质气化过程有着显著影响。对于相同的气化工艺，生物质原料不同，其气化效果也不一样。通过改变物料的含水率、物料粒度、料层厚度、物料种类，可以获得不同的气化数据。原料反应性的好坏是决定气化过程可燃气体产率高低与品质好坏的重要因素。原料的黏结性、结渣性、含水量、熔化温度等对气化过程影响很大，一般情况下，气化的操作温度受其限制最为明显。

2.温度和停留时间

温度是影响气化性能的最主要参数，温度对气体成分、热值及产率有重要影响。温度升高，气体产率增加，焦油及炭的产率降低，气体中氢及烃类化合物含量增加，CO_2含量减少，气体热值升高。因此，在一定范围内升高反应温度，有利于提高气化气品质。一般情况下，热解、气化和超临界气化控制的温度范围分别是200~500℃、700~1000℃和400~700℃。此外，温度和停留时间是决定二次反应过程的主要因素。当温度大于700℃时，气化过程中初始产物的二次裂解受停留时间的影响很大，在8s左右可接近完全分解，使气体产率明显增加。因此，在设计气化炉型时，必须考虑停留时间对气化效果的影响。

3.压力

采用加压气化技术可以改善流化质量，弥补常压反应器的一些缺陷，同时还可增加反应容器内反应气体的浓度，降低在相同流量下的气流速率，延长气体与固体颗粒间的接触时间。因此，加压气化不仅可提高生产能力，减小气化炉或热解炉设备的尺寸，还可以减少原料的带出损失。如以超高压为代表的超临界气化研究中，压力达到35~40MPa，可以得到H_2体积分数为40%~60%的高热值可燃气体。同时，根据中国科学院山西煤炭化学研究所开展的废弃生物质超临界水气化制氢的研究结果，高压只需要较低的温度（450~600℃）就可达到热化学气化高温（700~1000℃）时的产气量和含氢率。因此，从提高产量和质量出发，反应器可从常压向高压方向改进，但高压会导致系统复杂，制造与运行维护成本偏高。故而，在设计炉型时，需要综合考虑安全运行、经济性与最佳产率等各种要素。

4.升温速率

加热升温速率显著影响气化过程第一步反应，即热解反应，而且温度与升温速率是直接相关的。不同的升温速率对应不同的热解产物和产量。按升温速率大小可分为慢速热解、快速热解及闪速热解等。流化床气化过程中的热解属于快速热解，升温速率为500~1000℃/s，此时热解产物中焦油含量较多，因此必须在床中考虑催化裂化或热裂化，以脱除焦油。

5. 气化炉结构

改变气化炉结构参数，如直径的缩口变径、增加进出气口、增加干馏段成为两段式气化炉等方法，都能强化热解气化，提高燃气热值。通过对固定床的下端带缩口形式的两段生物质气化炉的研究发现，在保证气化反应顺利进行的前提下，适当地缩小缩口处的横截面积，可提高氧化区的最高温度和还原区的温度，从而使气化反应速率和焦油的裂解速率增加，达到改善气化性能的效果。

6. 催化剂

催化剂是气化过程中重要的影响因素，其性能直接影响燃气组成与焦油含量。催化剂既强化了气化反应的进行，又促进了产品气中焦油的裂解，有助于生成更多小分子气体组分，从而提升产气率和热值。在气化过程中，应用金属氧化物和碳酸盐催化剂时，能有效提高气化产气率和可燃组分浓度。目前用于生物质气化过程的催化剂有白云石、镍基催化剂、高碳烃或低碳烃水蒸气重整催化剂、方解石、菱镁矿以及混合基催化剂等。

在评价各个因素及其不同水平对气化效果的影响时，需要用到生物质的气化性能评价指标。气化性能评价指标主要包括气体产率、气体组成和热值、碳转化率、气化效率、气化强度和燃气中焦油含量等。对于不同的应用场所，这些指标的重要性并不一样，因此气化工艺的选择必须根据具体的应用场所而定。大量试验和运行数据表明，生物质气化生成的可燃气体随着反应条件和气化剂的不同而有一定的差别。但一般而言，最佳的气化剂当量比（空气或 O_2 量与完全燃烧理论需用量之比）为 0.25~0.30，气体产率一般为 1.0~2.2m³/kg，气体一般含 CO、CO_2、H_2、CH_4、N_2 的混合气体，其热值分为高、中、低三种。气化热效率一般为 30%~90%，依其工艺和用途而变。碳转化率、气化效率、气化强度由采用的气化炉型、气化工艺参数等因素而定，国内行业标准规定气化效率≥70%，国内固定床气化炉可达 70%，流化床可达 78% 以上。中国科学院广州能源研究所对其 25 千瓦下吸式生物质气化发电机组进行了运行测试，结果为：气化过程中碳转化率为 32.34%~43.36%，气化效率为 41.10%~78.85%，系统总效率为 11.5%~22.8%。粗燃气中焦油含量对于不同的气化工艺差别很大，可在 50~800mg/m³ 范围内大幅变化，经过净化后的燃气焦油含量一般在 20~200mg/m³ 范围内变化。

3.2.2.3 生物质燃气的净化

生物质气化装置内排出的未经净化的生物燃气中含有杂质，也称为粗燃气。如果不经净化，将粗燃气直接通过管道送入集中供气系统或锅炉燃气轮机等设备使用，将会影响供气、用气设备和管网的正常运行。因此，必须在气化系统之后对生物燃气进行净化处理，使之达到可使用燃气的质量标准。气化炉内产生的生物燃气中主要含以下污染物或杂质。

1. 焦油与灰分

焦油是生物质气化过程中产生的不可避免的衍生物,其主要生成于气化过程中的热解阶段,当生物质被加热到200℃以上时,组成生物质的纤维素、木质素、半纤维素等成分的分子键将会发生断裂,发生明显热分解,产生CO、CO_2、H_2O、CH_4等气态分子。而较大的分子为焦炭、木醋酸、焦油等,此时的焦油称为一次焦油,其主要成分为左旋葡聚糖,经验分子式为$C_5H_8O_2$。一次焦油一般是原始生物质原料结构中的一些片段,在气化温度条件下,一次焦油并不稳定,会进一步发生分解反应(包括裂化反应、重整反应和聚合反应等)成为二级焦油。如果温度进一步升高,一部分焦油还会向三级焦油转化。焦油是含成百上千种不同类型的化合物,其中主要是多核芳香族成分,大部分是苯的衍生物,有苯、萘、甲苯、二甲苯、酚等,目前可析出的成分有100多种。

生物质原料除了有机物之外,还有一定数量的无机矿物质,在生物质热化学转化过程中,这些残留的无机物质被统称为灰分。生物质灰分主要成分有K、Na、Ca、Mg、Al、Fe、Si等,但不同的生物质灰分含量及成分会有所不同。

2. 有机酸

在生物质热转化过程中会产生有机酸,如乙酸、丙酸等。虽然大部分有机酸会冷凝并排出,但仍有一定量的有机酸以气态形式存在于生物燃气中。这些有机酸蒸气对输气管道和灶具有很强的腐蚀作用。

3. 水

生物质原料中含一定量的水分,气化过程中,水被加热成为蒸汽,不但带走较多的热量,还降低气化炉内温度,从而影响气化效率。

针对生物质气化产物中的污染物和杂质,脱除方法主要包含以下几种。

1)湿式净化法

湿式净化是采用水洗喷淋来脱除焦油和灰分的一种燃气净化方法,该方法对焦油的脱除效果较明显。大部分焦油是可溶于水的,并且生物燃气在被水洗喷淋的同时降低了温度,这有利于焦油的冷凝和脱除。湿式净化法具有结构简单、商业化运行技术成熟、操作方便等优点,但湿式净化是用水直接喷淋,使用后的水如不处理将会造成严重的二次污染,与此同时,被脱除的焦油中的能量也没得到充分利用,造成了能量的浪费。

洗涤塔是最常用且最简单的气体洗涤装置。根据燃气净化的要求,洗涤塔分为单层和多层。为了增大燃气与水的接触面积,可在洗涤塔内充装填料,洗涤塔内气体流速一般在1m/s以下,停留时间为20~30s。燃气在上升过程中,反复与水滴接触,使固体和焦油颗粒与水混合,形成密度远大于气体的液滴,落到下部排出,净化后的燃气由洗涤塔上部排出。洗涤塔的脱除效率取决于气体和水的接触面积,沿截面水滴均匀分布和选择合理尺寸的填料会显著提高效率。一般设计完善的洗涤塔的燃气净化效率可达95%~99%。

喷射洗涤器也是生物质气化系统中常用的燃气净化设备。洗涤水由喷嘴雾化成细小水滴，与待净化的燃气同方向流动，但两者之间存在很高的速率差。在向下流动的过程中，气流先加速而后减速，以此增大气流与洗涤水滴的接触面积。洗涤水最后进入水分离箱后，速率大大降低，这使得携带了灰粒和焦油的液滴从气体中分离出来。喷射洗涤器一般效率可达到95%~99%，其缺点是压力损失大（压降大），导致需要消耗较多的动力。

2）干式净化法

干式净化法是以棉花、海绵或活性炭等强吸附材料作为过滤材料，当燃气通过过滤材料时，利用惯性碰撞、拦截、扩散以及静电力、重力等吸附机制，把燃气中的焦油、灰分等杂质吸附在过滤材料中。干式净化法具有运行稳定、高效、成本低的优点，是一种有效去除细小颗粒杂质的方法，根据过滤材料孔隙的大小，可以滤出0.1~1μm的小粒径杂质。干式净化法依靠过滤材料的容积或表面捕集颗粒，其容纳颗粒的能力有限，因此其技术瓶颈之一为过滤材料的再生。当然，在实际应用中，使用过的过滤材料可作为气化原料燃烧掉，避免二次污染。袋式过滤器常采用间歇振打和反吹的方法，但袋式过滤器对燃气的含水量较敏感。

3）电捕焦油法

电捕焦油器是一种高效的脱除焦油和灰尘的设备，尤其对0.01~1μm的焦油和灰尘微粒具有很好的脱除效率。在电捕焦油器中，气体先在高压静电氛围下被电离，使焦油雾滴带有电荷，带电雾滴吸引不带电雾滴逐渐聚合成较大的复合物，最后在重力作用下从燃气流中下落。电捕焦油法具有压降小（系统阻力损失小）、净化燃气量大的优点，但电捕焦油器对燃气的氧含量、颗粒浓度及比电阻等参数要求较高，且电捕焦油法设备初投资和运行成本都较高，操作管理的要求也较高。

4）高温裂解法

裂解净化法是在高温下将生物质气化过程中所产生的焦油裂解为可利用的小分子可燃气体的方法，是目前焦油脱除及利用中最有效且合理的方法之一。裂解净化法分为直接热裂解净化法和催化裂解净化法。当温度大于1100℃时，即使不使用催化剂，气化气中的焦油也会发生裂解，分子量较大的化合物通过断键脱氢、脱烷基以及其他一些自由基反应转变为分子量较小的气态化合物和其他产物，从而使焦油转化为气体产物。但此时也会导致焦炭的形成，同时可能会造成过滤器或催化剂的污染。另外，焦油的裂解会产生碳烟，这也是气化气中需要去除的杂质。温度对焦油的裂解过程具有显著的影响，随着裂解温度的升高，焦油裂解转化率和气体产物产率都会逐渐提高。研究发现，焦油含量会随温度升高而降低，可能是因为高温有利于焦油发生裂解和水蒸气转化反应。裂解所需的温度取决于焦油的成分，如含氧焦油可在900℃左右裂解，但基本所有焦油裂解的温度高于常见的气化炉出口温度。有研究证明，裂解温度达到900℃以上时可实现焦油的高效转化，而若实现焦油的完全转化，裂解温度至少达到1250℃。也有研究发现，当反应温度在800℃时，生物质气化焦油产率为1.5%，而温度升高到1000℃时，焦油产量达到毫克级别，且1200℃时的焦油产率为11.7mg/Nm³，1300℃时则完全没有焦油产生。裂解温度对气化气组分也有影响，研究表明，在1000~1200℃的高温环境下对焦油进行高温裂解时，可以将生物质燃气中98%以上的焦油裂解为小分子不凝性气体。经过1000℃以上的高温裂解，裂解气中的H_2含量从36%提高到43%，同时其他组分含量都有不同程度的下降，其中C_nH_m含量的下降幅度较明显，从4.39%下降到1.53%，总体下降了65%。

由此可见，在使用高温裂解法脱除焦油时，需要温度大于1000℃的稳定高温环境才能实现焦油的完全转化。裂解所需的高温不仅对设备自身材质要求很高，并且要求设备有良好的保温性能。在这样的条件下进行裂解需要很大的能耗，在经济上不合理，所以单纯通过提高温度的方法增强焦油裂解反应是不实际的。通过添加氧气或空气使焦油和气化气中其他成分燃烧可以提高温度，有利于焦油的裂解；也可以加入水蒸气促进焦油裂解，但相应的代价都是总气化气产量下降；还可以用电弧等离子体热分解生物质焦油，其过程相对简单，但产生的气体的能量密度也会较低。

5）催化裂解法

催化裂解法是使用催化剂促使焦油发生裂解反应，反应温度较直接热裂解的显著降低（750~900℃），并可使焦油裂解率达到99%。根据生物质焦油裂解催化剂的来源，可将其分为合成催化剂和天然矿石催化剂两大类。常见的天然矿石催化剂有白云石、橄榄石以及活性炭等，常用的合成催化剂有镍基催化剂、碱金属催化剂及其他金属催化剂等。受不同物料、气化炉及气化剂的影响，可供使用的催化剂多种多样，但所使用的催化剂必须能在有效去除焦油的同时，具有一定的失活耐性、耐结焦性，且具有坚固、不易破碎、可再生和价格低等优点。

白云石相对便宜，并且容易得到，煅烧白云石是广泛使用的一种催化剂。在使用白云石作为焦油裂解催化剂时，值得注意的一点是，没有经过煅烧的白云石对焦油裂解反应基本没有活性。煅烧的方法是将白云石放入马弗炉中高温（大于900℃）隔绝空气煅烧4h以上。不同白云石的成分略有不同，但催化效果基本相差不大，一般认为白云石中$CaCO_3$与$MgCO_3$的比例在（1~1.5）：1时效果较好。与水蒸气介质相比，CO_2介质对白云石表面焦油的重整反应速率更高，在适当的条件下，可以完全转化焦油。但白云石作为催化剂时的缺点也很多，如：①白云石很难实现超过90%的焦油转化率；②白云石还会使焦油组分发生改变，白云石的催化作用更容易破坏如酚类及其衍生物类型的焦油，而对如萘、茚等多环芳烃的脱除则较困难，且在经过白云石床的作用之后，虽然焦油量会大大减少，但剩余焦油也将更难以处理；③白云石的热稳定性也较差，容易发生活性下降甚至失活；④白云石机械强度较低，应用于流化床中会出现快速磨损，或者以较细颗粒的形式被气流携带出反应器而损失；⑤白云石无法转化 CH_4；⑥积碳会使白云石失去活性。但因为白云石来自大自然，价格较便宜，且可以丢弃，因此其在焦油催化脱除中的应用仍然很多。

橄榄石的大小和密度范围类似于沙子，也经常与沙子一起用于流化床气化炉中。橄榄石的催化活性与煅烧白云石相当，与未经处理的橄榄石相比，经 900℃ 煅烧后的橄榄石的催化活性增加 1 倍，且经过 10h 的煅烧以后，橄榄石的催化活性显著提高，几乎达到最大值，继续延长煅烧时间对提升催化活性帮助不大。橄榄石最大的优点是其机械强度优于白云石，即使在很高的温度下，橄榄石强度也能达到沙子的水平。在要求催化剂机械强度较高的条件下，可以用橄榄石替代白云石。煅烧白云石和橄榄石可以作为初级催化剂添加在气化反应器内，也可以作为焦油裂解催化剂用于气化反应器下游的二级裂解反应器内。

碱金属、碱土金属和稀土金属也经常用作催化剂的助剂和催化剂载体，与催化剂的活性组分作用，提高催化剂的活性，减缓催化剂活性组分的烧结，提高催化剂的抗积碳性能。碱金属催化剂由于具有易与生物质焦油发生反应的特性，可以达到裂解净化生物质焦油的目的，因此是目前研究的重点。但碱金属催化剂存在抗积碳性较差、易团聚、易失活等缺点。碱金属催化剂在进入气化炉之前可以与生物质预混，与白云石不同的是，碱金属催化剂可以减少气体产物中的 CH_4 含量。碱金属催化剂使用后很难回收，不能用作二次催化剂，其在流化床中的使用也会使装置更容易结块。

镍基催化剂是一种高效的催化剂，在二级反应器中效果最好。镍基催化剂的活性受温度、颗粒大小和气体组成等影响，镍基催化剂在下游流化床中的最佳操作温度为 780℃。对于重烃，在水蒸气重整条件下镍基催化剂对焦油的脱除十分有效；对于轻烃，使用镍基催化剂也能有效脱除 CH_4。镍基催化剂对 CH_4 重整反应具有很高的活性，还能提高水煤气转化反应的活性，从而调整产物气中 H_2 和 CO 的比例。在催化反应温度超过 740℃ 时，产物气中 H_2 和 CO 的含量增加。另外，镍基催化剂还可以促进氨气（NH_3）的分解，从而减少产物气中 NH_3 的含量。金属氧化物负载镍也已广泛应用于焦油还原，具体活性顺序为 $Ni/Al_2O_3 > Ni/ZrO_2 > Ni/TiO_2 > Ni/CeO_2 > Ni/MgO$。这表明，负载材料对镍还原焦油的活性也有影响。镍基催化剂是一种相对昂贵的催化剂，为了延长其使用寿命，尽量不要将镍基催化剂作为初级催化剂放在气化反应器内。使用镍基催化剂最大的问题是催化剂的失活，气化过程中产生的硫（S）、氯（Cl）和碱金属等杂质会影响其活性，在产物气中焦油含量很高时，焦炭也会沉积在催化剂表面，影响催化剂的活性。有研究表明，升高温度在某种程度上能减少 S 的毒性和焦炭沉淀的影响，当从气体混合物中除去 S 后，催化剂对焦油转化反应的活化能迅速恢复，但对氨分解反应的活性却不能完全恢复。同时，反复高温过程将导致镍基催化剂的烧结、相转移及挥发等，也会造成镍基催化剂的严重损失。

贵金属也可以用于去除生物质气化焦油，常见的贵金属催化剂包括 Rh、Ru、Pd 和 Pt 等。虽然贵金属催化剂价格较高，但是在低温状态对生物质气化焦油催化裂解有较高活性，同时还能对 CH_4 和轻质烃类化合物的蒸汽重整起催化作用，有利于生成更多的气化气并调整气化气的组分。贵金属还具有不易被氧化、耐高温、抗烧结等特性，但贵金属催化剂成本高，难以实现广泛应用。各种催化剂通过一定比例的复合，不但能增加催化剂的活性，而且延长了催化剂的寿命。最常见的是向镍基催化剂中添加铝，铝的添加量不同，催化剂活性及稳定性也有很大的不同。采用白云石和镍基催化剂混合也可以延长催化剂的寿命，也能在很大程度上降低成本。

在商业上，许多工厂使用催化重整法从气化气产品中去除焦油和其他不需要的组分，该技术已经十分成熟。焦油转化的主要反应是吸热的，因此，允许在反应器中加入空气进行一定量的燃烧反应。相比高温裂解反应所需温度，特定催化剂的催化裂解反应温度大为降低，一般在 700~900℃之间。显然，催化裂解不仅降低了反应温度，还提高了焦油的转化效率。

6）微生物法

据报道，假单胞菌、黄杆菌、芽孢杆菌、节细菌属、红球菌属、诺卡氏菌等微生物能有效降解焦油中的某些成分，但目前该方法还处于实验室阶段，暂不具备商业应用条件。

3.2.2.4　生物质气化装备

生物质气化设备是指用来气化固体生物质燃料的设备，又称气化炉。气化炉是生物质气化系统中的核心设备，生物质在气化炉内进行气化反应生成可燃气。常用的生物质气化炉包括固定床气化炉和流化床气化炉两种类型，而且有多种不同的形式，如固定床气化炉包括上吸式气化炉、下吸式气化炉、横吸式气化炉等，而流化床气化炉有单流化床气化炉、循环流化床气化炉、双流化床气化炉等。

1. 上吸式气化炉

图 3-5（a）为上吸式固定床气化炉工作原理图。上吸式固定床气化炉的物料由气化炉顶部加入，气化剂由炉底部经过炉栅进入气化炉，产出的燃气通过气化炉内的各个反应区从气化炉上部排出。在上吸式气化炉中，气流流动方向与向下移动的物料运动方向相反，向下流动的生物质原料被向上流动的热气体烘干脱去水分，干生物质进入热分解层后得到更多的热量，发生裂解反应析出挥发分。产生的炭进入还原层与氧化层产生的热气体发生还原反应，生成 CO 和 H_2 等可燃气体。反应中没有消耗掉的炭进入氧化层，上吸式气化炉的氧化层在还原层的下面，位于四个反应层的最底部，其反应温度比下吸式气化炉高，可达到 1200~1300℃，炽热的炭与进入氧化层的空气发生氧化反应，灰分则落入灰室。在氧化层、还原层、热解层和干燥层生成的混合气体，即生物质气化燃气，

自下而上地流动，排出气化炉。

2. 下吸式气化炉

图 3-5（b）为下吸式固定床气化炉工作原理图。与上吸式气化炉不同，下吸式固定床气化炉原料从气化炉顶部加入，气化剂由气化炉中部进入炉内，原料与气化剂在喉部接触燃烧放热，使物料温度升至 1200~1400℃。燃烧气体下行与床层底部的热焦炭反应，并被还原成 CO 和 H_2。喉部的高温使得裂解产生的焦油进一步分解，焦油产量显著降低。下吸式固定床气化炉结构简单，有效层高度几乎不变，运行稳定性好，且可随时打开填料盖，操作方便，燃气焦油含量较低。但是其气流下行，与热气流上升方向相反，且可燃气需从炉栅下抽出，使得引风机功耗增加；气体经高温层流出，出炉温度较高，系统热效率低，因此不适合含水量高、灰分含量高且易结焦的物料。由于焦油含量低、净化难度小，因此该气化炉的市场化程度较上吸式固定床气化炉大。

3. 横吸式气化炉

图 3-5（c）为横吸式固定床气化炉示意图。与上吸式、下吸式气化炉相同，横吸式气化炉生物质原料从气化炉顶部加入，灰分落入底部的灰室。横吸式气化炉的特点是气化剂从气化炉的侧向进入，生物燃气从对侧排出，气体横向通过氧化层，在氧化层及还原层发生热化学反应，反应方程式与其他固定床气化炉相同。但是，横吸式气化炉的反应温度很高，容易发生灰熔化和结渣情况，故横吸式气化炉多用于灰含量很低的生物质原料。横吸式气化炉的一个主要特点是气化炉中存在一个高温燃烧区，温度可达 2000℃以上。高温区的大小由进风喷形状和进气速率决定，不宜过大或过小。

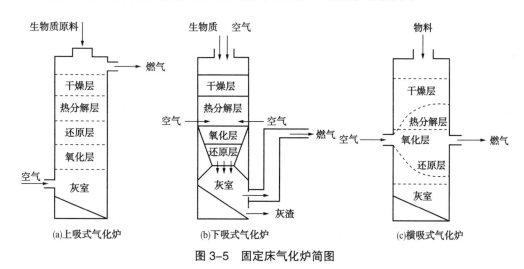

图 3-5　固定床气化炉简图

4. 单流化床气化炉

单流化床气化炉是最基本且最简单的流化床气化炉，其工作原理如图 3-6（a）所示。气化剂从底部气体分布板吹入，在流化床上同生物质原料进行气化反应，生成的气化气直接由气化炉出口送入净化系统中，反应温度一般控制在800℃左右。通常情况下，单流化床气化炉采用的是鼓泡床形式，流化速度较低，较适合于颗粒较大的生物质原料，而且一般情况下需使用热载体。总的来说，单流化床气化由于存在飞灰和夹带炭颗粒较严重、运行费用较大等问题，不适合于小型气化系统，仅适合于大中型气化系统，所以研究小型的流化床气化技术在生物质能利用中难以具有实际意义。

5.循环流化床气化炉

循环流化床与单流化床的主要区别是，在生物燃气排出口处设置有旋风分离器或袋式分离器，其工作原理如图3-6（b）所示。与单流化床气化炉相比，循环流化床气化炉内流化速率较高，使得产出的生物燃气中含大量的固体颗粒（床料、炭颗粒、未反应完全的生物质原料等），经过分离器，这些固体颗粒返回流化床再次发生气化反应并保持气化床密度。循环流化床气化炉的反应温度一般在700~900℃之间，适用于颗粒较小的生物质，在多数情况下可以不需要床料就运行，故循环流化床运行最简单。

6.双流化床气化炉

图3-6（c）为双流化床气化炉示意。双流化床气化炉分为两个组成部分，即气化炉反应器和燃烧炉反应器。在气化炉反应器中，生物质原料发生气化反应，生成生物燃气排入净化系统，同时生成的炭颗粒送入燃烧炉反应器，并在其中发生氧化燃烧反应。该反应可使床层温度升高，经过升温的高温床层材料返回气化炉反应器中，起到气化反应所需要的热源效果。双流化床气化炉实质上是鼓泡床和循环流化床的结合，其把燃烧和气化过程分开，燃烧床采用鼓泡床，气化床采用循环流化床，两床之间靠热载体（床料）进行传热。因此，控制好热载体的循环速度和加热温度是双流化床系统最关键也是具有挑战的技术。

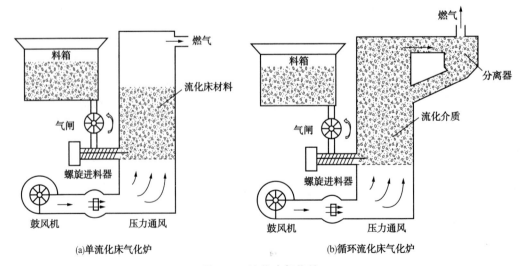

图 3-6 流化床气化炉

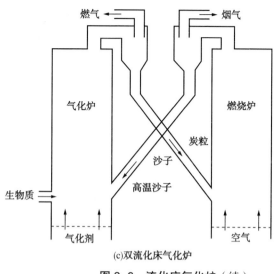

图 3-6　流化床气化炉（续）

国外有关生物质的双流化床大规模工业应用区域主要集中于欧美、澳大利亚、加拿大等，并且已经建造多套有关生物质利用的中试规模和商业化规模双流化床运行装置。在 2001 年年底，奥地利 Güssing 区就有生物质双流化床结合气化技术的热电联产工厂开始运行。利用气化与燃烧工艺结合，燃烧炉产生的热量通过床料循环传递至气化炉，气化炉中采用水蒸气作为流化气。生物质原料为木片，含水率为 25.2%~27.5%，气化温度 800~900℃，每天可以处理 40 吨干基生物质，产生热输出 4.5MW$_{th}$ 与 2MW$_e$ 电能输出。瑞典研究人员利用一套气化燃烧耦合双床装置进行了生物质气化研究，系统由 2~4MW$_{th}$ 的鼓泡流化床与 12MW$_{th}$ 的燃烧炉组成，原料采用生物质木屑颗粒，每小时进料 300kg，气化温度 825℃，每千克生物质燃料可产生约 17.5mol 的 H_2、19mol 的 CO_2、7mol 的 CO、3.5mol 的 CH_4、少量的 C_2 和 C_3 烃类气体以及 13g 焦油。此外，近些年华中科技大学、东南大学、中国科学院、沈阳化工大学等国内高校和研究所围绕生物质流化床气化开展了系列小试和中试的研究，单位小时进料量从 3kg 到几十 kg，并对循环过程的气固流动进行模拟分析。目前国内生物质双流化床的研究多集中于冷态试验与模拟分析，相较于加拿大等西方国家，我国双流化床虽已经进行了热态试验自先进示范工程整体规模偏小，有待进一步研发。

流化床与固定床相比，其优点为：①流化床可以使用粒度很小的原料，对灰分的要求也不高；②流化床气化效率和强度都较高，因此其气化炉断面较小；③流化床气化的产气能力可在较大范围内调节，且气化效率不会显著降低；④流化床使用的燃料颗粒很细，传热面积大，故传热效率高，且气化反应温度分布均匀，这使得结渣可能性降低。但流化床气化炉也具有不足之处：①产出气体的显热损失大；②由于流化速度较快、燃料颗粒较小，故产出的生物燃气含尘量较大；③流化床要求床内燃料分布均匀、温度均匀，运行控制和检测手段较复杂。

无论是固定床气化炉还是流化床气化炉，在设计和运行中都有不同的条件和要求，了解不同气化炉的各种特性，对正确合理地设计和使用生物质气化炉是至关重要的。表3-2总结了常见的气化炉特性。

表3-2　不同气化炉的特性

炉型	原料适用性	燃气质量	设备特点及实用性	缺点
上吸式	原料适应广，水分在15%~45%之间可稳定运行	H_2含量少，燃气热值较高，含灰少	生产强度小，多用于工业炉窑燃气等要求热值高的小型系统	焦油含量高，加料不方便，难以大型化
下吸式	大块原料可直接使用，水分通常在15%~20%	H_2含量较多，焦油含量较低，但热值较低	生产强度小，多用于内燃机发电等要求洁净燃气的小型系统	气化效率低，燃气含灰较多，难以大型化
鼓泡流化床	颗粒小于15mm，但尺寸要求均匀，水分10%~40%	成分稳定，H_2、CO含量高，飞灰含量较多	结构相对简单、操作气速较低，对设备磨损轻，应用较多	对原料的均匀性要求较高，对结渣性敏感
循环流化床	100~200μm细颗粒，水分15%~30%	成分稳定，H_2、CO含量高，飞灰含量较多	气化效率、气化强度高于鼓泡床，用于大型的热电厂锅炉等系统	要求细颗粒，故原料需要进行预处理，对结渣性敏感
双流化床	颗粒小于10mm，水分10%~40%	成分稳定，H_2、CH_4含量高，飞灰含量较多	C的转换率更高，利用空气即可获得含氮量低的高热值燃气	结构复杂，成本较高，对结渣性敏感

3.2.3　生物质气化应用案例

3.2.3.1　生物质气化供热

生物质气化供热是指生物质经过气化炉气化后，生成的生物质燃气送入下一级燃烧器中燃烧，为终端用户提供热能。这项技术早已实现商业化，并在世界很多地区广泛应用。国内在20世纪60年代初开展生物质气化技术研究工作，在20世纪80年代以后发展较快。我国自主研究的多个系列气化炉产品可用于集中供气、供热、发电等，可满足多种物料的热解气化要求。20世纪90年代，我国建造了70多个生物质气化系统以提供家庭炊事用的燃气。该系统以自然村为单位，将以秸秆为主的生物质原料气化转换成可燃气体，然后通过管网输送到居民家中用作炊事燃料，每个系统平均每小时可为900~1600户家庭输送200~400m³的燃气。另外，该技术还广泛应用于区域供热和木材、谷物等农副产品的烘干等。自1994年在山东省桓台县东潘村建成中国第一个生物质气化集中供气试点以来，山东、河北、辽宁、吉林、黑龙江、北京、天津等地陆续推广应用生物质气化集中供气技术。到2010年底时，全国已累计建成秸秆气化集中供气站900处，运行数量为600处，供气20.96万户，每个正在运行的气化站平均供气约350户。

在气化燃气工业锅炉/窑炉应用方面，科研单位和企业也进行了探索。广东省已建立生物燃气工业化完整的产业链基础，近年来成功地完成了几十个生物质燃气项目。目前主要发展途径为以生物质燃气替代化石燃油、燃气作为锅炉/窑炉燃料。

国内开展生物质气化供热研究和应用的单位主要有中国农业机械化科学院、中国科学院广州能源研究所和中国林业科学研究院林产化学工业研究所等。中国科学院广州能源研究所在湛江模压木制品厂、三亚木材厂和武夷山木材厂，曾应用循环流化床气化炉将木材加工厂的锯末或碎木屑进行气化，然后用生物质可燃气作锅炉燃料，产气量比固定床气化炉提高近10倍，可燃气的热值也提高了40%左右，并使气化炉实现了长期连续运行。中国林业科学研究院林产化学工业研究所于2004年至2006年曾利用自主研发的锥形流化床生物质气化供热技术，分别在安徽舒城友勇米业公司进行5220MJ/h稻壳气化替代燃油干燥粮食的示范应用，在江苏太仓牌楼进行稻壳气化供热花苗圃采暖应用，在辽宁海城复合肥料厂进行替代燃煤干燥鸡粪应用，并向马来西亚出口生物质气化（6000m³/h）燃气瓷窑烧制装置。

山东省济宁市泗水县高峪镇生物质清洁供热项目由中环国投环保集团有限公司投资建设，项目总投资800万元，建成6吨级生物质天然气锅炉1座，每年可处理秸秆压块9000吨，生产清洁燃气1000万m³，可为周边企业提供工业用蒸汽3万吨。与传统项目相比，高峪镇生物质清洁供热项目实现两大首创：一是项目采用拥有国内外十余项发明专利的秸秆纯氧气化技术，在山东省率先实现以秸秆压块为原料气化产生清洁燃气，其燃烧热值较常规生物质气化产生的燃气提高1倍，为秸秆能源化利用做出示范及标准；二是烟气排放 NO_x 的质量浓度低于 $50mg/m^3$、粉尘的质量浓度低于 $5mg/m^3$、SO_2 的质量浓度低于 $10mg/m^3$，实现超低清洁排放供热。

3.2.3.2 生物质气化发电

生物质气化发电是指生物质经热化学转化在气化炉中气化生成可燃气体，经过净化后驱动内燃机或小型燃气轮机进行发电。其基本原理是经加热、部分氧化把生物质转化为可燃气体（主要成分为 CO、H_2、CH_4、C_mH_n 等），再利用可燃气推动燃气发电设备进行发电，气化发电技术是可再生能源技术中最经济的发电技术之一，既能解决生物质难以燃用而又分布分散的问题，又可以充分发挥燃气发电技术设备紧凑而污染少的优点，是生物质能最有效、最洁净的利用方法之一。在生物质热解气化发电方面，由于焦油处理技术与燃气轮机改造技术难度高，在产业化过程中仍存在诸多问题，系统尚未成熟、造价高，限制了商业化项目推广应用，大部分还处于示范阶段。其中，美国建立的Battelle生物质气化发电示范工程代表着生物质能利用的世界先进水平。在20世纪80年代初期，国内研制了以稻壳为燃料的固定床气化炉与内燃机组成的200kW生物质热解气化发电机组，并进行了推广。中国科学院广州能源研究所对流化床气化炉进行了大量研究，早在 1998 年就建成了 1MW 木屑流化床气化发电示范系统。近年来，国内开发出投资少、原料适应性强、规模灵活性好的中小型生物质气化发电设备，功率从几千瓦到5000 千瓦。我国生物质发电产业从 2003 年开始起步，经过近 20 年的发展，市场规模急剧膨胀，正在向产业规模化方向发展。截至 2021 年底，我国生物质发电装机容量达 3798万千瓦，占全国总发电装机容量的 1.6%。虽然我国生物质发电占比逐年增长，但大型生物质发电厂仍以直燃发电技术为主，生物质热解气化发电技术仍处于中试或示范工程阶段，技术仍需继续探索。

3.2.3.3 热电联产

生物质气化供热和发电并非完全独立的。20 世纪 90 年代，人们首次将热能生产和电能生产结合起来，即同时向某个区域供热和供电，称作热电联产（CHP）。热电联产通过热水等提供热能，使用燃气轮机等设备生产电能，电能除自用之外，还可以输送到电网。爱尔兰自 1993 年开始利用下吸式气化炉为一所高校提供 100kW 的电量和 120kJ 的热量。奥地利的 CHP Guessing 则是一个典型的热电联产的生物质气化电厂，采用双床气化系统生产燃气，燃气经处理后燃烧供热，并通过燃气轮机发电。该厂于 2001 年开始运行，为当地提供的净热功率为 4.5MW，净电功率为 1.8MW。除用于集中供热之外，CHP 还可用于更小的场合（称之为小规模 CHP 或微规模 CHP），比如各类商业建筑。这种系统的发电规模为5~50kW，主要的发电设备有内燃机、微型汽轮机、燃气轮机、燃料电池等。捷克研究人员还将热泵系统集成到生物质气化过程中，从而实现了热、电、冷三联产。维也纳科技大学在总功率 2MW，发电输出功率 550kW 的热电联产项目基础上，设计双燃烧固定床气化炉，开发了 125kW 的热电联产系统，其采用木材原料，燃气低位热值达到 5.8MJ/Nm³。

肇东生物质热电联产项目（图 3-7）是黑龙江省"百大项目"之一，位于黑龙江省肇东市尚家镇，总投资 7.62 亿元，每个电厂配套 2 台 40MW 高温超高压一次再热机组，每台机组配置 1 台 130t/h 循环流化床锅炉以及环保处理等辅助设施，为国内同类型总装机容量最大的生物质热电联产项目。该项目建成投产后，每个电厂年可消耗秸秆 62 万吨，提供绿色电力 4.8 亿 kW·h。与传统火电相比，年节约标准煤 17 万吨，减少 CO_2 排放 46 万吨，减少 SO_2 排放 1700 吨，减少 NO_x 排放 2300 吨，达到超低排放环保标准，并有效解决肇东市及周边因秸秆露天焚烧造成的空气污染问题。此外，该项目还可直接提供就业岗位 120 余人，间接创造 2000 多个农民收储中间户的就业岗位，对推动乡村振兴具有积极的作用。

图 3-7　黑龙江肇东市生物质热电联产示范项目

3.2.3.4 费 – 托合成

1925 年，德国凯泽 – 威勒姆学院的弗朗兹·费歇尔和汉斯·托罗普施发明了费 – 托合成技术。这项技术主要是将含 H_2 和 CO 的气化气转化为与汽油和柴油的主要构成类似的长链（直链或支链）碳氢化合物，涉及的主要反应如式（3-8）~ 式（3-11）所示。该技术包括生产合成气、费 – 托合成反应和产品提质三个基本步骤。采用费 – 托合成技术生产燃料的明显优点是不产生硫、氮或重金属等污染物，产物中芳烃含量低，同时产物灵活。费 – 托合成产生的煤油或喷气燃料具有良好的燃烧性能，柴油具有较高的十六烷值。此外，通过费 – 托合成法生产的链烷烃脱氢，也可直接或间接生产化工所需的直链烯烃。

$$CO+3H_2 === CH_4+H_2O \tag{3-8}$$

$$nCO+（2n+1）H_2 === C_nH_{2n+2}+nH_2O \tag{3-9}$$

$$nCO+2nH_2 === C_nH_{2n}+nH_2O \tag{3-10}$$

$$CO+H_2O === CO_2+H_2 \tag{3-11}$$

在典型的费 – 托合成工艺中，气化气生产和净化步骤所需成本占总成本的 66% 左右，因而降低气化气的生产成本是提高费 – 托合成工艺经济效益的关键，而将费 – 托合成工艺与生物质气化相结合能够很好地满足这一要求。生物质的气化过程相对来说较为简单且成本较低，这为费 – 托合成提供了潜在的原料。费 – 托合成部分的成本占总成本的 22%，而提质和精炼部分占剩余的 12%。常见的产物提质工艺包括链烷烃加氢裂化生产支链烃、馏分加氢裂化、催化重整、石脑油加氢处理、烷基化和异构化。

3.3 生物质炭化技术

3.3.1 生物质炭化基本原理

生物质热解炭化是指生物质在隔绝空气的条件下进行加热，以得到热解产物焦炭及一部分燃气为主的生物质热降解过程。所获得的生物质炭是一种含碳量丰富、吸附能力较强的生物材料，具有高度芳香化、稳定性好、比表面积大和孔隙结构丰富等特点，被广泛应用于农业生产、生态环境保护以及能源开发利用等领域。

生物质炭化的理想状态是最大程度提高生物炭产率和品质，避免生物炭参与氧化反应，燃气通过专用燃烧设备进行燃烧实现热能利用。生物质的热解炭化过程较为复杂，影响因素很多，主要的影响因素有反应最终温度、加热速率、物料特性等。整个炭化热解过程可分为三个阶段：①预热解和干燥阶段（＜280℃）。在低于280℃的温度范围内有很明显的生物质失重过程，因为在此阶段完成了生物质的干燥与半纤维素（羟基、羧基）的分解，放出大量的 H_2O、CO_2 与 CO。②热解挥发阶段（280~500℃）。生物质在280~500℃之间有迅速失重的过程，这是因为纤维素在此温度区域内快速热解，生成了大量气体（生物油），而炭的生产量较少。③高温的裂解气化阶段（＞500℃）。在热解温度高于500℃以后，半纤维素及纤维素的热分解基本结束，主要是木质素的热解，同时生成了 H_2、CH_4 与较多的炭。温度继续升高则 C—O 键、C—H 键进一步断裂，深层的挥发性物质向外层扩散，残炭重量下降并逐渐趋于稳定，同时一次热解油在高温下进行二次裂解反应。由此可知，在生物质热解炭化过程中的炭化温度是有关炭化效果好坏的重要因素。因此，生物质热解炭化设备应具有温度可控性强，起到阻滞升温和延缓降温的作用。

3.3.2　生物质炭化工艺与装备

按照设备技术特征，生物质炭化设备可分为固定床式和移动床式。对于固定床生物质炭化设备，物料在炉内的空间位置基本保持不变，原料进入炉内后依次经历升温、保温炭化、降温和出炭等阶段，属间歇（分批）式生产，其中窑式炭化设备采用自燃加热方式。固定床生物质炭化技术发展历史较长，装备条件相对成熟，所需投资较少，但由于生产时需反复进行装料、加温、冷却和出炭等，生产速度受到限制。近年来，我国生物质炭化设备的开发取得重大进展，尤其是移动床生物质炭化设备以其生产连续性和生产率较高等优点，成为该领域的研究热点。

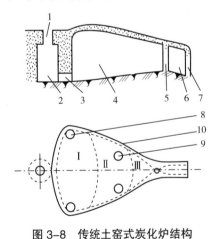

图 3-8　传统土窑式炭化炉结构

1—烟道口；2—烟道；3—排烟孔；4—炭化室；
5—进火孔；6—燃烧室；7—点火通气口；
8—后烟孔；9—前烟孔；10—出炭门

3.3.2.1　传统土窑式生物质炭化

传统炭化以土窑为主，一般由土坯或砖砌建造（图3-8），虽然投资少、操作简单，但生产周期长（15~30d），窑温不易控制，主要凭经验操作，产品质量不均匀、密封性能差，生物质炭得率低（15%~18%），劳动强度大，环境污染严重。因此，随着时代发展和工业技术的发展，此种炭化方式逐渐被淘汰。

随着技术的发展，机械炭化窑顺势而出（图3-9），其由金属外壳构筑，投资费用较砖砌窑高，但是生产周期显著缩短（约为1d），温度更容易控制，且密封性能好，产品质量较均匀，生物质炭得率较高（18%~23%），劳动强度较小，且较环保。

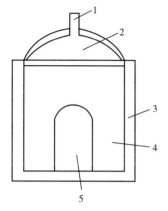

图 3-9　机械窑式炭化炉

1—排烟管；2—窑顶；3—保温隔板；
4—炭化窑体；5—窑门；

3.3.2.2　固定床生物质炭化

固定床是指以恒定高度保持在两个固定界面之间、由颗粒或块状原料组成的床层，固定床气化炉有一个容纳原料的炉膛和一个承托反应层的炉排，结构示意如图 3-10 所示。原料由顶部进入床层，依靠重力向下移动，取代在气化反应中消耗的原料，气化介质穿过颗粒间的空隙，与原料表面接触而发生反应，炭从下部取出。

3.3.2.3　流化床生物质炭化

流化床气化炉中的流态化是指固体颗粒在流体介质作用下呈现的流体化现象，也是介于固定床与气力输送床之间的相对稳定状态。流化床技术最早应用于气固两相反应，由于流化床具有良好的传质、传热和反应条件，物料能与气化剂完全接触，原料适应性强、气化强度大，适合于大规模气化生物质原料，逐渐发展成为生物质气化的主流技术之一。秸秆流化床炭气联产技术的优点是处理量大、气化速度快，单机规模可处理原料速率为 2~10t/h，缺点是生物质炭得率较低，一般仅为 15%~18%（图 3-11）。

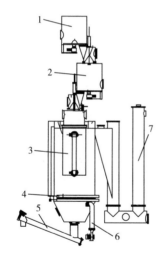

图 3-10　固定床气化联产炭设备示意

1—进料口；2—过渡料仓；3—反应炉体；4—炉排；
5—出炭冷却器；6—鼓风机；7—出气缓冲筒

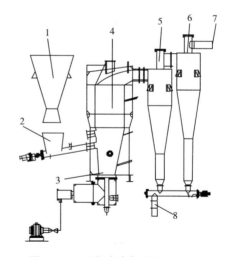

图 3-11　流化床炭气联产设备示意

1—进料斗；2—进料螺旋；3—布风结构；4—炉体；5—一级出炭旋风器；6—二级出炭旋风器；7—可燃气出口；8—出炭螺旋

3.3.2.4　变螺距螺旋式生物质炭化

东北农业大学研制了变螺距螺旋式生物质炭化设备，该设备主要由变频调速器、电动机、万向节、炭化电炉、炭箱以及螺旋输送器等组成，结构如图 3-12 所示。螺旋输送器采用变螺距设计，在进料一端，螺旋轴上的螺旋密集，能够使物料平稳地进入，并且有效地解决了密封问题；在螺旋轴中间段上，螺旋间距变大，避免物料堵塞；在出料口一端的反向螺旋避免了生物炭发生末端沉降，使其能够顺利地落入炭箱内。当设备运转时，物料从进料口落到螺旋输送器内，在热解反应器中向前运动，在此过程中，物料受热分解炭化，所得生物炭从出料口落入炭箱，在物料炭化过程中生成的热解气、焦油、木醋液等副产物经过冷凝分离后回收。该设备可通过控制电机转速调节物料在热解反应器中的炭化时间，变螺距设计的螺旋输送装置能够使物料运输平稳，避免堵塞。但是，该设备采用电炉作为热源，耗能较高。

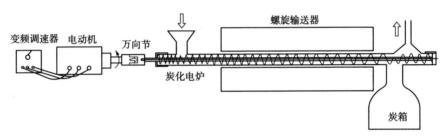

图 3-12 变螺距螺旋式生物质炭化设备

3.3.2.5 回转式热解炭化炉

浙江大学开发了一种回转式热解炭化炉，如图 3-13 所示。该设备炉体可实现回转运动，物料在炉内受离心力作用，不断旋转碰撞筒壁，使之受热更均匀。筒体转速可调，可以通过调节筒体转速控制物料在筒内的滞留时间。该设备加热方式为电磁加热，能够较精准地控制炉体温度。

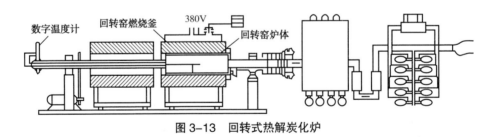

图 3-13 回转式热解炭化炉

3.3.3 生物质炭化应用案例

在最初使用窑体炭化时，得炭率较低，仅 26%~28%，经过后续炭化设备结构及炭化工艺方法改进，得炭率明显提高。浙江省林业科学研究院的机制木炭间歇式自燃型炭化窑利用干馏产生可燃气在窑内的可控燃烧作为炭化热源，使得炭率提高至 35%，固定碳含量达到 90.35%。炭化窑主要用于炭化木棒、竹炭、秸秆等生物质，其具有得炭率高、产炭质量较好等优点，但窑体的建筑占地面积较大、人力需求量大、对大气污染较严重、生产周期长等缺点使其在欧洲及发展中国家中的使用率较低。

中国台湾中正大学机械工程系设计了用可控硅整流器控制炉内加热温度的外加热炭

化设备，且进行了试验研究。试验中，以甘蔗渣和木屑为原料，在200~600℃之间且同升温速率下，进行了甘蔗渣和木屑的炭化热解生物液的产量规律及不同铁系催化剂组分下两种物料的热解活化能变化规律，研究结果显示：随着热解温度的升高，两种物料的产炭量均降低；在加热速率为1.2~1.8℃/min时，随着加热速率的提高，两种物料的热解液产量均增加；随着铁系催化剂比重的增加，两种物料的热解活化能均增加。电子科技大学设计了一套利用微波进行热解炭化的设备，该设备由微波源发射微波对竹材进行热解炭化，产出气经冷却塔气液分离后所得的燃气再回输至炭化炉燃烧腔燃烧，此过程不仅给热解炭化提供热量，减少微波源能量损耗，还可实现废气二次利用。微波加热方式使物料受热均匀，温度控制方便，节省能源且设备热惯性小。

除了实验室级别的生物质炭化实验和装备研发，目前已经有一些中试乃至示范型工程项目实现了生物质热解炭、气、热联产。山西长治成家川村生物质炭气联产集中供热项目以农林废弃物为原料，采用秸秆制气、余热锅炉换热、热水管道送暖技术路径，为农村居民和小学、村委会等公共单位供暖。该工程自2019年建成运行以来，年消纳生物质原料5500吨，生产生物炭600吨，供暖面积$8.9 \times 10^4 m^2$。该工程采用秸秆热解气作为清洁能源集中供暖，年可替代标煤2750t，减少CO_2排放6700t。通过供暖收入和生物炭销售收入，该工程可实现盈利并持续稳定运行。该工程将农林废弃物转化为热解气、生物炭等高品质产品，解决了农村冬季清洁取暖问题，实现了农林废弃物能源化、资源化综合高效利用。

黑龙江庆安生物质气化联产炭、电、热项目位于庆安双洁公司厂区内，采用合肥德博生物能源科技有限公司的生物质气化多联产工艺，生产生物质炭、电力和热能，其中生物质炭和电用于销售，热能用于厂区办公场所供暖。该项目流程如图3-14所示，主要设备总占地面积约680m²，包括1台产气量为3000Nm³/h的下吸式固定床气化炉、1套燃气净化系统、1台500kW内燃发电机组和1台额定蒸发量为1t/h的余热锅炉。气化炉出口的燃气增压风机、炉排电机和炭冷却绞龙输送机等为变频设备。该项目以稻壳、果壳等生物质为原料，气化后的稻壳炭含碳量为45%~50%，可用来生产炭基复合肥，或者直接作为钢铁厂的保温材料出售。气化后的果壳炭含碳量为80%~85%，可采用物理法生产高品质活性炭。燃气冷却净化过程中的生物质提取液溶入循环水中，随着系统的不断运行浓度不断提高，当提取液达到出售浓度时，即可用于生产叶面肥。生物质气化后的燃气可直接送入锅炉、窑炉燃烧，生产蒸汽或为窑炉提供热源。内燃发电机组排烟尾气可生产蒸汽或热水，或者用于物料的烘干、制冷，生物质气化后的燃气经冷却净化后可作为居民的生活用气。该项目设备每小时消耗约1800kg稻壳等生物质原料，产生540kg的生物质炭和约1900Nm³的洁净燃气，燃气发电功率为500kW。内燃机尾气温度约为500℃，通入余热锅炉每小时可产生约0.6t蒸汽。系统综合能效比为55%。按年平均运行时长 6500h 计算，该项目年消耗生物质 12000t，年节省标煤 5400t，年减排 CO$_2$ 约 14000t。

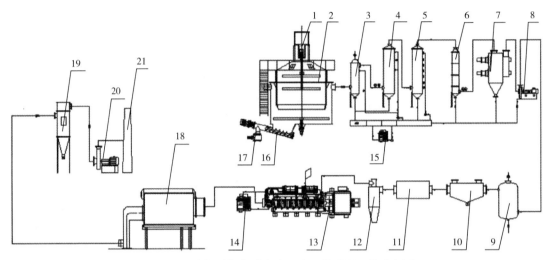

图 3-14 生物质气化联产炭、电、热项目工艺流程图

1—拨料器；2—气化炉本体；3—一级喷淋塔；4—二级喷淋塔；5—旋流塔；6—净化塔；7—燃气增压风机；
8—干式过滤器；9—缓冲罐；10—碰撞除焦器；11—冷凝器；12—气液分离器；13—内燃发电机组；14—发电机冷却塔；
15—冷却塔；16—螺旋输送机；17—星形卸料器；18—余热锅炉；19—除尘器；20—锅炉引风机；21—烟囱

华中科技大学煤燃烧国家重点实验室联合武汉光谷蓝焰新能源股份有限公司建立了全球首个万吨级生物质热解多联产示范基地，将低品位的农林废弃物"吃干榨尽"，实现了炭气油的多联产及气电热的多联供，如图 3-15 所示。项目位于鄂州市长港镇，占地 96 亩。建成达产后，年处理农林废弃物 11 万吨，年产生物质燃气 1100×10^{4}m^3，供周边 6000 户的生活用气，余气可配套 3MW 发电并网。对工业用户配套 5 万吨成型燃料，项目减排 CO$_2$ 约 14 万吨、SO$_2$ 约 1200 吨。该生物质热解炭气油联产联供技术获得了联合国蓝天奖、日内瓦发明展金奖、中国专利优秀奖和湖北省科学技术发明奖。

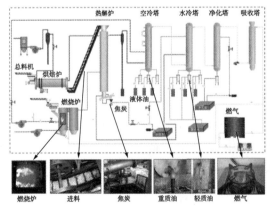

图 3-15 生物质热解联产炭、气、电、热项目工艺流程图与实物图

3.4　生物质热解液化技术

3.4.1　生物质热解液化基本原理

生物质热裂解液化，一般也称为生物质快速热解，是指在完全没有氧气或有限供氧的条件下，采用中等反应温度（450~600℃）、高升温速率（10^3~10^5℃/s）和极短气体停留时间（小于 2s），将生物质中大分子热裂解变为小分子的过程。快速热解产物包括液体、固体和气体三种，其中液体产物为生物油（又称热解油），固体产物为热解炭，气体产物为不凝气体。生物质热裂解液化技术产油率可达 70%~80%，仅有少量焦炭和气体生成。与传统热解技术比较，生物质热裂解液化具有反应时间短、热解速度快、原料适应性强、温度控制精准、升温速率快、气体停留时间短等优点，且热解产物以生物油为主。生物油是一种主要含水分和复杂含氧有机物的混合物，不仅可以作为燃料使用，而且还可以直接提炼和精制成化工原料作为化石能源的替代物。

生物质热裂解液化技术可以高效率地将低能量密度的固态生物质直接转化为高品位的能源产品及材料，具有反应过程迅速、原料适应性强、产物可百分之百利用以及应用范围广等优点，是工业化应用前景良好、发展潜力很大的高新技术，目前已经成为国内外生物质能源领域的研究热点和重点。

一般生物质热裂解液化的过程包括物料的干燥、粉碎、热裂解、产物炭和灰的分离、气态生物油的冷却和收集等步骤。

（1）干燥。为了避免原料中过多的水分被带到生物油中，对原料进行干燥是必要的，一般要求物料含水率在 10% 以下。

（2）粉碎。为了提高生物油产率，必须有很高的加热速率，故要求物料有足够小的粒度。不同的反应器对生物质粒径的要求也不同，旋转锥所需生物质粒径小于 200μm，流化床所需生物质粒径小于 2mm，传输床或循环流化床所需生物质粒径小于 6mm，烧蚀床由于热量传递机理不同，可以采用整个的树木碎片。但是，采用的物料粒径越小，加工费用越高。因此，在生物质原料粒径的选择上，需综合考虑反应器的要求与加工成本。

（3）快速热裂解。快速热裂解是制备生物油的关键环节，直接影响生物油的产率和组成。适合于快速热解的反应器类型很多，均需满足高升温速率、极短气体停留时间和精准的中等温度控制三个基本条件。

（4）炭和灰的分离。由于几乎所有生物质中的灰分存在于产炭中，因而实现分离炭的同时也分离了灰分。生物油的部分应用需要炭，再加上要实现炭与生物油的分离较困难，容易造成浪费。而且炭在二次裂解中起催化作用，在液体生物油中存在的炭容易产生不稳定因素。因此，对于要求较高的生物油生产工艺，必须快速彻底地将炭和灰从生物油中分离。

（5）气态生物油的冷却。热裂解挥发分由产生到冷凝阶段的时间及温度影响着液体产物的质量及组成，热裂解挥发分的停留时间越长，二次裂解生成不可冷凝气体的可能性越大。为了保证油产率，需快速冷却挥发产物。

（6）生物油的收集。生物质热裂解反应器的设计除需保证温度的严格控制外，还应在生物油收集过程中避免由于生物油的多种重组分的冷凝而导致反应器堵塞。

3.4.2　生物质热解液化工艺与装备

3.4.2.1　生物质热解液化工艺

生物质热解液化过程及产物组成的影响因素有很多，基本可以分为两大类：一类是与反应条件有关，如热解温度、升温速率和滞留时间等；另一类与原料特性有关，如原料种类、化学组成和粒径大小等。

1.反应条件的影响

（1）热解温度的影响。热解温度对热解产物的产率有显著的影响，不同生物质快速热解产油率最高时的温度不同，一般在500~600℃之间。热解温度影响生物油产率的主要原因是：①热解温度过高时，快速热解产物中气相的生物油部分在高温下继续裂解成小分子并生成不可冷凝燃气、焦炭，而使生物油产率降低；②热解温度太低时，快速热解过程中气相产物的产量降低，焦炭产量增加，也使生物油产率降低。由于反应器温度会影响液体产物的化学组成，所以液体中的H/C比和氧含量都会受到影响。氧含量是评价任何液体燃料品位高低的标准之一，氧含量越低，燃料的热值越高。由于一次热解产物的氧含量很高，所以此种液体燃料为一种低品位的燃料，必须经过精制才可用作柴油和汽油的替代燃料。值得注意的是，颗粒温度与反应器温度是不同的，这主要是由传递到颗粒表面的传热速率、传递到颗粒内部的传热速率、挥发分释放带走的热量及反应热的不同所引起的。对于特定的颗粒，颗粒的温度、加热速率和反应速率都会受到热量传递或化学动力学的影响。

（2）升温速率的影响。升温速率对热解产物的分布有一定的影响，升温速率低，生物质颗粒内部温度不能很快达到预定的热解温度，使其在低温段停留时间长，使焦炭增多。提高升温速率，可使生物质颗粒内部能迅速达到预定的热解温度，缩短了在低温阶段的停留时间，从而降低了焦炭生成概率，增加了生物油的产率，这也是在快速热解制取生物油技术中需要快速升温的原因。要使生物油产率高，升温速率一般为 10^3~10^5K/s，但是升温速率不如热解温度对热解产物产率的影响大。CO_2、CO、H_2、H_2O、CH_4 及有机物是生物质热解的主要气体产物，而随着升温速率的提高，这些气体产物析出量增加，释放的速率加快。

（3）载气流量的影响。载气流量能在一定程度上影响生物质快速热解产物产率，因为其对产物的气相滞留时间产生了影响。载气流量越大，载气流速越高，颗粒在反应器内滞留时间越短，相应的生物油产率越高。在热解温度与滞留时间能够保证完全热解的条件下，较高的载气流量能缩短颗粒在反应器内的滞留时间，降低了颗粒发生二次热解的程度，有利于提高生物油产率。

（4）压力的影响。压力通过影响气相滞留时间而影响生物油的产率从而影响二次热解，最终将影响热解产物产量分布。在较高的压力下，气相滞留时间长，同时压力的升高降低了气相产物从颗粒内逃逸的速率，增加了气相产物分子进一步断裂的可能性，使气相中碳的氧化物和氧的碳氢化合物（如 CO、CO_2、CH_4 和 C_2H_2 等）产量大大增加。而在低压下，挥发物可以迅速地从颗粒表面和内部离开，从而限制了气相产物分子进一步断裂，提高了生物油的产率。

（5）气相滞留时间的影响。气相滞留时间是指生物质热解产物中气相产物在热解反应器中的停留时间。在颗粒内部热解成的气相产物从颗粒内部移动到外部，会受到颗粒空隙率和气相产物动力黏度的影响。当气相产物离开颗粒后，其中的生物油和其他不可凝成分还将发生进一步断裂，所以为了获得最大生物油产率，在快速热解过程中产生的气相产物应迅速离开反应器，以缩短生物油分子进一步断裂的时间。因此，气相滞留时间是获得最大生物油产率的一个关键参数。在获得最大生物油产率的热解温度下，反应装置不同，生物质种类不同，最高生物油产率的气相滞留时间也不同，一般在 0.5~2s。

（6）催化剂的影响。催化剂能够降低生物质快速热解温度，选择合理的催化剂有利于提高生物油的产率。这主要是由于催化剂能够通过与生物质分子配合而降低生物质的热解活化能，从而降低生物质的快速热解温度，这样就增加了生物质分子快速热解过程中的断裂部位，降低了焦炭形成的概率，提高了气相产物的产量，从而提高了生物油的产率。催化剂种类繁多，如碱金属盐、镍基盐、白云石、石灰石等，目前还开发出不少新型的催化剂，如 HZSM-5 分子筛、REY 型分子筛、HUSY 催化剂等。

（7）冷凝条件的影响。冷凝条件对生物油产率有一定影响。生物质热解液化过程中，生物油冷凝收集阶段不仅影响生物油的产率，还对生物油的特性有直接的影响。直接喷淋方式是生物油冷凝工序中实际应用最多的冷凝方式，在冷却像生物油这样的宽沸点混合物方面具有显著优势，能够实现热解气体的快速冷凝，可以有效冷凝收集生物油中低沸点有机物，在较大程度上抑制了二次裂解的发生，提高了生物油的收率和稳定性，同时能够起到洗涤固体颗粒的作用。

2. 原料特性的影响

（1）原料种类。不同林木生物质种类的纤维素、半纤维素和木质素三种组分占比不同，因而在相同的热解条件下，原料种类不同，热解产物产率及占比也不同。即使是相同产地的同种原料，热解产物产率及比例也可能出现差异。生物质中各组分的比例及其结构特征对热解产物比例的影响较大，且相当复杂，并且也与热解温度、压力、升温速率等外部特性共同作用相关。

（2）原料含水率。快速热解过程中，生物质中的水分会消耗快速热解的热量，从而影响生物质颗粒的反应温度和升温速率。在10%~25%范围内，随着含水率的增加，生物油产率减少，不凝结气体和热解炭增加，这主要是因为水分的蒸发需要大量的热量，因而导致用于快速热解反应的热量减少，使得升温速率降低，热解不完全，从而造成生物油产率降低。然而，当原料含水率超过25%时，生物油产率反而增加，这主要是因为蒸发的水蒸气进入生物油中，这种情况下的生物油品质差、易分层。因此，在热裂解炼制生物油过程中，原料含水率既不能过高，也不能过低，过高会影响生物油产率及品质，但过低又会使原料处理成本大幅度增加。通常生物质原料的含水率控制在15%以下，具体还应综合考虑反应温度、物料粒径、升温速率及原料处理成本等因素来确定。

（3）原料粒径。粒径的大小主要影响热裂解反应过程中生物质颗粒内部的热质传递速率。一般认为，生物质粒径小于1mm时，快速热解过程受化学反应动力学控制，而当粒径大于1mm时，快速热解过程主要受热质传递过程控制。这是因为当颗粒的粒径大于1mm时，热量是从颗粒外面向内部传递，颗粒表面的升温速率远远大于颗粒中心的升温速率，这样在颗粒的中心可能处于低温热解，易生成炭。因此，在快速热解过程中，所采用的原料粒径应尽可能小，以减少炭的生成量，从而提高生物油的产率。但是，原料粒径过小，会增加原料的处理成本，并且在某些类型的反应器当中（如流化床式快速热解反应器），颗粒容易被载气携带快速地飞离反应器，使其在反应器内的停留时间过短，造成颗粒热解不充分。因此，应该综合考虑反应器类型、原料特性以及处理成本等多种因素确定适宜的原料粒径。

3.4.2.2 生物质热解液化装备

为了提高生物质热转化率和生物油的收得率，研究者开发了几种新型热解工艺，包括催化热解、生物质与煤共热解液化、微波生物质热解、热等离子体生物质热解等。

反应器是生物质快速热解液化工艺技术的核心，反应器的类型及其加热方式的选择在很大程度上决定了产物的最终分布。因此，反应器类型的选择和加热方式是各种技术路线的关键。目前国内外达到工业示范规模的生物质热解液化反应器主要有流化床反应器、鼓泡流化床反应器、烧蚀反应器、旋转锥反应器、下降管反应器和真空移动床反应器等。

1. 流化床反应器

流化床式快速热解反应器最早由加拿大 Waterloo 大学研制，其工艺流程如图 3-16 所示。流化床式快速热解设备主要由螺旋进料器、流化床反应器、预热装置、气固分离器和冷凝装置等组成。

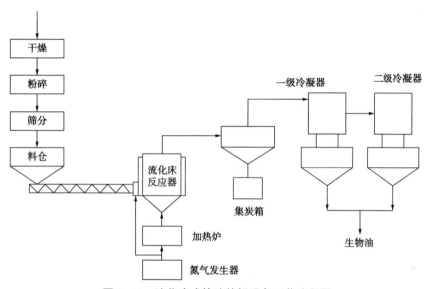

图 3-16 流化床式快速热解设备工艺流程图

流化床反应器床料为石英砂（或沙子），流化气体通常为氮气。生物质原料经过干燥和粉碎以后，通过螺旋进料器进入反应器进行热解。原料热解所需热量一部分由经过加热的流化气体提供，其余大部分由反应器外表面的加热装置提供。在快速热解过程中，流化气体先加热石英砂（或沙子），利用热的石英砂与生物质颗粒充分混合，生物质颗粒快速升温气化热解。热解中生成的热解炭被流化气体和产生的热解气带出反应器，在旋风分离器内进行分离，然后流化气体和产生的热解气经二级冷凝，热解气中可凝结气体凝结为生物油。第一级可获得分子量较大的沥青类产品，第二级可获得分子量小的轻质生物油。流化床式快速热解设备具有结构简单、处理量大、运行成本低等优点，但流化床反应器本身具有分层和节涌等缺点，而且用氮气作为流化气，增加了运行成本。

希腊可再生能源中心（GRES）开发了循环流化床式快速热解设备，其主要由燃烧室、循环流化床反应器、旋风分离器、冲压式分离器和套管换热器等组成。循环流化床式快速热解设备利用反应器底部的常规沸腾床燃烧加热床料（如沙子），热沙子随着燃烧生成的气体向上进入反应器，与生物质颗粒混合，并与生物质进行热量传递，从而使生物质快速升温，发生快速热解反应，生成炭和热解气。气流带出的炭和沙子通过旋风分离器分离，返回燃烧室，热解气通过冷凝装置获得生物油。循环流化床快速热解设备将提供反应热量的燃烧室和发生反应的流化床两部分合为一个整体，降低了反应器的制造成本和热量损失。循环流化床快速热解反应器中的温度升高较快，热解气停留时间短，可有效地抑制二次裂解，使液相产物增加，但在循环流化床快速热解过程中，床料也参与了循环，增加了动力消耗。

2. 鼓泡流化床反应器

生物质经过风干、筛分等处理过程成为反应原料，流化介质是热裂解生成的气体，热载体可采用石英砂等砂类材料。裂解所需热量由预热惰性气体提供，另外在反应器壁面缠绕电热丝加热，维持恒定温度。鼓泡流化床通过调节热载气流量控制气相滞留时间，非常适合进行小颗粒生物质的热裂解过程。鼓泡流化床的设备制造容易、操作简单、反应温度控制方便，非常有利于快速热裂解。加拿大 Waterloo 大学最先研制开发了流化床热裂解设备，加拿大达茂公司采用这项技术可日处理 200t 锯木厂废弃物，英国 Aston 大学开发的 Wellman Integrated Fast Pyrolysis Pilot Plant 加工能力为 250kg/h。

3. 烧蚀反应器

烧蚀热解在概念上与其他快速热解方法有很大的不同。在其他方法中，反应速率受生物质颗粒的传热速率限制，这也是需要小颗粒物料的原因。烧蚀热解的反应方式类似于在煎锅中溶化黄油，将黄油向下压并在热的锅面上移动，可以显著提高融化速度。故在烧蚀热解过程中，在压力作用下木材与反应器壁接触，热量从热反应器壁转移到"熔化"木材。当木材被移开时，熔化层蒸发成一种与流化床反应器所得类似的产物。

烧蚀热解反应器的很多相关研究工作均由美国国家可再生能源实验室（NREL）和法国国家科研中心烧蚀反应器化学工程实验室（CNRS）完成。两家机构对压力、运动和温度之间的关系进行了广泛研究。NREL 开发了烧蚀涡流反应器，在该反应器中，生物质被加速到超音速，以获得加热圆柱内部的高切向压力。未反应的颗粒被循环利用，气体和焦粉末轴向离开反应器，再被收集。在干法进料情况下，通常能够获得 60%~65% 的液体产率。通过外界提供高压，生物质颗粒以相对于反应器较高的速率（大于 1.2m/s）移动并热解，生物质是由叶片压入金属表面的，此反应器不受物料颗粒大小和传热速率的影响，但受加热速率的制约。

4. 旋转锥反应器

旋转锥式反应器由荷兰 Twente 大学工程组及生物质技术集团（BTG）从 1989 年开始研发，沈阳农业大学于 20 世纪 90 年代引进该技术，并得到推广。经过干燥的生物质颗粒与经过预热的载体砂子混合后送入旋转锥底部，在旋转锥带动下螺旋上升，在上升过程中被迅速加热并裂解。裂解产生的挥发物经过导出管进入旋风分离器分离出焦炭，然后通过冷凝器凝结成生物油。在此过程中，传热速率可达 1000℃/s，裂解温度 500℃左右，原料颗粒停留时间约 0.5s，热裂解蒸气停留时间约 0.3s，生物油产率为 60%~70%。旋转锥式反应器运行中所需载气量比流化床所需的少得多，这样就可以减少装置的容积，从而降低装置的制造成本。

5.下降管反应器

下降管反应器是山东理工大学自主研制开发的一套具有自主知识产权的固体热载体热裂解液化装置，如图 3-17 所示。反应管是由三段直管组成的"Z"字形管，利用直径 2~3mm 陶瓷球为热载体，利用分离装置对热载体进行循环利用。生物质粉与高温陶瓷球迅速混合、受热，发生热裂解反应。加热速率可达 2000℃/s，气相停留时间小于 3s。

由于热裂解液化过程中没有混入其他气体，热裂解产物中的不可凝气体热值较高。并且，在进行冷凝时只需将热裂解产物冷却，冷凝装置的负载较小。这套装置可实现热载体的循环利用，总体能耗小、结构简单、方便扩大规模。

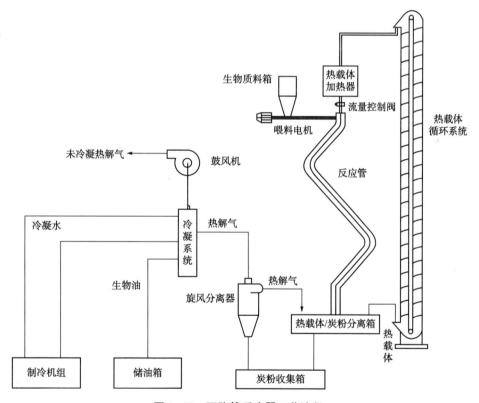

图 3-17 下降管反应器工艺流程

6.真空移动床反应器

真空移动床式快速热解设备最初由加拿大 Laval 大学开发，其工艺流程如图 3-18 所示。真空移动床式快速热解设备主要由真空进料器、移动床反应器、燃烧室、传输与振动装置和冷凝装置等组成。

生物质原料在干燥和粉碎后，由真空进料器送入反应器。原料在水平平板上被加热移动，发生热解反应。熔盐混合物加热平板并维持在530℃左右。热解反应生成的热解气体由真空泵导入两级冷凝装置，不凝结气体通入燃烧室燃烧，释放出的热量用于加热熔盐，冷凝得到的重油和轻油被分离，剩余的固体产物离开反应器后立即被冷却。

真空移动床式快速热解设备，气体停留时间极短，产生的热解气很快逸出反应器，极大地提高了生物油产率，但整个设备的真空度需要性能优良的真空泵及很好的系统密封性，这就加大了制造成本和运行的难度。

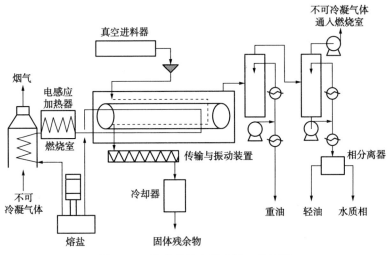

图3-18　真空移动床反应器工艺流程

3.4.3　生物质热解液化应用案例

从20世纪80年代初，一些欧美发达国家就开始对生物质快速热解技术进行开发研究，并一度在2008年左右达到高潮。经过研究与实践，技术路线可行，并建设了大量的示范装置，但工业化推广进展较为缓慢。在热解技术方面，加拿大达茂能源系统公司和荷兰BTG公司代表了当前世界最先进发展水平。

加拿大达茂能源系统公司（Dynamotive Energy Systerm，Cananda）利用加拿大资源转换国际公司的小试技术成果，成功进行了生物质热解液化工程放大。1996年到2001年期间，该公司建设了2套日处理能力分别为2t和15t的中试装置，试验取得了良好效果。从2002年开始先后在加拿大West Lorne和Guelph建设了2座生物质原油生产示范厂，生物质热解日处理能力分别为100t和200t。该示范工厂的生物质原料以木材加工尾料为主，其中100t/d的装置已于2005年试车成功，所得生物油主要用于燃烧发电，部分用于精制研究。200t/d装置也已于2008年建设完成，但由于产品没有经济性很好的用途，生产负荷不高。该公司也曾在中国推广其热解技术，但由于受制于产品的市场应用问题，推广效果不佳。

该公司采用的是鼓泡式流化床反应器技术，易于工程放大，反应时原料分布均匀，传质、传热性能好，是热解技术的主流工艺，但该工艺使用热载气作加热介质，热效率不高，另外设备投资较大。

荷兰 BTG 公司利用荷兰特文特大学（University of Twente）独特的旋转锥反应器技术，将生物质原料和固体热载体快速混合发生热解反应，固体热载体与半焦等分离后继续循环使用。该工艺特点是设备体积较小、投资较低，而且反应过程不使用载气，有效减少了后续冷凝器的负荷，因而提高了系统热效率。该公司在马来西亚与云顶集团合作建设了一套日处理量 50t 棕榈壳的旋转锥热解液化示范装置，于 2005 年投产，所产的生物质原油供燃烧发电试验和提质研究。荷兰 Twente 大学和 Biomass Technology Group 公司共同开发的旋转锥反应器无须载气、结构紧凑、成本较低、加热效率高、原料升温速率快、固体和热解气在反应器内停留时间较短，减少了对热解产物的二次催化裂解，提高了生物油的产率和品质。荷兰 BTG 公司也曾在中国进行热解技术的推广，主要面向发电厂、生物质能源开发企业。

欧洲 Empyro 公司运行的 25MW 的生物质热解工厂从木质生物质中生产电力、工艺蒸汽和燃料油。工艺蒸汽和电力在当地使用，而热解产物将取代天然气输送到外部客户。多余的工艺蒸汽被输送到附近的阿克佐诺贝尔基地，而电力则被输送到电网，如图 3-19 所示。通过这种方式，整体能源效率达到了 85%。

从 20 世纪 90 年代沈阳农业大学引进旋转锥技术进行生物质热解试验开始，国内研究一直持续，据不完全统计，研发高峰时国内有十六七家科研机构开展过研究，目前仍然有不少单位在从事该项研究。

图 3-19 Empyro 公司 25MW 生物质热解液化系统

中国科学技术大学生物质洁净能源实验室朱锡锋教授团队于 2006 年研制成功了自热式流化床热解液化装置，每小时可处理 100 余千克生物质原料。该装置在实验室采用多种生物质原料进行了热解实验，其中使用木材为原料时，生物质原油总收率最高可达 70%。2007 年该技术在安徽某生物能源有限公司进行放大试验，装置加工能力提升至 800~1000kg/h。该项目的实施标志着我国的快速热解技术获得了较大的突破，因而在当时引起了国家的高度关注。

中国科学院过程工程研究所依托多年煤拔头工艺技术研究基础，于 2007 年开发建设了处理能力为 50kg/h 的生物质热解液化放大试验装置。该装置采用下行式循环流化床技术，生物质热解的直接加热载体为砂粒。装置尺寸较传统流化床小，因而相同处理能力时投资略省，但需要解决如何克服或减少砂粒在高温情况下高速循环对设备造成的摩擦损耗等问题。

华中科技大学煤燃烧国家重点实验室于 2007 年完成了生物质热解液化小试装置研发，生物质处理量为 2kg/h。在进行处理量百公斤级放大实验装置设计的过程中，采用了与上述 2 家研究单位不同的理念，即设计撬装式移动液化装置，尽量克服因生物质原料收集困难造成的推广不便问题。中国矿业大学开发的微波反应器不需外部热源，有效地阻止二次反应的发生；同时，具有独特的传质传热规律和更好的加热均匀性，可以实现物料的内外同时加热，使加热更加快速、均匀。

广州迪森集团公司采用自行研发的快速携带床与多室流化床技术结合的反应技术，于 2006 年开始设计建设 3000t/a 的中试装置，并于 2008 年成功进行了不同生物质原料的热解液化测试与装置运行。测试结果显示，生物质原油收率依原料不同而异，农作物秸秆为 55%，木材最高可达 70%，与世界先进水平相当。该装置的创新点在于使用热解产生的可燃气通过内燃机发电，用于装置的部分电力供应，从而提高了装置的能效。该公司还成功研发了生物油燃烧器技术，实现了利用生物油在锅炉和窑炉上的燃烧测试。厦门大学、浙江大学、山东科技大学、中国科学院广州能源研究所、上海交通大学、华东理工大学等也开展过生物质快速热解液化的研究。总体来看，经过几十年的努力，生物质快速热解液化技术在世界范围内已经较为成熟，具备了工业化推广的技术条件。

3.5 生物质热裂解技术的碳减排特性

3.5.1 生物质热裂解技术的碳减排基本原理

热解能够将废弃生物质转化为环境友好的高价值产物，极具应用潜力。但是，在废弃生物质热解系统整个运行过程中需要消耗资源和能源，导致碳排放。同时，生物质热解技术的整体运行成本目前仍然较不可再生能源、水电风电核电和已工业化生物质资源化技术的成本高，故经济可行性评估对其商业化应用十分必要。由于热解系统原料、工艺、规模、地区以及应用场景等差异，会导致系统不同程度的环境影响和经济效益差异。因此，在废弃生物质热解工业化运用之前，必须对整个热解系统全生命周期内所有环节的环境影响和经济效益进行综合评估，以权衡最优热解系统设计和技术开发。

生命周期评估法（Life Cycle Assessment，LCA）是一种能够为从业者和决策者提供重要指导的科学方法，被广泛用于识别、量化和分析生物热解系统从原料采集、热解运行到产物使用，即从"摇篮"到"坟墓"的整个生命周期的资源能源消耗以及产生的间接或直接环境影响，从而对生物质热转化系统的可持续性进行综合评价并给出技术指导和决策管理建议。LCA实施框架主要包括：①目标和边界定义。确定研究目标和范围，明确研究系统具体流程。②清单分析。对所研究系统中输入和输出数据建立清单；③影响评价。将清单数据转化为具体的影响类型和指标参数，对产品生命周期的环境影响进行评价。④结果解释。基于清单分析和影响评价的结果识别出产品生命周期中的重大问题，进而给出结论和建议。

成本效益分析法（Cost-Benefit Analysis，CBA）是用于评估技术在扩大生产和实施前的经济可行性的重要方法，一般基于LCA分析系统对热解系统具体过程中的成本与收益进行估算，并最终通过结合运行年限和货币价值变动计算系统净现值（NPV）评估废弃生物质热解系统的经济利润。

废弃生物质热解系统的工业化可行性分析以目标区域背景为前提，开展基于LCA的废弃生物质热解系统环境影响与经济效益的综合性分析，并给出热解系统工艺、环境影响和经济利润之间的关系，为企业和政府等决策者提供相关政策和管理建议，并为建立区域性高效可持续的废弃生物质热解系统、优化热解工艺设计以及明确产物最优用途提供科学指导。

1. 以生物质气化工艺为基础的碳减排简析

气化技术的原料来源广泛，产品应用灵活，将在能源系统升级中迎来重要机遇。气化原料已逐渐由煤拓展到多种含碳基质，如城市垃圾、炼厂污泥、农林牧废弃物等生物质。气化技术可将含碳基质转化成合成气。部分气化的固体产物由于丰富的孔隙结构，可用于制备电极材料、活性炭等。气化炉出口的高温合成气可通过辐射废锅进行热量回收，净化后的合成气可用于生产基础化学品和电力等。通过气化技术，可实现这些组成复杂、结构各异的固体含碳基质无害化处理和资源化利用，完善碳基化学品产业链，实现能源系统的碳循环。

2. 以生物质热解制炭工艺为基础的碳减排简析

以廉价废弃生物质为原料热解得到的生物炭表面官能团丰富、孔隙结构发达、富含养分且稳定难降解，在可再生清洁能源、环境污染修复（吸附剂和催化剂）、废弃生物质增值、土壤改良以及全球碳固定缓解全球变暖方面具有巨大的应用潜力。同时，其他两种高热量热解产物——生物质油和生物质气，既能作为燃烧供能也能用作化工原料。然而，生物质热解能够规模化应用并真正有效改善生态环境之前，必须对这项技术的整体工艺过程的环境和经济可行性进行综合评估。

LCA 可以为生物炭系统每个环节的环境和经济效益的全面分析提供科学的研究框架，以此为基础，通过运用碳排放核算方法和工程技术成本效益分析法，能够对生物炭全生命周期内的碳排放足迹和资源消耗等环境影响以及 CBA 进行系统分析，进而评估生物质热解的经济可行性并给出系统运行和优化建议。有研究发现，生物质热解工业化总收益对各产物分布和生物炭价格更敏感。一项关于巴西牧场使用生物炭改良土壤的研究表明，生物炭能够明显提升草本产量并产生固碳效益，但是要考虑到农场主使用生物炭的成本，必须优化生物炭制备技术。对不同温度下制备得到的硬木生物炭分别用于燃烧发电和土壤改良的全生命周期经济环境效益对比分析，结果表明，硬木生物炭还田的碳补偿效益更高、用于燃烧发电的环境影响更小且成本更低，而且 500℃ 是效益最优的硬木热解温度。另一项研究发现，威海地区作物秸秆生物炭制备并用于还田具有较大的固碳与经济效益，并进而对生物炭工厂建设区域、生物炭定价机制以及政府生态补偿金推行等相关企业运营、农户接纳和政府决策给出建议。这些研究均表明，基于 LCA 的环境与经济效益评估对不同地区发展不同类型废弃生物质热解系统的参数确定和产物应用具有重要的指导意义。

3. 以生物质热解液化工艺为基础的碳减排简析

以秸秆、果壳、木屑等为代表的农林废弃物是我国农林业生产加工过程中蕴藏丰富的生物质资源，多数农林废弃物属于木质纤维素类生物质。庞大的农林废弃物直接焚烧处理将产生严重的环境问题，现阶段规模化处理农林废弃物主要有破碎还田、压缩成型、炭化等技术手段，但由于利用效率不足，所得产品综合竞争力差，规模化农林废弃物处理效益有待进一步提升。采用生物质热解液化技术处理木质纤维素类农林废弃物可同时获得固、液、气三种产品，应用范围宽广，资源化路径得到显著拓宽。

副产品生物炭，孔隙结构丰富、比表面积大、表面官能团繁多，具备良好的吸附性、酸碱缓冲能力和阳离子交换能力较强。农用化肥制备需持续消耗化石资源并排放大量 CO_2，生物炭应用于农业领域内可发挥固碳减排、土壤改良、肥料缓释等作用，减少农用化肥的使用和生产；环境领域内可代替来自林产行业的活性炭用于污水处理、烟气净化、土壤改良；能源领域内可用于代替煤炭直接燃烧供热或参与燃料电池供能。此外，生物炭通过进一步加工处理还可用作高性能催化剂和电极材料制备。副产品生物燃气收集后可用于部分代替天然气燃烧供热或发电，利用其中具备还原性的 H_2 和 CO 可代替传统煤炭用于金属冶炼，或作为合成气合成二甲醚、甲醇等代替汽油柴油的液体燃料。

传统热解液化技术主产物生物油中的碳元素质量分数为 30%~40%、氢元素质量分数约为 10%，通常含质量分数为 30%~40% 的水，有机组分包含乙酸、羟基乙醛、羟基、丙酮等脂肪族化合物，糠醛、四氢呋喃等呋喃类化合物，苯酚、邻苯二酚、愈创木酚等酚类化合物以及脱水糖类和低聚物。生物油整体偏酸性，具有相对良好的流动性，热值通常低于 20MJ/kg。生物油可代替液体化石燃料作为锅炉能源，降黏改性后可用于高效雾化燃烧；生物油富含邻苯二酚、愈创木酚、香兰素等多种高附加值酚类化学品和精细化工中间体，现阶段萜类化合物规模化生产的原料和动力均来自化石能源，通过生物油成分提纯可实现酚类化合物的天然制备，显著降低获取酚类物质过程中的 CO_2 排放。

3.5.2 生物质热裂解技术碳减排应用案例

3.5.2.1 基于全生命周期的生物质气化技术经济评价案例

有研究者对农林废弃玉米秸秆和木屑经气化、催化合成混合醇工艺的清单开展了分析，分析过程如下。

1. 分析目标和范围确定

研究玉米秸秆和木屑这两种典型的农林废弃物原料制取混合醇生命周期的环境影响，考虑到不同原料浸合醇产品中乙醇和高碳醇的收率不同，相应热值不同，且为使研究结果与其他液体燃料具有一定可比性，选取 LCA 的功能单位为 1MJ 混合醇。对系统边界做以下假设和简化：①农林废弃物全生命周期 CO_2 排放量为零，即生长阶段固定的碳和混合醇制取、使用阶段释放的 CO_2 实现碳循环；②不考虑生命周期过程中土地的直接或间接使用带来的环境影响；原料的生长环境均为干地，土壤 CH_4 排放为零；参照文献玉米种植过程土壤直接排放 CO_2 和 N_2O 范围，分别设为 570g CO_2/kg- 玉米和 0.454g N_2O/kg-玉米；不计入林地土壤的 CO_2 排放，其氮化物及 N_2O 排放参考相关文献，其中 N_2O 为 3.67mg/kg- 木材；③不考虑生命周期设备制造和基础设施建设带来的环境影响；④考虑到混合醇在能源化工领域应用途径的不同，使用过程仅考虑运输到附近终端。

评估模型采用的系统边界如图 3-20 所示，分为农林业阶段、收储运阶段、制取阶段和使用运输阶段。考虑到原料收集、存储的便利性和生物混合醇工程的适用性，以年处理量为 5 万吨的中试工程为基础。农林废弃物气化合成混合醇工艺流程见图 3-21。含水量 50% 的玉米秸秆或木屑原料经锅炉烟气干燥、水蒸气气化获得粗燃气，而后进入高温重整炉以转化粗燃气中甲烷等气态烃和焦油组分，通过调节重整蒸汽用量和分流比，使重整后气体 H_2/CO 摩尔比均提升为 1.0。经换热回收热量和水洗进一步脱焦油、粉尘后获得粗合成气。随后依次经压缩、胺吸收法和 LO-CAT 法等组分调变步骤脱除酸性气体（CO 和 H_2S）后，进行合成气高压混合醇合成，降温后的粗醇经脱气、脱水、精馏获得混合醇产品。尽管不同原料制取的合成气及相应混合醇收率不同，但由于合成气组分基本相同，因此混合醇产品的组成类似。未转化尾气进入余热锅炉燃烧，产生的蒸气除了提供给气化、精馏等单元外，其余用于发电，为系统提供电量，汽轮机凝汽器和换热循环水进入冷却水处理单元，并补充新鲜水，为锅炉和系统冷却供水。

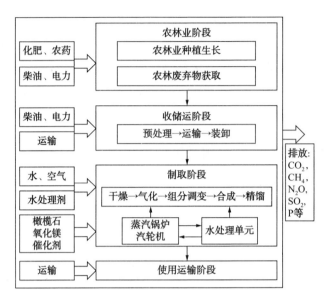

图 3-20 农林废弃物混合醇系统生命周期评价边界

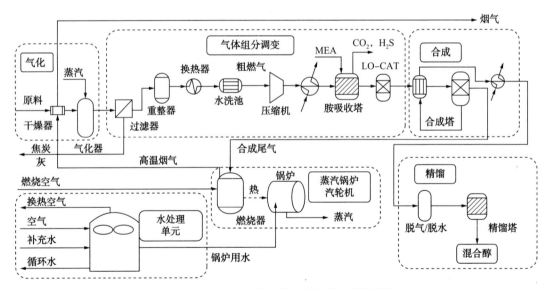

图 3-21 农林废弃物气化合混合醇工艺流程图

2. 生命周期内资源投入分析

农/林业阶段玉米秸秆和木屑作为副产品,其获取伴随玉米/木材生长。投入的化肥、农药、柴油和电力来自相关文献和统计结果。玉米秸秆与玉米草谷比为1.2,按秸秆、玉米芯和玉米经济价值计算的秸秆分配系数为0.16。林业废弃物按木材质量的20%计算,其中50%可被收集,可得木屑的分配系数为1。玉米种植土壤直接排放的温室气体设为570g/kg玉米和0.454g/kg玉米。其他阶段如玉米秸秆收储阶段、混合醇制取阶段、混合醇使用阶段参数都需要考虑。

3. 清单分析

根据工艺模拟结果，以转化 1kg 干基原料为基础，分析了混合醇制取系统的能量平衡和效率，混合醇的质量收率分别为 0.15kg/kg- 秸秆和 0.31kg/kg- 木屑。木屑转化过程的电耗（1.17MJ/kg）和蒸汽量（0.45MJ/kg）较高，主要是由于气化粗燃气氢碳较高，获得的合成气及粗醇收率高，使得压缩机电耗和精馏蒸汽量较高。对于木屑，8.70 的原料能量用于制取过程电力和蒸汽自给，略高于秸秆的比例（7.57%），但其高混合醇收率使得制取过程单位醇产品的电力和蒸汽能耗比玉米秸秆混合醇的结果低，分别为 5.20MJ/kg- 混合醇和 6.96MJ/kg- 混合醇。木屑混合醇的高收率也提高了其制取阶段的能量效率，为 45.8%。

玉米种植投入的肥料、柴油和电力较高，且秸秆分配系数较高、混合醇收率低，导致农业阶段玉米秸秆的物质和能量投入较高。其中，电力消耗为 2.46W·h/MJ- 混合醇。此外，玉米秸秆运输阶段的投入也比木屑高，为 12.5kg·km。制取阶段木屑原料消耗和催化剂、化学试剂消耗相对较低，这与木屑碳含量高及相应的混合醇收率高有关。粗燃气、合成尾气、压缩机及蒸汽冷凝等的高冷却负荷，使得系统补充循环水量较大，玉米秸秆和木屑混合醇分别为 0.15MJ/kg- 混合醇和 0.08MJ/kg- 混合醇。

混合醇制取阶段的碳排放主要集中在尾气和气化焦炭燃烧供热产生的尾气排放，还有极少部分来自飞灰中混入的碳和废水。其中玉米秸秆混合醇的烟气中排放碳为 0.08MJ/kg 混合醇，约占原料碳量的 80%，也即仅 20% 的秸秆碳以产品形式存在。与秸秆混合醇相比，木屑制备混合醇过程的原料消耗仅约为玉米秸秆结果的一半，因此投入的生物源碳降低为 0.06MJ/kg 混合醇，原料碳的利用率提升为 33.3%，仅有 67.7% 的木屑固定碳变成 CO_2 重新排放到环境中。主要清单数据如表 3-3 所示。

表 3-3　1MJ 混合醇生命周期的主要清单

项目	玉米秸秆	木屑
农林业阶段		
氮肥 /g	0.70	0.06
磷肥 /g	0.21	0.02
钾肥 /g	0.84	0.04
复合肥 /g	0.04	
柴油 /g	0.37	0.08
农药 /mg	10.9	9.10
电力 /W·h	2.46	
土壤排放 CO_2/g	22.9	
土壤排放 N_2O/mg	18.3	0.4

续表

项目	玉米秸秆	木屑
收储运阶段		
柴油 /g	0.57	0.55
电力 /W·h	5.39	
运输 / (kg·km)	12.5	5.87
制取阶段		
干基原料（生物源碳）/kg	0.25（0.10）	0.12（0.06）
橄榄石 /g	0.66	0.33
氧化镁 /mg	73.2	4.39
补充水 /kg	0.15	0.08
催化剂 /mg	2.71	0.62
水处理试剂 /mg	2.89	2.07
混合醇碳（生物源）/kg	0.02.	0.02
烟气排放碳（生物源）/kg	0.08	0.04
废物排放碳（生物源）/kg	1.4×10^{-6}	1.25×10^{-6}
醇运输阶段 /kg·km	3.66	3.66

4. 碳排放足迹分析

两种原料混合醇制取阶段的碳排放均较低。玉米秸秆生长时土壤呼吸产生的碳排放和 N_2O 使得土壤碳排放量占总量的 54.7%，化肥使用的间接碳排放占比为 18.1%，收储运阶段碳排放占总量的 17.1%。而木屑收储运阶段的碳排放比例相对升高，接近总量的 60%。含碳量较高林业废弃物通过气化、催化合成混合醇的原料投入资源减少，同时混合醇的高收率使得生命周期碳排放总量较低，具有相对优势。对于玉米秸秆和木屑原料，化石能源消耗和温室气体排放分别为 0.23MJ/MJ 混合醇、0.069MJ/MJ 混合醇及 51.8g CO_2eq/MJ 混合醇和 5.63g CO_2eq/MJ 混合醇，玉米秸秆混合醇的环境影响明显高于木屑混合醇，一方面与秸秆混合醇收率低有关，另一方面与秸秆农业阶段投入的资源和环境排放量较高有关。但与常规汽油相比，生物混合醇的化石资源消耗和温室气体排放均降低40% 以上。

3.5.2.2　基于全生命周期的生物质制炭的环境效益评价案例

相关研究者基于 LCA 法，采用花生壳为原料，并结合原生生物炭较为实际的应用途径，设定生物炭分别最终施用于土壤和燃烧发电，对所用生物质热转化系统（从原料采集、材料制备到最终应用的全过程）进行全面的环境效益分析。分析过程如下。

1. 系统边界划分

生物炭系统的 LCA 模型包括：①生物质原料收集和运输；②原料储存和预处理（干

燥和粉碎）；③设备建设、生物质热解和运行维护；④产物销售和燃煤发电抵消；⑤产物储存、运输和应用；⑥生物炭的农业/能源效益以及碳补偿效益。系统边界如图3-22所示，系统输入清单包括生物质收集、运输、储存和预处理成本，热解工厂建设投入和运行维护成本，热解能源成本、生物炭储存和运输成本。输出清单包括生物质运输排放、热解过程排放、生物炭运输排放、热解气和生物质油燃烧排放、生物炭还田作物增产、减少肥料使用和固碳固氮效益，或者用于燃煤电厂发电的碳减排效益。

2. 建立 LCA 模型清单及参数

其中包括：①生物质收集和运输碳排放相关参数；②生物质预处理碳排放相关参数；③生物质热解碳排放相关参数，其中包括热解厂建造和热解过程碳排放；④生物炭处理与运输碳排放相关参数；⑤生物炭应用过程中的碳排放相关参数，其中分为生物炭还田和生物炭燃烧发电两种情形。

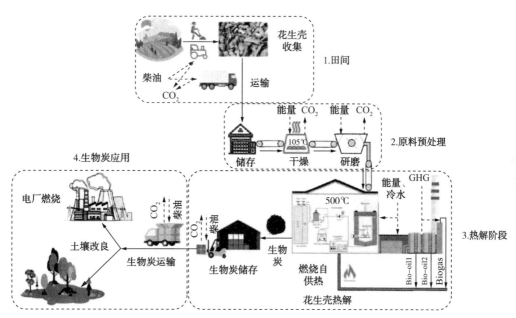

图 3-22　花生壳生物炭慢速热解系统边界

3. 废弃生物质慢速热解固碳减排效益分析

经过计算，对于年消耗生物质为 $2.66 \times 10^4 t$ 的热解系统而言，其在收集和运输阶段的年碳排放量分别为 $4.7698 \times 10^5 kgCO_2e$ 和 $1.0822 \times 10^4 kgCO_2e$；该热解厂在建设过程中（运行时间为 25a），涉及砖瓦钢筋混凝土等建材的年均碳排放量为 $1.9200 \times 10^5 kgCO_2e$；生物质热解过程中，由于所耗热能和电能均来自生物质油和生物质气的燃烧供能，故相对于燃煤供能而言，实现了碳负排放（$1.0921 \times 10^7 kgCO_2e$）。同时，剩余生物质气可以用于电厂发电，作为抵消燃煤发电所减少的年碳排放量为 $3.6715 \times 10^6 kgCO_2e$。在生物炭运输和应用阶段，生物炭还田和燃烧发电两种不同应用场景的碳排放差异较大。生物炭运输到农田和热解厂的年碳排放量分别为 $3.226 \times 10^3 kg\text{-}CO_2e$ 和 $2.6501 \times 10^3 kg\text{-}CO_2e$。首先，在应用阶段，生物炭还田播撒过程的年碳排放量为 $3.5720 \times 10^5 kg\text{-}CO_2e$。但是，生物炭的芳香组分难以降解，会在土壤中稳定存在至少一百年，能够实现碳固定，这部分年碳减排量为 $1.3973 \times 10^7 kg\text{-}CO_2e$；其次，生物炭还田会减少土壤 N_2O 排放，由于 N_2O 的 GWP-100 值是 CO_2 的 265 倍，因此转换后该部分引起的年碳减排量为 $8.6879 \times 10^8 kg\text{-}CO_2e$；而生物炭还田后作物增产、土壤有机碳（SOC）矿化减少、灌溉减少以及肥料（氮磷钾）用量降低所减少的年碳排放量分别为 $1.6235 \times 10^6 kg\text{-}CO_2e$、$7.6370 \times 10^4 kg\text{-}CO_2e$、$3.5655 \times 10^6 kg\text{-}CO_2e$ 和 $4.6380 \times 10^4 kg\text{-}CO_2e$。生物炭还田年碳减排总量为 $1.0616 \times 10^8 kg\text{-}CO_2e$。在生物炭燃烧发电的应用场景中，由于燃烧发电抵消燃煤发电的年碳减排量为 $1.8139 \times 10^7 kg\text{-}CO_2e$。生物质热解系统的碳减排量最大的阶段为应用阶段，排放量最多的为生物质收集阶段。

在生物炭还田的应用场景中，对于碳排放阶段，生物质收集、运输、热解厂建造、生物质热解、生物炭运输和播撒过程中所排放的 CO_2 量分别占总量的 17.44%、0.4%、7.02%、61.96%、0.12% 和 13.06%。由于热解排放量实际为生物质油和生物质气燃烧供能排放，相较于燃煤供能已实现了碳减排，故生物质采集、生物炭播撒和热解厂建造为主要碳排放过程。在生物炭燃烧发电的应用场景中，不包括生物炭播撒过程，则生物质收集、运输、热解厂建造、生物质热解和生物炭运输过程的碳排放量占总量的比例分别为 20.07%、0.46%、8.08%、71.29% 和 0.11%，生物质收集和热解厂建造为主要碳排放过程。相应地，两种应用场景中，碳减排过程均为热解抵消燃煤减排、生物炭应用和剩余生物质气抵消燃煤发电，在还田场景中分别占总量的 9.04%、87.92% 和 3.04%；而在燃烧发电场景中，分别占总量的 33.37%、55.42% 和 11.22%。其中，生物炭还田系统中，生物炭碳固定、土壤 N_2O 释放减少、作物增产固碳、灌溉减少、SOC 矿化减少以及化肥施用减少所降低的碳排放量分别占总量的 11.57%、71.95%、1.34%、0.06%、2.95% 和 0.04%，且以 N_2O 减排和生物炭固碳为主。各阶段参数如表 3-4 所示。

在生物炭用于还田和燃烧发电的两种场景下，热解系统的全生命周期碳排放均为负值，即实现的年碳减排量分别为 $1.1971 \times 10^8 kg\text{-}CO_2e$ 和 $3.2049 \times 10^7 kg\text{-}CO_2e$。由此可见，生物炭还田更有利于实现碳减排目标。

表 3-4　花生壳慢速热解系统各阶段碳排放及成本效益参数　　　　kg-CO_2e/a

系统阶段	应用	生命周期 GWP-100
生物质采集		4.7698×10^5
生物质运输		1.0822×10^4
热解厂建造		1.9200×10^5
生物质预处理和热解		-1.0921×10^7

系统阶段	应用	生命周期 GWP-100
生物炭处理		
生物炭运输	还田	3.2226×10^3
	发电	2.6501×10^3
生物炭播撒	还田	3.5720×10^5
生物炭应用	还田	-1.0616×10^8
	发电	-1.8139×10^7
生物质气发电		-3.6715×10^6
共计	还田	-1.1971×10^8
	发电	-3.2049×10^7
GHG 抵消	还田	-1.1971×10^8
	发电	-3.2049×10^7

3.5.2.3　基于全生命周期的生物质热解液化技术经济评价案例

相关研究人员利用农业调研数据、农业统计年鉴、产品工艺系统模拟数据、LCA 专著公开发表数据以及中试装置测试数据等，采用合理的分配方法建立产品生命周期各阶段数据清单，根据所建立的目标产品生命周期评价计算模型，开展以 H_2 和多元醇产品为主要对象的生命周期各阶段化石能耗强度和碳足迹量化计算，分析产品系统生命周期各阶段及其各因素对产品生命周期化石能源消耗和碳足迹大小的影响。分析过程如下。

1. LCA 目的与范围确定

在研究中，多元醇生产工艺场景采用了生物油生产与精制集中化布置方案。假定生物质基多元醇生产厂位于我国中部玉米种植区，生物质原料来自数量丰富的玉米秸秆。在 LCA 研究中，多元醇产品系统包括 7 个单元过程，即秸秆生产、秸秆收集与运输、秸秆预处理、生物油生产、生物油提质（H_2 和多元醇生产）。产品运输与分配以及产品应用，包含 7 个单元过程的 LCA 系统边界如图 3-23 所示。从整体工艺角度看，生物质转化为多元醇燃料的过程是一个多产品共生过程，剩余 H_2 与酯类产物作为副产物输出，捕集的 CO_2 进一步埋存发挥固碳作用。

理论上，进入 LCA 系统边界的能流和物流都将包括在 LCA 的清单分析中，其生产所需的化石能耗和相应的温室气体（GHG）排放都将追溯到其生产所需原材料的开采阶段。LCA 各阶段能流中的投入电力来自我国国家电网。在 LCA 研究中，间接土地用途变化（Indirect Land Use Change，ILUC）的影响不在 LCA 研究范围。农业秸秆收集用于生物基燃料生产可能降低农田土壤中有机碳（SOC）的平衡数量，但是由于存在各种不确定性和有限的参数信息，很难准确量化农业秸秆移除对SOC的影响。依据调研数据，在中国农业秸秆富产区用于能源转化的秸秆可利用比例为40%~45%（质量分数），其余的秸秆作为牲畜饲料和有机肥最终返还农田以保持土壤特性。因此，在LCA研究中，玉米秸秆用于生物燃料生产引起的土壤有机碳变化不予考虑。另外，在秸秆种植过程中，农事活动涉及的农业设施、秸秆运输工具以及产品生产工艺涉及的生产设备和基础设施建造所引起的能流与物流也不包括在该LCA系统边界内。

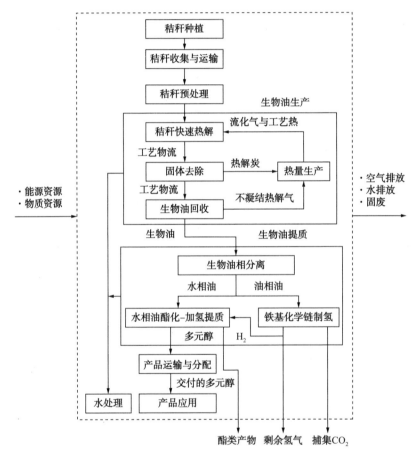

图3-23　生物质基多元醇燃料全生命周期产品系统边界

2. 产品生命周期数据清单分析

主要包括以下7个阶段的数据。①生物质原料生产阶段数据。在农业玉米秸秆的生产过程中，各项生产资料投入造成的直接和间接温室气体排放主要来自三方面：a.农资投入，包括化肥、农药、灌溉耗电以及柴油等投入消耗引起的温室气体排放；b.作物生长过程因施用氮肥引起土壤 N_2O 气体排放；c.作物生长过程的农田 CH_4 直接排放，因玉米为旱生作物，旱地作物生长过程中 CH_4 的排放量可以忽略不计。②生物质原料收集与运输阶段数据。在我国农业生产中，农民常将收割的秸秆采用农用拖拉机运输到临近的收集站点，收集站然后将秸秆打包提高体积密度后采用大型卡车集中运输到生物质热解厂。因此，在秸秆收集任务中通常包括收割、打捆以及装卸等环节。除玉米秸秆打捆机需要消耗电力外，秸秆收集与运输装置还需要消耗柴油。需要注意的是，秸秆运输过程包括车辆运输秸秆到热解厂和车辆空载返程。③生物质原料预处理阶段数据。生物质秸秆预处理依次包括秸秆从初始长度截短破碎、干燥和粉磨至合格颗粒。秸秆干燥热源来自热解子系统燃烧炉的降温烟气和化学链制氢（Chemical Looping Hydrogen Production，CLHP子系统）的乏氧空气的混合气，不需要外界供入热量，但热介质输送、秸秆的破碎、粉磨以及输送需要消耗电力，秸秆脱掉的水分和混合干燥介质直接排放到大气。根据模拟结果可以获得该单元过程的能量消耗和排放数据。④生物油生产阶段数据。生物质秸秆处理量为 1120.96kg/h，秸秆水分质量分数为 7%，含水生物油产量为 799.37kg/h。根据生物油生产子系统模拟数据和测试数据可以得到本单元的数据清单。电力消耗主要用于增压风机、送风机、各种泵以及气固分离器等装置，来自生物油子系统余热利用生产的电力首先用于本单元耗电设备，需要外界输入的电力来自国家电网。热解炭和热解不凝结气体燃烧所产的烟气经过余热利用降温后用于干燥秸秆原料，最后低温烟气直接排入大气，其中主要的温室气体 CO_2 来自生物质元素碳，在产品生命周期 GHG 排放强度计算中不包括在内。⑤生物油提质阶段数据。生物油提质包含 2 个子过程，即非水相生物油NAPB（Non-Aqueous Phase Bio-oil）化学链制氢子过程和水相生物油 APB（Aqueous Phase Bio-oil）酯化 – 催化加氢制多元醇燃料子过程，计算 2 个过程的主要清单数据。⑥产物运输与分配阶段数据。生物质基多元醇产品年产量是以年产 1000 吨多元醇中试装置为原型进行设计的，多元醇产品生产规模较小，在多元醇运输与分配中假定多元醇产品在生产地局部区域消费。采用 8 吨载重柴油卡车将厂内产品运输到集中油料库，假定陆地单程运输距离为 100km。多元醇从油料库到加油站采用 8 吨载重卡车运输分配，平均运输距离假设为 30km。⑦多元醇应用阶段数据。根据多元醇组分计算，多元醇低位热值约为 22.2MJ/kg。基于1MJ 能量输出，来自中国科学院广州能源所的研究者将 10% 的多元醇液体燃料与车用汽油混合配制生物汽油进行含氧燃料混合燃烧测试，发现混合燃料发动机负荷特性与纯汽油燃烧负荷特性在高速工况时一样，仅在低速时混合燃料油耗有所增加，且能有效地降低尾气中 NO_x、HC 以及 CO 等排放物。因此，多元醇燃料作为部分添加替代石油基液体燃料非常有潜力。

3. 氢气和多元醇产品全生命周期评价

根据生命周期各阶段清单数据和分摊系数，基于多元醇和氢气产品的功能单位对两种产品分摊的化石能源消费负荷和温室气体排放负荷进行了标准化计算，获得产品两个重要的生命周期强度指标。最后计算得到的 H_2 产品净碳足迹为 $-97.49g-CO_2\,eq/MJ-H_2$，多元醇净碳足迹为 $26.29g-CO_{2\,eq}/MJ-$ 能量。

4

生物质热化学转化后灰渣的
增值化利用技术及应用

一般而言，生物质灰是指生物质经直接燃烧等热化学转化后产生的碱性固体残渣。目前，全球范围内具有潜在能源应用价值的生物质包括：林业废弃物约 30 亿吨/年、农业废弃物 11 亿~31 亿吨/年、城市固体废弃物约 11 亿吨/年。生物质主要作为热能、电力和运输燃料，其用量约占全球一次能源总量的 8%~15%。预计到 2050 年，生物质有潜力满足全球一次能源需求量的 33%~50%，其中 95%~97% 的生物质将用于直接燃烧供能供热。假定每年燃烧的生物质为 70 亿吨，平均灰分含量为 6.8%（干基），则每年全球生物质产生量将达到约 4.76 亿吨。显然，生物质的大规模能源化利用有利于替代化石燃料，从而降低能源利用过程中的 CO_2 排放，进而有助于缓和全球变暖。然而，生物质燃烧将产生大量的生物质灰，其处理和利用将是未来必须面对的一项重大挑战。由于经济技术的限制，目前大部生物质灰处理途径为就地掩埋或露天堆放，这不仅占用大量土地，并且极易导致水体和大气环境污染等问题。因此，当前亟须开发新型的生物质灰增值化利用技术。本章将立足典型的生物质理化特性分析，进而全面系统地介绍当前生物质灰的增值化利用技术，以及生物质灰利用过程中的协同减碳技术。

4.1 典型生物质热化学转化后灰渣的理化特性

4.1.1 生物质灰的产生与分类

在燃烧过程中，生物质中的有机物质被氧化，同时失去水分和其他可挥发组分，残留的生物质灰以矿物质和未燃烧的碳元素为主，是一种复杂的无机 - 有机混合物。根据生物质灰产生的方式，可分为实验室生物质灰和工业生物质灰。其中，实验室生物质灰又分为低温灰（燃烧温度为 100~250℃）、高温灰（燃烧温度为 500℃以上）以及炉渣。工业生物质灰通常来自生物质燃烧或气化装置，工作温度通常为 800~1600℃，产生的生物质灰包括底灰（来自干排灰锅炉）、炉渣（来自熔体排放锅炉）以及飞灰（来自烟气排放系统）。

4.1.2 生物质的灰产率

不同生物质的生物质灰产率波动范围较大（0.1%~46%），平均产率为 6.8%。值得注意的是，有些海藻的灰分产率甚至超过 50%。不同类型生物质的灰分产率的顺序由大到小排序通常为：动物生物质＞水生植物生物质＞城市固体废弃物＞草本和农业生物质（如秸秆、草、谷物和水果等）＞木本生物质。在木本生物质中，灰分产率通常按照以下顺序递减：树叶和树皮＞树枝＞木茎或树桩。温带气候木本生物质的灰产率低于热带和亚热带木本生物质，硬木的生物质灰产率则高于软木。同时，木本生物质的灰产率随着树龄的增长而降低。草本和农业生物质（如秸秆、草、谷物和水果等）由于有机结构的不同，新陈代谢快，在生长期吸收了更多的养分，因而其灰产率高于木本生物质。草本生物质的灰产率在生物质各部分之间也有所不同，即叶＞生殖器官＞茎。一年生植物，尤其是禾本科植物，其灰分产率较高，并且灰分产率随着禾本科植物中木质素含量的增加而降低。禾本科的灰分产率在夏末较低，在冬末较高。黏土环境生长的禾本科灰分产率几乎是富含腐殖质土壤中禾本科的 5 倍，这主要是由于硅、铝、钛和铁等土壤来源元素含量的差异。此外，燃烧温度也显著影响生物质灰的产率，例如，1000~1300℃燃烧的灰分产率比 100~150℃燃烧的灰分产率低 10%~70%。

4.1.3　生物质灰的元素组成

生物质灰的元素组成较复杂，受到生物质资源条件（生物质类型、植物种类或部分植物、生长过程和条件、植物年龄、使用的化肥和农药剂量、收获时间、收集技术、运输、储存、污染、加工等）、生物质燃烧条件（燃料制备、燃烧技术和条件、收集和清洁设备等）、生物质灰的运输和储存条件等多种因素的影响。因此，不同来源的生物质灰其元素组成和化学性质差别非常大。在生物质灰利用时，需要根据其特定的化学成分和性质进行合理的选择和利用。

生物质和生物质灰中的元素可按其元素含量分为主要元素（含量＞1%）、次要元素（含量0.1%~1%）和微量元素（含量＜0.1%）。生物质中主要元素和次要元素含量的递减顺序各不相同，如生物质中的主要元素含量排序为：碳＞氧＞氢＞氮＞钙＞钾，而次要元素含量排序通常为：硅＞镁＞铝＞硫＞铁＞磷＞氯＞钠。在不同生物质种类中，上述某些元素的排列顺序会发生变化。生物质灰分中的主要元素和次要元素按丰度递减的顺序通常是：氧＞钙＞钾＞硅＞镁＞铝＞铁＞磷＞钠＞硫＞锰＞钛以及一些氯、碳、氢、氮和微量元素。生物质灰中的氧化物含量通常为二氧化硅（SiO_2）＞氧化钙（CaO）＞氧化钾（K_2O）＞五氧化二磷（P_2O_5）＞三氧化二铝（Al_2O_3）＞氧化镁（MgO）＞三氧化二铁（Fe_2O_3）＞三氧化硫（SO_3）＞氧化钠（Na_2O）＞二氧化钛（TiO_2）。与生物质类似，不同生物质灰中上述某些元素的排列顺序会发生变化，如表4-1所示。然而，若要进一步揭示生物质灰利用过程中的元素行为，还需要了解生物质灰中元素的存在形式（矿物相）。

表 4-1 不同生物质来源的生物质灰元素组成 %（质量分数）

元素组成		SiO₂	CaO	K₂O	P₂O₅	Al₂O₃	MgO	Fe₂O₃	SO₃	Na₂O	TiO₂	总计
1. 木本生物质	平均	22.22	43.03	10.75	3.48	5.09	6.07	3.44	2.78	2.85	0.29	100
	最小	1.86	5.79	2.19	0.66	0.12	1.1	0.37	0.36	0.22	0.06	
	最大	68.18	83.46	31.99	13.01	15.12	14.57	9.54	11.66	29.82	1.2	
2. 草本和农业生物质	平均	33.39	14.86	26.65	6.48	3.66	5.62	3.26	3.61	2.29	0.18	100
	最小	2.01	0.97	2.29	0.54	0.1	0.19	0.22	0.01	0.09	0.01	
	最大	94.48	44.32	63.9	31.06	14.6	16.21	36.27	14.74	26.2	2.02	
2.1. 禾本科	平均	46.18	11.23	24.59	6.62	1.39	4.02	0.98	3.66	1.25	0.08	100
	最小	8.73	2.98	2.93	3.14	0.67	1.42	0.58	0.83	0.09	0.01	
	最大	84.92	44.32	53.38	20.33	2.59	8.64	1.73	9.89	6.2	0.28	
2.2. 水稻	平均	43.94	14.13	24.49	4.13	2.71	4.66	1.42	3.01	1.35	0.16	100
	最小	7.87	2.46	12.59	0.98	0.1	1.67	0.41	1.18	0.16	0.02	
	最大	77.2	30.68	38.14	10.38	5.57	14.1	2.82	4.93	3.52	0.33	
2.3. 其他生物质	平均	24.47	16.58	28.25	7.27	4.9	6.62	4.84	3.8	3.05	0.22	100
	最小	2.01	0.97	2.29	0.54	0.11	0.19	0.22	0.01	0.12	0.01	
	最大	94.48	44.13	63.9	31.06	14.6	16.21	36.27	14.74	26.2	2.02	
3. 动物生物质	平均	2.9	49.04	7.67	28.17	1.69	2.75	0.35	3.91	3.5	0.02	100
	最小	0.02	41.22	3.16	15.4	1.01	1.38	0.25	3.59	0.6	0.01	
	最大	5.77	56.85	12.19	40.94	2.37	4.11	0.45	4.24	6.41	0.03	
4. 城市污染物	平均	35.73	18.3	3.45	3.64	15.41	3.6	9.78	3.45	1.9	4.74	100
	最小	3.39	7.63	0.16	0.2	3.08	1.57	0.82	0.99	0.54	0.32	
	最大	60.1	26.81	9.7	15.88	53.53	6.45	22.18	10.55	4.06	27.58	
5. 多源生物质	平均	29.76	25.27	17.91	5.71	5.51	5.42	4	3.28	2.48	0.66	100
	最小	0.02	0.97	0.16	0.2	0.1	0.19	0.22	0.01	0.09	0.01	
	最大	94.48	83.46	63.9	40.94	53.53	16.21	36.27	14.74	29.82	27.58	

4.1.4 生物质灰的矿物组成

生物质灰中已识别的矿物约有229种，包括：硅酸盐＞氧化物和氢氧化物＞硫酸盐（如硫化物、硫代盐、亚硫酸盐和硫代硫酸盐等）＞磷酸盐＞碳酸盐＞氯化物（如亚氯酸盐和氯酸盐等）＞硝酸盐等诸多种类。这些矿物相根据含量可划分为：形成相（＞10%）（玻璃、菱镁矿、方解石、白云石、钾-钙基硅酸盐、石英和焦炭等）、主要相（1%~10%）（钠长石、硬石膏、铁白云石、高岭石、菱铁矿、赤铁矿、伊利石、石灰、硅酸钠、羟基磷灰石、镁铝石、方镁石、氯硅酸钙、透辉石、闪锌矿和钾长石等）、次要相（0.1%~1%）（硅酸钾、磷酸钾、碳酸钾等）、微量附属相（平均含量小于0.1%）。

生物质灰中的矿物相根据结晶程度又可划分为结晶相和无定形相，有研究表明，在500℃温度下产生的大多数生物质灰具有高度结晶的特性，无机非晶相物质和有机物在该温度下的含量较少。在这些生物质灰中，仅有少数炭粒残存并且被硅酸盐包裹。结晶相中的矿物大多数为燃烧过程中的新生矿物，一般属于碳酸盐、硫酸盐、硅酸盐和磷酸盐类。因此，根据生物质灰中矿物相的来源又可划分为：①原生矿物相，即生物质中原本存在的矿物相，在燃烧过程中未发生相变；②次生矿物相，即在燃烧过程中形成的新生矿物相；③衍生矿物相，即在生物质灰的运输和储存过程中形成的新矿物相。生物质灰中的矿物相大多为次生矿物相，少量为衍生矿物相，偶尔也有原生矿物相。例如，在生物质灰中的硅酸盐、硫酸盐、磷酸盐等类别的矿物都可能是生物质中的原生矿物相。

4.1.4.1 硅酸盐

硅酸盐在生物质灰中大多属于次生相，其次是原生相，偶尔也有衍生相。其中，石英、方石英、晶石、黏土和云母矿物以及一些辉石和橄榄石均为典型的土壤矿物，均可能在植物生长期间被植物所吸收。因此，生物质灰中的某些硅酸盐可能来源于生物质中的原生矿物相，具有较高的分解或熔化温度，在燃烧过程中并未发生改变。另外，在生物质加工过程中产生的黏土矿物、沸石、滑石和其他硅酸盐，也可能是原生相。然而，次生硅酸盐在生物质灰中占主导地位，这些新形成的矿物相来源于生物质中原有硅酸盐的相变、熔融结晶，或是来源于生物质燃烧过程中常见的有机物、草酸盐、碳酸盐、磷酸盐、硫酸盐、氯化物和硝酸盐等组分分解产生的二氧化硅与铝、钡、钙、镉、铁、钾、镁、锰、钠、锶和钛等元素的氧化物之间的复杂反应。

4.1.4.2 氧化物和氢氧化物

生物质灰中的氧化物和氢氧化物大多数是次生相，少部分是衍生相，偶尔也有原生相。其中，铁、铝和钛氧化物是典型的土壤矿物，在植物生长过程中被植物从土壤中吸收。植物中的一些自生氢氧化物可能来源于植物体内不同阳离子和氢氧根之间的沉淀反应。少数具有较高分解或熔融温度的氧化物和氢氧化物在生物质燃烧过程中未改变其存在状态，可能是原生矿物相。大部分氧化物，包括铝、钙、镉、铬、铁、钾、镁、钠、铅、钛和锌等元素的氧化物，由于具有较低的分解或熔融温度，属于燃烧过程中的次生矿物相，这些次生矿物相在生物质灰中占主导地位。这些次生矿物相主要来自有机物、草酸盐、碳酸盐、磷酸盐、硫酸盐、氯化物和硝酸盐等组分的分解和氧化，其次是生物质燃烧过程中的熔融结晶和矿物相重构。此外，有些不太稳定的氧化物在生物质灰的运输和储存过程与空气中的水分接触发生水化反应会生成一些衍生矿物相。

4.1.4.3 硫酸盐、硫化物、硫代盐、亚硫酸盐和硫代硫酸盐

生物质灰中的硫酸盐大多是次生矿物相，少量是衍生矿物相，偶尔也有原生矿物相。硫酸盐在矿物风化过程中很容易发生形态变化，不是典型的土壤矿物。这些矿物一部分

来源于植物体内不同阳离子和硫酸根之间的沉淀反应，另一部分来源于植物生长过程中施用的化肥或植物从环境中直接吸收的硫酸盐。某些具有较高分解或熔融温度的硫酸盐在燃烧过程中未改变存在状态，属于原生相。生物质灰中大部分硫酸盐，包括铝、钙、钾、镁和钠等元素的硫酸盐，属于次生硫酸盐，其来源于生物质燃烧过程中酸性 SO_x 气体与氧化物之间的化学反应。

4.1.4.4　磷酸盐

生物质灰中的磷酸盐大多是次生矿物相，少量是原生矿物相，偶尔也有衍生相。这些矿物相既有植物从环境中直接吸收的，也有植物体内自生的。某些磷酸盐（如磷灰石类）是典型的土壤矿物，属于植物从环境中直接吸收的。某些磷酸盐是植物体内特有的自生矿物相，来源于不同阳离子与磷酸根、磷酸氢根之间的沉淀反应。此外，还有一部分磷酸盐来源于植物生长过程中施用的化肥。然而，生物质灰中的大部分磷酸盐，包括铝、钙、铁、钾、镁、钠和锌等元素的磷酸盐，属于次生磷酸盐。这些次生磷酸盐来源于燃烧过程中有机物分解产生的磷酸根与阳离子氧化物之间的化学反应。

4.1.4.5　碳酸盐

由于碳酸盐的分解温度较低，因而生物质灰中的碳酸盐大多是次生矿物相，包括铝、钙、铬、铁、钾、镁和钠等元素的碳酸盐。这些碳酸盐主要来源于燃烧过程中有机物分解产生的 CO_2 与阳离子氧化物之间的化学反应。

4.1.4.6　氯化物、亚氯酸盐和氯酸盐

生物质灰中的氯化物主要是次生相，少量是原生相，偶尔也有衍生相。氯化物在矿物风化过程中很容易发生形态变化，不是典型的土壤矿物。这些矿物一部分来源于植物体内不同阳离子和氯离子之间的沉淀反应，另一部分来源于植物生长过程中施用的化肥或植物从环境中直接吸收的氯化物。生物质灰中钙、镉、钾、钠、铅和锌的次生氯化物占主导地位，通常来源于燃烧过程中氯与阳离子氧化物之间的化学反应。

4.1.4.7　硝酸盐

生物质灰中的硝酸盐形态和来源多变，可能是次生相，也可能是原生相和衍生相。硝酸盐在矿物风化过程中很容易发生形态变化，不是典型的土壤矿物，主要来源于植物生长过程施用的化肥与生物质加工中混入的杂质。生物质灰中钾的次生硝酸盐占主导地位，主要来源于生物质燃烧过程中酸性氮氧化物（NO 和 NO_2）气体与钾之间的相互作用。

4.1.4.8　玻璃相

玻璃相大多是生物质燃烧产物中新形成的次生相，是生物质中无机物熔融体突然冷却的结果。生物质灰中的玻璃相的元素组成较为复杂，主要含硅、钾、钙和钠等元素，其次是镁、硫、磷、铁、锰和铝等元素。

4.1.4.9 其他无机相

生物质燃烧过程还会形成一些无定形相，又称非晶相。例如，黏土、云母、二氧化硅、沸石，以及一些氢氧化物、硫酸盐和磷酸盐等矿物相会在300~1100℃的温度下失去结晶水，导致矿物结构坍塌，并发生非晶化，从而形成无定形相。此外，在生物质灰的水合过程中，也容易形成具有无定形、无序、非晶结构的水合硅酸盐。

4.1.4.10 有机相

生物质灰中的有机相主要包括二次半焦化和焦化的炭颗粒以及生物质不完全燃烧的其他少量有机相。此外，天然生物质加工过程中的一些杂质（添加剂或污染物）也可能出现在生物质灰中。生物质灰中的碳含量变化很大（0.3%~79%），但最常见的值在1%~20%范围内。这些炭颗粒具有各种形态，但通常会保有生物质的原生次级结构。大粒径的生物质灰中通常会含有较多的未完全燃烧物质，当生物质灰中未燃烧的有机物含量较高时，某些有机污染物（多氯二恶烷和呋喃以及多环芳烃等）含量也会较高。

4.1.4.11 有机矿物质

某些低温燃烧的生物质灰中含二水草酸钙、一水草酸钙和脱水角钙石等矿物相。草酸盐是一种特殊类别的矿物，属于有机矿物质。生物质灰中的草酸盐可能是次生相，也可能是原生相。草酸盐是植物中典型的自生矿物，来源于植物体内不同阳离子和草酸盐阴离子的沉淀反应。由于草酸盐的分解温度较低，生物质灰中的草酸盐多为次生相，包括钙、钾、锰、镁和钠等元素的次生草酸盐，主要来源于生物质燃烧过程中有机物的分解。

4.1.5 生物质灰中的水溶性成分

生物质灰中水溶性成分在生物质灰的处理过程中会带来很多环境和技术问题。生物质灰中的水溶性成分占比为3.9%~61.0%，平均含量为21%~27%。生物质灰中的水溶性组分与钾、钠、氯、磷等元素含量呈正相关。

4.1.5.1 生物质灰中的水溶性元素

生物质灰中的水溶性元素（基于平均含量）主要包括氯、硫、钾、钠、锶、锰和镍等，其次是硅、锂、钴、铬、镉和锌等，还有一些溴、磷、铝、钡、钙、镁、铁、铜、汞、铅、锑和锡等。

4.1.5.2 生物质灰中的水溶性矿物相

生物质灰中的水溶性矿物相主要包括：①碱金属和碱土金属基矿物相，如高溶解度的硝酸盐、氯化物（钠长石和海泡石等）、硫酸盐（芒硝等）、碳酸盐和重碳酸盐（白云石、钠长石、绿泥石和钠长石等）以及氧化物（石灰等）；②溶解性较低的硫酸盐（石膏和无水石膏）、碳酸盐（方解石和白云石等）、氢氧化物（波长石等）和磷酸盐；③微溶至不溶的磷酸盐（磷灰石等）、硅酸盐（硅酸钙和长石等）和玻璃相。在碱性 pH 下，还观察到方解石、石膏、波长石和硅酸钙水合物等矿物从生物质灰浸出液中析出。

4.1.5.3 生物质灰的 pH 值和电导率

生物质灰浸出液的 pH 值在 4.5~13.5 之间，平均值约为 11.3，其酸碱程度波动较大。大多数生物质灰浸出液呈碱性，而富含未完全燃烧物的生物灰则具有较低 pH 值，这可能是因为生物质灰中存在一些残留的有机酸。生物质灰中水溶性较高的钙、镁、钾和钠氧化物、氢氧化物、碳酸盐和碳酸氢盐的生成以及生物质燃烧过程中有机酸的损失是生物质灰中 pH 值升高的主要原因。此外，生物质灰浸出液的电导率介于 3.0~49.5mS/cm 之间，平均值为 20.2mS/cm。

由于生物质中的水溶性组分富含氯、硫、钾、钠、氮、磷等元素，这些元素通常以碱氯化物、硫酸盐、硝酸盐、碳酸盐、草酸盐、氢氧化物、磷酸盐等具有高反应性的化合物存在，这为生物质灰的资源化利用带来较大的挑战，如板结、设备腐蚀等。

4.1.6 生物质灰中的微量元素

由于生物质种类的来源和组成不同，不同生物质灰中微量元素的含量差异很大。从元素的矿物学分类角度，生物质灰中的微量元素主要属于亲铜、亲铁和亲石类，而贵金属和非金属类较少。这些微量元素一方面使生物质灰可能会对环境产生危害，另一方面使生物质灰具有一定的工业应用潜力。如生物质灰中一些有毒微量元素含量较高，包括银、铍、镉、铬、铜、镍、锡和锌等，处理不当会对空气、水、土壤和植物造成危害。另外，一些银、金、铬等高值微量元素含量较高生物质灰具有资源回收的潜力。因此，对生物质灰中微量元素的含量进行广泛调研，对于生物质灰的无害化处置和资源化利用具有重要意义。表 4-2 比较了 4 类生物质灰中微量元素的平均含量。

表 4-2　不同生物质来源的生物质灰中微量元素组成

（除标示 % 的外，其余单位均为 $\times 10^{-5}$）

生物质类型	元素	S 类	C 类	K 类	CK 类
非金属元素	B	5604	—	7057	—
	Cl/%	0.15	0.05	3.23	0.15
	P	5310	7012	—	—
	S/%	0.57	0.2	4.72	0.95
	Si/%	29.94	1.66	4.96	1.67
亲岩元素	Al/%	0.43	0.17	0.27	0.39
	Ba	244	1786	45	125
	Be	32.7	20.9	19.1	20.2

生物质类型	元素	S 类	C 类	K 类	CK 类
亲岩元素	Ca/%	2.59	28.96	7.62	15.82
	Ce	3.74	3.52	2.41	4.07
	Cs	0.69	4.98	0.55	0.42
	Dy	0.88	0.49	0.39	0.63
	Er	0.67	0.32	0.35	0.34
	Eu	0.47	0.21	0.22	0.27
	Gd	1.33	0.62	0.69	0.83
	Hf	0.63	0.44	0.32	0.74
	Ho	0.19	0.1	0.1	0.13
	K/%	7.59	9.64	21.16	16.31
	La	1.75	2.41	1.02	1.95
	Li	8.4	37.3	19.1	28.3
	Lu	0.2	0.08	0.1	0.1
	Mg/%	1.12	2.92	3.37	1.31
	Mo	4.89	2.06	5.42	4.12
	Na/%	0.11	0.05	3.09	0.16
	Nb	0.67	0.45	0.44	0.89
	Nd	1.69	1.79	1.05	2.06
	Pr	0.48	0.32	0.25	0.44
	Rb	45	453	179	42
	Sm	1.49	0.57	0.81	1
	Sr	144	324	554	396
	Ta	0.26	0.15	0.13	0.15
	Tb	0.19	0.09	0.08	0.13
	Tm	0.23	0.09	0.09	0.11
	W	1.14	0.53	0.59	0.78
	Y	1.02	3.18	6.34	17.47
	Yb	1.24	0.79	0.54	0.87
	Zr	12.1	6.2	5	13.7
亲铁元素	Co	1.7	4.2	3.4	2.4
	Cr	199	24	773	164
	Fe/%	0.24	0.16	0.61	0.36

续表

生物质类型	元素	S 类	C 类	K 类	CK 类
亲铁元素	Mn	1349	—	312	334
	Ni	72	36	301	62
	Sc	4.5	2.1	2.1	2.5
	Ti	162	91	137	295
	V	10.7	8.9	21.2	9.5
亲硫 / 铜元素	As	9.4	4.5	5.7	5.1
	Bi	0.25	—	0.33	1.49
	Cd	9	4.9	4.8	4.7
	Cu	71	98	169	557
	Ga	6.2	37.7	4.2	3.6
	Ge	24.1	11.1	10.6	13.1
	Pb	5.2	38.7	24.2	22.1
	Sb	1.75	0.71	1.06	1.09
	Se	36.2	16.4	14.8	19.7
	Sn	3.9	2.1	2.7	6
	Zn	103	213	541	445
放射性元素	Th	0.5	0.27	0.27	0.64
	U	0.23	0.11	0.25	0.23
贵金属元素	Ag	3.75	1.08	1.6	1.79
	Au	0.68	0.37	0.26	0.36

注：S 类为谷壳、柳枝稷；C 类为山毛榉木片；K 类为玉米芯、海藻、葵花籽壳；CK 类为李子核、胡桃仁壳。

　　在生物质燃烧过程中，微量元素具有浓度超标、挥发性增强、迁移性增强、浸出行为增强等特点，这导致生物质灰运输储存过程以及生物质灰资源化利用过程有一定的环境危害。如表 4-2 所示，生物质灰中具有潜在环境危害的微量元素包括 Ag、As、Ba、Be、Cd、Co、Cr、Cu、F、Hg、Ni、Pb、Sb、Se、Sn、Th、Tl、U、V、Zn 等。其中，有潜在空气污染危害的元素包括 As、Br、Cd、Cl、Cr、Hg、K、Na、Pb、S、Sb、Se、V、Zn 等元素；具有浸出危害的元素，除了主要元素和次要元素，如 Al、C、Ca、Cl、Fe、K、Mg、Mn、N、Na、P、S、Si、Ti 等之外，还包括以下微量元素：As、Ba、Br、Cd、Co、Cr、Cu、Hg、Li、Mo、Ni、Pb、Sb、Se、Sr、V、Zn 等。因此，在生物质灰无害化处置和资源化利用过程中，可采取水洗等手段去除水溶性矿物相，从而降低其浸出危害。此外，大多数元素的溶解度或浸出率对 pH 值非常敏感，在酸性条件下具有较高的浸出率，而碱性环境则会降低 Al、Cd、Co、Cu、Fe、Hg、Mn、Ni、Pb、Sn、Ti、Zn 等微量元素的溶解和浸出，但会增加 As、B、Cr、F、Mo、Sb、Se、V、W 等阴离子形态微量元素的溶解和浸出。但目前关于生物质灰中微量元素的赋存形态和迁移特性的研究还不够系统，亟须开展更系统的研究。

4.2　生物质灰渣增值化利用技术与工艺

4.2.1　生物质灰用作土壤改良剂

生物质灰可作为森林和农业土壤改良剂，其主要作用包括以下几个方面：①提供植物生长所必需的营养元素，包括主要元素（C、O、H、Ca、K、N 等）、次要元素（S、Mg、P、Cl、Na 等）和微量元素（Mn、Zn、Fe、B、Cu、Mo 等）；②提供碱性和盐度，生物质灰通常具有较高的 pH 值和电导率，可降低酸性土壤中铝、锰、铁离子的可交换量，从而降低这些元素对植物的毒性；③提高某些微生物的生物活性，从而可明显改善土壤质地、透气性和保水性等理化特性。

然而，生物质灰作为土壤改良剂还需要进行更深入、更详细的研究和长期监测，并系统解决以下问题。

（1）生物质灰作为土壤改良剂的应用，应避免使用城市固体废物燃烧后的生物质灰，此类生物质灰往往含诸如砷、硼、钡、镉、铬、铜、汞、锰、钼、镍、铅、硒、锌等有害微量元素。因此，在使用生物质灰之前，应根据具体情况进行严格评估。

（2）生物质灰包含对植物生长有益的营养元素，这些营养元素理应回归土壤。不同类型的生物质灰在元素赋存形态上存在很多未知的问题，如营养元素是否以植物可利用的形式存在，有害元素是否具有水溶性等。或者营养元素以不溶于水的形式存在，如玻璃相、硅酸盐等，而有害微量元素则以水溶性形式出现，这会为生物质灰在农业应用中带来阻碍。因此，识别生物质灰中营养元素和有害元素的赋存状态和可迁移性，是影响生物质灰能否作为土壤改良剂的关键问题，这关乎这些元素在土壤和植物中的短期和长期行为。生物质灰与土壤在元素组成、形态和矿物相组成上有显著差异，因此不能完全替代土壤中的自然矿物质参与生态循环。如在生物质灰施用到土地上时，有关养分可持续性和微量元素迁移的问题已经显现。

（3）一些国家针对生物质灰在农田和森林中的应用制定了明确的标准，包括对重金属浓度的限制等。然而，目前我国针对生物质灰作为土壤添加剂的标准尚不健全，未充分考虑生物质灰中元素的来源、含量、行为和全生命周期迁移特性等多方面的问题。

4.2.2 生物质灰用作建筑材料

生物质灰用于生产水泥和混凝土等建筑材料，不仅可实现生物质灰的大规模消纳，还可节约天然砂石材料、降低混凝土行业的CO_2排放、创造可观的经济价值，是目前最有前景的生物质灰资源化利用途径。

由于具有低成本、多功能性和耐用性等诸多优点，混凝土是目前使用最广泛的人造材料。随着工业革命以来世界范围内基础设施的迅速发展，混凝土成为有史以来最通用和最多样化的建筑材料之一。目前混凝土的全球年产量为250亿~300亿吨，混凝土工业贡献了全球人类温室气体排放总量的8%~9%。普通硅酸盐水泥是混凝土的主要黏结材料，同时，普通硅酸盐水泥的生产是混凝土工业中CO_2排放最高的工艺环节。据估计，普通硅酸盐水泥生产过程中的天然石灰石开采和煅烧环节的CO_2排放量占全球CO_2排放总量的7%。

生物质灰由于价格低廉和较高的活性，可作为辅助胶凝材料替代部分普通硅酸盐水泥用于混凝土拌拌和浇筑。在该过程中，生物质灰中的很多矿物相均可发挥作用，如生物质灰中的玻璃相、石灰、透辉石、硬石膏等矿物相属于活性成分；波特兰石、水镁石、石膏等矿物相属于半活性成分；石英、莫来石、未燃烧的炭等矿物相属于惰性或非活性成分。生物质灰中的活性和半活性矿物可直接参与水化反应，形成硅酸盐、铝硅酸盐、硫酸盐、碳酸盐、水合物和含氧羟基化合物等新生矿物相，这些新生矿物相通过与惰性相结合产生硬化效应和胶凝效应。此外，混凝土微结构具有诸多原生缺陷，即在水泥水化硬化过程中大量未被水化产物填充的空间演变为连通毛细孔网络，这些缺陷均会降低混凝土的强度。细颗粒的生物质灰用于制备混凝土时，可发挥微集料效应，通过填充缺陷使混凝土结构更加致密，从而提高混凝土的强度。由于不同来源生物质灰的元素组成、矿物相组成、微观形貌等物理化学特性迥异，因此不同来源的生物质灰在建筑材料中的适用性也有较大差异。

4.2.2.1 水稻秸秆灰

水稻是最重要的粮食作物之一，全球水稻的年产量超过7亿吨。水稻秸秆是水稻收割后的田间废弃物，全球水稻秸秆年产量约为7亿吨。直接燃烧发电是目前水稻秸秆的主要利用途径之一，水稻秸秆燃烧产生的稻秆灰具有火山灰性质，使其成为一种潜在的辅助胶凝材料。稻秆灰的灰产率约为15%，SiO_2含量约为78%，比表面积约为$0.02m^2/g$，相对密度约为$2.5kg/m^3$，颗粒大小在$1\mu m$以内。稻秆灰的颗粒尺寸远低于普通硅酸盐水泥颗粒的尺寸。因此，稻秆灰用于混凝土能发挥较好的胶凝作用和微集料效应。有研究采用稻秆灰替代5%和10%普通硅酸盐水泥用于制备混凝土，发现混凝土坍落度约为

70mm，砂浆的平均流动度为106mm。由于稻秆灰具有高表面积和不规则形状，混凝土的和易性随着稻秆灰的加入而降低，因此需要较高的水灰比。随着稻秆灰对普通硅酸盐水泥替代率的增加，混凝土材料的初始和最终凝固时间随之增加。相比于其他更低水泥替代比的情况，稻秆灰替代10%普通硅酸盐水泥的混凝土，其微观结构较致密。加入稻秆灰的混凝土比不添加稻秆灰的混凝土有更高的抗压强度，强度提高的主要原因是纳米级稻秆灰颗粒的填充效应，以及稻秆灰、水泥、砂石之间的胶连作用。此外，添加稻秆灰还会提高混凝土的抗拉、抗弯曲强度，降低混凝土的初始和二次吸水率以及氯离子渗透率。

4.2.2.2 小麦秸秆灰

小麦是禾本科的一年生植物，通常生长在裸土、山坡、火山区和不同气候的草原上。作为全球主要粮食作物之一，小麦的全球年产量大约为7.6亿吨。小麦秸秆是小麦收割后的田间废弃物，其燃烧产生的小麦秸秆灰具有较好的火山灰性质，因此小麦秸秆灰也是一种有潜力的辅助胶凝材料，可以视为水泥材料的潜在组分。小麦秸秆灰的灰产率约为8.6%，但其化学组成波动范围较大，如SiO_2的含量为5%~86%，Al_2O_3的含量为0.1%~3.7%，CaO的含量为8%~25%。燃烧温度对小麦秸秆灰的火山灰性质和SiO_2含量影响较显著，适宜燃烧温度为570~670℃。燃烧前对小麦秸秆进行酸处理和干燥处理，可提高小麦秸秆灰的非晶含量，从而提高其火山灰性质。有研究表明：一方面，采用小麦秸秆灰替代天然细骨料时，由于小麦秸秆灰的粒度远低于天然细骨料，随着替代比例从3.6%上升至10.9%，砂浆的流动度降低，导致需要更高的水胶比，同时凝固时间增加68%~92%；另一方面，采用小麦秸秆灰替代普通硅酸盐水泥时，相比于不添加小麦秸秆灰的混凝土，添加小麦秸秆灰的混凝土有更高的抗弯强度、抗压强度。这是由于小麦秸秆灰较低的颗粒粒度发挥了较好的填充效应和火山灰效应，使混凝土的微观结构因孔隙细化而致密化。进一步降低小麦秸秆灰的粒度可通过成核、填充和火山灰效应进一步增强混凝土的抗压强度和抗弯强度。此外，加入小麦秸秆灰后，混凝土的吸水率降低，对酸和硫酸盐的抵抗力显著增强，对冻融损害的抵抗力也有所提升，对嵌入含生物质灰混凝土中钢筋的腐蚀速率也相应降低。

4.2.2.3 玉米芯灰

根据联合国粮农组织的统计数据，全球玉米年产量约为10亿吨，每年产生大量的玉米秸秆和玉米芯等农业废弃物。其中，玉米芯含有丰富的纤维素和半纤维素，是优良的燃料。玉米芯灰为玉米芯燃烧产生的废弃物，其活性氧化物（$SiO_2+Al_2O_3+Fe_2O_3$）的总量可超过70%，因此是一种有潜力的辅助胶凝材料。有研究表明，采用玉米芯灰替代普通硅酸盐水泥时，当替代率为20%和50%时，混凝土的抗压强度分别增加了4.9%和16.7%，同时吸水率和热导率有所降低。采用玉米芯灰替代天然细骨料（替代比＜6%）用于混凝土时，1年后抗压强度提高了40%。添加玉米芯灰的混凝土具有更均匀致密的微观结构，增强了混凝土的耐久性。然而，添加玉米芯灰会使混凝土具有更高的多孔性和透水性。尽管玉米芯灰本身是惰性的，但其中氧化钾的存在对水泥的水化反应产生了负面影响，导致混凝土的凝结时间变长、氯离子渗透性上升。随着玉米芯灰添加量的增加，混凝土的坍落度和压实因子减少、早期抗压强度降低、对酸和硫酸盐的抵抗力降低，但随着时间的推移，在120d以上时，其强度得到增强。从结构角度看，推荐的最佳玉米芯灰对普通硅酸盐水泥的替代比例为8%，并且混凝土应该至少养护120d。

4.2.2.4　小结

工业燃烧过程产生的生物质灰常常呈现不规则形状、粒径较大、表面粗糙和孔隙率高的特点，这导致生物质灰强度活性指数低于75%，火山灰性质较差。同时，热电联产锅炉产生的生物质灰中未燃烧碳的含量较高，此类生物质灰添加到混凝土中可能会降低胶凝材料的可加工性、机械性能和耐久性。在燃烧前采用适当的预处理措施，如酸处理、控制燃烧温度（500~650℃）、增加燃烧时间、对生物质灰进行后续研磨，可以降低生物质灰中的未燃烧碳的含量、提高SiO_2的含量、增加无定形相含量。由于生物质灰的高表面积和不规则形状，混凝土的和易性通常会降低，需要提高水灰比以改善其性能。初凝时间和终凝时间以及标准稠度需水量也随着生物质灰含量的增加而增加。生物质灰（水泥替代比10%~20%）与胶凝材料、砂石的相互作用表现出最大的抗压、抗弯和抗拉强度，这使得混凝土具有很高的抵抗硫酸盐和盐酸/硫酸环境的能力。一般来说，作为辅助胶凝材料时，10%的水泥替代率是最佳比例。当生物质灰的强度活性指数低于75%时，不适合作为辅助胶凝材料使用。

4.2.3　生物质灰用作吸附剂

生物质灰具有较大的比表面积（8~300m²/g）、丰富的孔隙结构和官能团，因此生物质灰具有相当大的离子交换能力和吸附能力，可作为新型吸附剂，用于水体中有害元素的去除，包括As、Au、B、Cd、Co、Cr、Cu、F、Hg、Mn、Ni、Pb、Zn等有毒微量元素及NH_3、NO_x、PO_4、SO_x、酚类、甲苯、多氯芳烃、腐植酸、农药、色素（染料）、脂肪酸、磷脂、放射性核素等有害化合物。各种生物质灰的比表面积从大到小排序为：甘蔗渣（169~450m²/g）＞稻壳（20~311m²/g）＞木材（8~150m²/g）＞桉树（约40m²/g）＞树皮（约12m²/g）。此外，生物质灰中的许多矿物质，包括方解石、石英、钾长石、斜长石、高岭石、绿泥石等，在碱性条件下表面带有负电荷，在溶液中可以通过静电吸附作用去除带有正电的污染物。因此，生物质灰作为吸附剂的应用潜力较大，不同的生物质灰均可用作吸附剂。

4.2.4 生物质灰中有价值组分的回收利用

4.2.4.1 未燃烧的炭

生物质灰中未燃烧的炭含量通常为 1%~20%，最高可达 79%。这部分未燃烧的炭可通过干法（筛分、空气和摩擦静电分离）或湿法（密度、泡沫浮选和团聚）等工艺实现从生物质灰中进行分离和回收。分离回收得到的炭精矿具有较高的工业应用价值，可作为可再生燃料、吸附剂、填料、颜料以及功能性材料（用于生产缓释肥料、土壤调节剂、生物炭、催化剂载体、型煤、金属还原剂和电极材料等）。由于生物质灰中未燃烧的炭具有高表面积、较大的孔体积、较好的孔径分布物理等化学特性，在许多情况下可以表现出与商业级活性炭相当的性能。这种生物质炭吸附剂适用于废气和废水中污染物的去除（分离净化、汽车尾气排放控制、溶剂回收、氨、甲醇、酚类、酸性染料、硝酸盐、农药、挥发性有机成分、多氯芳烃、NO_x、SO_x 以及 As、Be、Cd、Hg、Ni 等微量元素的去除）。

4.2.4.2 可溶性组分

生物质灰中水溶性元素和矿物相组分含量较高，可溶性组分中的有价元素浓度含量较高，如银（约为 18×10^{-6} kg/kg）、铝（约 28.3%）、砷（约为 0.16%）、金（约为 25×10^{-6} kg/kg）、钡（约为 2.07%）、钙（约为 59.6%）、镉（约为 657×10^{-5}）、氯（约为 14.2%）、铬（约为 0.20%）、铜（约为 1.0%）、铁（约为 25.4%）、汞（约为 8.9×10^{-6} kg/kg）、钾（约为 52.8%）、镁（约为 9.8%）、锰（约为 12.0%）、钼（约为 121×10^{-6} kg/kg）、钠（约为 22.1%）、镍（约为 0.11%）、磷（约为 17.9%）、铅（约为 5.0%）、硫（约为 10.3%）、锡（约为 362×10^{-6} kg/kg）、锶（约为 86×10^{-6} kg/kg）、硅（约为 44.1%）、钛（约为 16.5%）、锌（约为 16.4%）。与粉煤灰等其他废弃物相比，生物质灰中的这些元素往往以活性更高的化合物形式存在，因此具有较高的资源回收价值。

4.2.4.3 高硅微球

高硅微球是生物质灰中的典型产物，由铝硅酸盐玻璃形成的外壳和包裹残余气体的莫来石 – 石英 – 方石英 – 长石骨架组成。由于其独特的物理化学特性，如球形、气体夹杂物、低密度、高能吸收、防电磁干扰、抗酸性和高熔合温度，有较高的应用潜力。高硅微球可用作聚合物材料、绝缘体材料、耐火材料、油漆和热反射涂层中的轻质填料。

4.2.4.4 磁性组分

生物质灰中的磁性组分主要包括磁铁矿、赤铁矿、磁赤铁矿、钛铁矿、铬铁矿、天然铁、铁氢氧化物、铁尖晶石等铁基矿物相。此外，某些微量元素（如钴、铬、锰、镍等）也会以杂质的形式出现在上述铁基矿物相中。可以通过干法或湿法磁选将这些磁性组分从生物质灰分离出来，磁选精矿具有一定的工业应用潜力，可用于冶金、矿物材料提取、致密混凝土生产等途径。

4.2.4.5 重质组分

生物质灰中的许多成分属于重质矿物类，如硅酸盐、硫酸盐、碳酸盐、磷酸盐矿物，其密度可高于 $2.8\sim2.9g/cm^3$。这些重质组分中富集了大量微量元素，具有较高的资源回收价值。生物质灰中的这些重质组分可以通过重介质分选和空气分选等工艺分离回收，分选精矿具有较高的资源回收潜力。

4.2.4.6 有价元素

通过可溶性组分和重质组分的分离回收可以回收一些有价值的元素，针对赋存在可溶性组分和重质组分之外的微量元素，如氧化物和无定形相等矿物相中的微量元素，也有一定的回收价值。生物质灰的高值化利用必须根据每种灰的具体性质进行进一步评估。

4.3　生物质灰渣增值化利用技术的碳减排特性

近年来，由于与粉煤灰相似的理化特性，且与天然矿物和碱性固体废物相比，使用生物质灰作为吸收矿化 CO_2 的原料具有产量高、材料成本低和靠近 CO_2 排放源等优点。因此，生物质灰也被看作吸收矿化 CO_2 的理想原料。利用生物质灰可以直接吸收矿化 CO_2，主要通过生物质灰和 CO_2 在气相（干法）或液相（湿法）中的化学反应实现，生物质灰中的碱性组分（主要是CaO）可与 CO_2 结合发生化学反应，生成碳酸盐沉淀，从而实现 CO_2 的封存。在这两种路线中，干法过程往往意味着其反应动力学十分缓慢，故需要很长时间才能达到理想的矿化效果。因此，湿法路径是最有前途的选择，其反应动力学常数和 CO_2 吸收量均高于干法工艺，但耗水量较大。据报道，在干法路径下，当反应压力为 0.2MPa 时，利用生物质灰吸收矿化 CO_2 的效率约仅为 1%。有研究表明，向不同来源的生物质灰中直接通入 CO_2 气体，对于不同的生物质灰，CO_2 捕集能力在 $10\sim40$ g-CO_2/kg- 灰之间波动，若要提高 CO_2 的吸收能力，那么就需要升高温度或者增加反应压力，这意味着更多的能耗和更高的经济成本。

相比于干法生物质灰 CO_2 矿化，湿法路径下生物质灰的 CO_2 吸收矿化能力有很大的提升，这是因为生物质灰中碱金属、碱土金属组分与水分子接触后会迅速溶解电离出 OH^-，然后再与溶解在水中的 CO_2 发生酸碱中和反应，生成碳酸盐最后以沉淀的形式固定

CO_2。据研究报道，在纯CO_2气氛中，当反应时间为3h、液固比为10、反应压力为2MPa时，随着反应温度从20℃升高到200℃，碳酸化速率和效率显著提高。在室温下，最高的碳酸化转化率仅为30.2%，而在200℃时，碳酸化转化率急剧增加至66.80%。研究者通过向生物质灰悬浊液中持续通入CO_2的方式，探究了不同种类的生物质灰吸收固定CO_2的潜力，发现CO_2吸收效率可以达到65%~97%，玉米秸秆灰表现出最佳的CO_2吸收潜力，这与不同生物质灰原料的组成成分有关，因为其K元素含量更多，更易溶解在水中。实际上，当悬浊液中的水分蒸发，CO_2依旧会向大气中释放，并不能实现长期封存，因此其实际封存量将会大大降低。湿法路径下高温、高压条件和大量水资源的耗费，严重增加了能源和试剂成本，这就有悖可持续发展的目标。若能将沼液等废水与生物质灰结合用于CO_2的吸收矿化，不仅能节约大量水资源，实现沼液、生物质灰等废弃物的资源化、合理化利用，还能达到CO_2净负排放的目标。

5

生物质制氢技术
原理及应用

氢是最轻的化学元素，原子序数为 1，化学符号为 H。氢气在自然界中主要以化合物的形式存在，如水（H_2O）、甲烷（CH_4）、多种酸类以及各种烃类化合物等，在常温常压下，氢气为无色、无味、无臭的气体。是地球上丰富的化学元素之一。氢能作为一种清洁能源，具有高能量密度和燃烧时零污染物排放等优点，其燃烧后只产生水和热，不会释放 CO_2 等温室气体和其他有害气体，因此对环境没有污染。氢气可通过燃烧、燃料电池等利用方式将其化学能转化为电能或机械能，具有很大的应用潜力，因此氢能被广泛认为是一种理想的清洁能源，可以应用于交通运输、工业生产、能源储存等多种领域。

生物质制氢是指利用生物质资源作为原料，通过气化、热解、微生物处理等技术，将生物质转化为氢气的过程。生物质制氢具有可再生性、环保性等优点，符合可持续发展的要求，因而在近年来备受关注。生物质制氢还可以将农林废弃物等资源有效利用和高值化利用，减少社会对化石能源的依赖，具有重要的经济和环境意义。当前，全球各国都在加大对氢能技术和生物质制氢技术的研发和应用力度，以推动清洁能源的发展和应用。

5.1 生物质热化学转换法制氢

生物质热化学转换法制氢是指以生物质为原料，在高温或者缺氧（或部分缺氧）的条件下进行化学反应，通过气化和催化转化等步骤从生物质中得到 H_2 的一种化工过程。

5.1.1 生物质气化制氢

5.1.1.1 基本原理

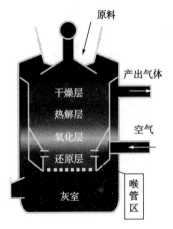

图 5-1 生物质气化炉

生物质气化制氢的基本原理是以生物质为原料，以空气、O_2 或水蒸气等为气化剂，在高温和缺氧的条件下将生物质原料加热，使生物质不完全燃烧，使具有较高的分子量的有机碳氢化合物链裂解成较低分子量的 CO、H_2、CH_4 等可燃性气体，可燃气体再经过水 – 气转化反应生成更多的 H_2，最后进行提纯分离后获得高浓度的 H_2。生物质的气化过程主要在生物质气化炉中发生（图 5-1），工业化中最常见的反应器为流化床式生物质气化反应器。在气化炉中，主要发生的是

生物质炭与 O_2 的氧化反应、碳与 CO_2 及水等的还原反应和生物质的热分解反应，通常气化炉中的燃料可以分为干燥、热解、氧化、还原 4 层，每层燃料上都进行不同的化学反应。

以空气作为气化剂为例，生物质在气化炉中的详细气化过程如下：①在干燥阶段，生物质吸收热量后温度升高，水分蒸发；②在热解阶段，生物质生成不凝性气体、大分子的碳氢化合物和焦炭，不凝性气体主要包括小分子的 CO、CO_2、H_2、CH_4、C_2H_6，大分子的碳氢化合物主要是单环到五环的芳香族化合物，其在产物温度降低时凝结为液态的焦油；③第三阶段一般发生在温度较高的区域，焦油在高温下发生裂解，在有水蒸气的情况下焦油也会与水蒸气发生反应生成小分子气体，包括 H_2、CH_4、C_2H_6、CO 等；④第四阶段，部分焦炭在有氧的环境中燃烧产生热量，同时焦炭与水蒸气反应产生 H_2。在整个过程中，H_2 的产生主要来源于生物质热解过程中产生的 H_2 以及水蒸气参与的还原反应中产生的 H_2，主要气化反应如表 5-1 所示。

表 5-1 主要气化反应方程 kJ/mol

反应编号	化学方程	ΔH
1	$C+O_2 \Longrightarrow CO_2$	−394
2	$2C+O_2 \Longrightarrow 2CO$	−112
3	$C+CO_2 \Longrightarrow 2CO$	171
4	$C+H_2O \Longrightarrow CO+H_2$	136
5	$C+2H_2O \Longrightarrow CO_2+2H_2$	100
6	$CO+H_2O \Longrightarrow CO_2+H_2$	−35.6
7	$CH_4+H_2O \Longrightarrow CO+3H_2$	225
8	$C+2H_2 \Longrightarrow CH_4$	−89

生物质气化制氢的特点主要为：①生物质在高温条件下与 O_2 接触，发生化学反应；②气化制氢过程中需要控制反应温度和气体流量等条件，保证效果；③主要副产物是 CO，存在较大的安全隐患和环境污染问题。

5.1.1.2 生物质气化制氢工艺流程

典型的生物质气化制氢工艺流程如图 5-2 所示。生物质先经过研磨、干燥和颗粒化等预处理提高气化效果和反应速率，在高温条件下进行气化反应，将各类元素转化为气体产物，再进行催化裂解，并在水蒸气的作用下完成水－气变换反应，最后进行气体提纯分离，得到纯度较高的 H_2。

生物质制氢技术中气化剂的选择是一个重要的方面。采用不同的气化介质或者不同的生物质气化反应器，得到的燃料气体的组成及焦油的含量不同，所需的工艺流程也略有不同。

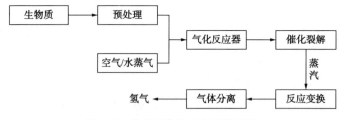

图 5-2　生物质气化制氢工艺流程

5.1.1.3　生物质气化制氢工艺分类

生物质气化制氢技术的核心在于生物质的气化过程，故可根据生物质气化技术分类方法进行划分。

1. 按气化介质分类

生物质气化技术主要分为空气气化、O_2 气化、蒸汽气化、CO_2 气化和 O_2- 水蒸气混合气化等多种气化工艺技术。

（1）空气气化。以空气作为气化介质是气化技术中较为方便和简单的一种，一般在常压下或 800~1000℃下进行。但由于 N_2 的存在，产生的可燃性气体的热值较低，H_2 含量较低。一般而言，以空气为介质的生物质气化反应器主要有上吸式气化炉、下吸式气化炉以及流化床等不同形式。

（2）O_2 气化。O_2 气化的工艺目前已较成熟，用纯氧作生物质气化介质所产生的气体热值中等，且该气化产物品质较高，合成气中含一定比例的 H_2，但 O_2 制备能耗高，导致气化成本较高。

（3）蒸汽气化。蒸汽气化指的是利用高温蒸汽对生物质进行气化反应，使生物质中的碳水化合物发生裂解，并产生 H_2、CO 和 CO_2 等气体产物。蒸汽气化能够提高 H_2 的产率，并减少有害气体的生成。相关研究表明，水蒸气作为气化介质会更有利于富氢气体的产生。

（4）CO_2 气化。CO_2 气化又被称为干燥热气化，指的是生物质在 CO_2 氛围下进行气化，即在缺氧或者少量供氧的情况下，生物质通过与 CO_2 反应而产生 CO、H_2、CO_2 和 CH_4 等可燃性气体及一些液态有机物。

（5）O_2- 水蒸气混合气化。利用混合气（O_2- 蒸汽混合气）进行气化反应，可以调节气化过程中的反应条件，获得特定组成和性质的气化产物，这种气化方式比单独使用空气或者蒸汽作为气化剂更有优势。相对于空气气化而言，由于减少了空气的供给量，从而减少了 N_2 的含量，生物质通过气化反应能够生成更多的 H_2 和碳氢化合物，提高了气体产物的热值。

上述气化方法在生物质气化制氢技术中各具特点，适用于不同类型的生物质原料和 H_2 产物的要求，选择合适的气化方法可以有效提高 H_2 产率和气化效率。

2. 按气化反应器分类

按气化反应器分类时，生物质气化技术主要分为固定床气化、流化床气化、气流床气化和喷射床气化。目前，流化床生物质气化反应器最常用。

（1）固定床气化。固定床气化是最常见的生物质气化方法之一，分为上吸式、下吸式、横吸式（图 5-3），比较典型的固定床气化炉是上吸式气化炉。在这种方法中，生物质原料在固定的气化反应器中与气化剂（如空气、O_2 或蒸汽）接触，通过热裂解和气化反应产生气体产物。固定床气化具有操作简单、适用于不同类型的生物质和较高的气化效率等优点。

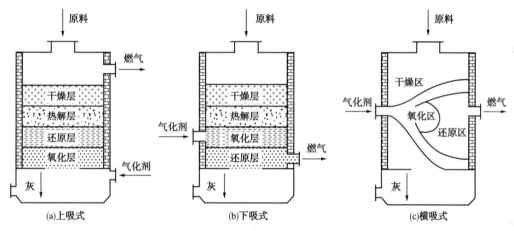

图 5-3　固定床气化炉的三种形式

（2）流化床气化。流化床气化是另一种常用的生物质气化方法，如图 5-4 所示。在流化床气化中，生物质在高速气流的作用下被悬浮在气化反应器中，并与气化剂进行接触和反应。流化床气化具有良好的传热和传质特性，能够有效地提高气化效率和气化产物的质量。

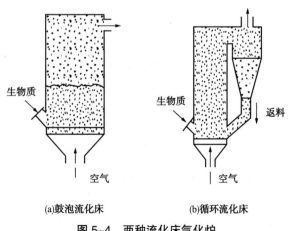

图 5-4　两种流化床气化炉

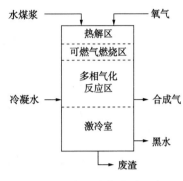

图 5-5 气流床气化炉示意
（以煤气化为例）

（3）气流床气化。气流床也称携带床，气化剂携带生物质燃料在气动送料系统作用下共同通过喷嘴进入炉内。气流床气化炉的主要特点是温度非常高且均匀，气化炉内的物料滞留时间非常短。因此，给进气化炉的固体必须被细分并均化。显然，气流床气化炉不太适合于生物质的气化，因为生物质很难被粉化成所需的粒径。气流床气化适用于固体和液体等多种物料的气化，一般分为顶端投料和侧端投料两类，如图 5-5 所示为顶端投料方式。

（4）喷射床气化。喷射床气化是一种高温快速气化方法，适用于较精细的生物质颗粒。在喷射床气化中，生物质颗粒通过高速喷射的气体流与气化剂接触，在短时间内完成高温气化反应（图 5-6）。这种方法具有反应时间短、反应温度高、产气速率快的特点。

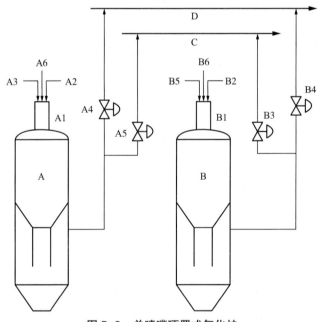

图 5-6 单喷嘴顶置式气化炉

A1、B1—喷嘴；A2、A3、A6、B2、B3、B6—进料输送管道，
A4、A5—压力调节阀；C—放空总管；D—合成气总管

除了上述几种常见的气化方法外，还有其他一些新兴的气化技术，如微波气化、等离子体气化等，这些技术在生物质气化制氢领域也得到了一定的研究和应用。生物质气化制氢技术在全球已有广泛研究，如美国能源部下属的国家可再生能源实验（NREL）在生物质气化制氢技术方面进行了大量研究，其中包括开发高效的气化反应器、优化反应条件、探索气化剂的选择和改进气体净化技术等；中国科学院过程工程研究所致力于开

发可持续的生物质能源，并进行了大量生物质气化制氢技术的研究，提出了新型的生物质气化反应器，并探索了不同反应条件对 H_2 产率和气体组成的影响。随着技术的不断成熟和市场的逐步扩大，生物质气化制氢技术在未来将会发挥更加重要的作用。

5.1.2　生物质热裂解制氢

5.1.2.1　基本原理

生物质热解制氢是指在高温条件下对生物质原料进行热解反应，将生物质中的纤维素、半纤维素和木质素等成分分解为一系列气体产物的过程，气体产物主要是一些可燃气体和烃类，其中包括可用于制氢的气体，如 CO 和 H_2。生物质热解反应通常在缺少 O_2 的条件下进行，以避免完全燃烧，从而提高 H_2 产率。为了增加气体中的 H_2 含量，也可以对热解的产物再进行催化裂解，使得烃类物质发生裂解，再经过一系列变换将 CO 也转变为 H_2，最后进行气体分离而获得高纯度 H_2。典型的生物质热解制氢装置如图 5-7 所示。

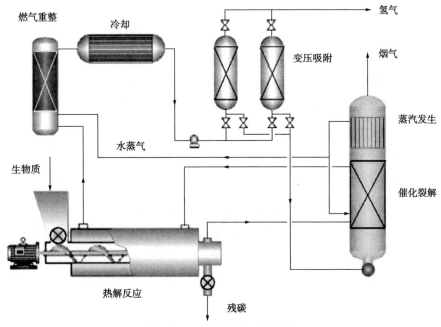

图 5-7　生物质热解制氢装置

在生物质热解制氢过程中，可以通过控制热裂解温度和物料的停留时间等来控制热解气中的 H_2 含量。生物质热裂解制氢的主要特点为：①生物质在隔绝空气或者供给少量空气的条件下受热而发生分解，因此所产生的热解气能流密度大幅提高，从而降低了气体分离难度；②需要较高的反应温度和较长的反应时间；③主要副产物为其他有机物和 CO_2，对环境影响较小。

5.1.2.2 工艺流程

在生物质热裂解制氢过程中，还可利用水蒸气辅助重整热解油，从而获得更高产率的 H_2，其工艺流程如图 5-8 所示。

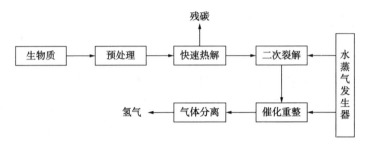

图 5-8 典型的生物质热解制氢工艺流程

在生物质热解制氢工艺中，生物质原料首先需要通过粉碎和颗粒化等方法将其制成合适的颗粒大小，以便于后续热解反应的进行。经过预处理的生物质颗粒被送入热解反应设备，该设备可提供高温环境下的封闭反应空间。在热解反应设备内，生物质颗粒在隔绝空气的条件下快速热解，生物质颗粒内部的纤维素、半纤维素和木质素等成分会分解为一系列气体产物。在此过程中，占原料 70%~75% 的挥发物质会挥发析出而转变为气态，不同生物质原料热解制氢的产物如表 5-2 所示。先将残碳移出系统后，对热解的产物进行二次高温催化裂解，在催化剂和水蒸气的作用下将分子量较大的重烃（焦油）裂解为 H_2、CH_4 和其他轻烃，从而增加气体中的 H_2 含量。再对二次裂解后的气体进行催化重整，将其中的 CO 和 CH_4 转化为 H_2，产生富氢气体。需要注意的是，富氢气体还需要经过分离和净化处理，以获得纯净 H_2。一般采用气体冷却、凝结、变压吸附或膜分离技术等步骤进行气体分离，去除其中的杂质和其他气体成分，得到高纯度 H_2。

表 5-2 几种废弃物热解制氢时的产物组成 %

实验样品	产物组成（质量分数）			气体中 H_2 体积分数
	热解焦	水 + 生物油	气体	
核桃壳	25.08	42.31	32.61	63.35
花生壳	28.69	40.48	30.83	56.32
瓜子壳	23.48	42.55	33.97	53.97
玉米秆	26	49	25	36.91
稻草	34	42	24	34.76
锯末	22.06	46.39	31.55	52.03

除了生物质气化制氢和生物质热裂解制氢之外，热化学转换法制氢还包括超临界转换制氢以及其他生物质产品重整制氢等工艺。未来的研究和发展将进一步完善生物质热化学制氢技术，以实现可持续、经济和高效的生物质热解制氢。

5.2　生物质生物法制氢

　　早在 19 世纪，人们就已经了解到细菌和藻类具有产生 H_2 的特性，生物制氢的概念最早由 Lewis 于 1966 年提出。直到 20 世纪 70 年代全球能源危机爆发，人们才开始高度重视生物制氢的实用性和可行性。到了 20 世纪 90 年代，随着对以化石燃料为基础的能源生产所带来的环境问题有了更深刻的认识，人们清醒地意识到化石燃料对大气污染和全球气候变化的不利影响。在这一背景下，生物制氢技术再次成为关注的焦点。

　　生物法制氢是一种利用产氢细菌自身的新陈代谢途径将自然界储存在有机化合物中的能量转化为 H_2 的过程。由于该过程是微生物自身新陈代谢的结果，因此在常温、常压和接近中性的温和条件下都比较容易进行。生物法制氢的原料包括生物质、城市垃圾等丰富而价格低廉的资源，其生产过程清洁、节能，不消耗矿物资源，在生产 H_2 的同时也净化了环境，这使得生物法制氢技术成为国内外制氢技术发展的主要方向之一。

　　能够产氢的微生物主要有发酵细菌和光合细菌两个类群。这些微生物体内存在特殊的氢代谢系统，其中固氮酶和氢酶在产氢过程中发挥重要作用。根据微生物的不同，可将生物制氢分为厌氧发酵制氢、光合制氢和厌氧－光合微生物联合制氢三种途径，其特点如表 5-3 所示。

表 5-3　不同产氢微生物制氢优缺点

产氢微生物	优点	缺点
蓝细菌和绿藻	只需要水为原料；太阳能转化效率比树和作物高 10 倍左右；有两个光合系统	光转化效率低，最大理论转化效率为 10%；复杂的光合系统产氢需要克服的自由能较高（242kJ/mol H_2）；不能利用有机物，因而不能减少有机废弃物的污染；需要光照；需要克服氧气的抑制效应
光合细菌	能利用多种小分子有机物；利用太阳光的波谱范围较宽；只有一个光合系统，光转化效率高，理论转化效率 100%；不产氧，不需要克服 O_2 的抑制效应；相对简单的光合系统，产氢需要克服的自由能较小	需要光照
发酵细菌	发酵细菌的种类非常多；产氢不受光照限制；利用有机物种类广泛；不产 O_2，不需要克服 O_2 的抑制效应	对底物的分解不彻底，治污能力低，需要进一步处理；原料转化效率低

5.2.1 厌氧微生物发酵制氢

5.2.1.1 基本原理

厌氧微生物发酵制氢是厌氧微生物在厌氧环境中将有机物降解，在固氮酶或氢酶的作用下获得 H_2 的工艺。能够在厌氧环境下降解有机物产生 H_2 的细菌包括专性厌氧菌和兼性厌氧菌，如梭菌属（Clostridium）、脱硫弧菌属（Desulfovibrio）、埃希氏菌属（Escherichia）、丁酸芽孢杆菌属（Trdiumbutyricum）、柠檬酸细菌属（Citrobacter）、克雷伯氏菌属（Klebsiella）、肠杆菌属（Enterobacter）、醋微菌属（Acetomicrobium）、甲烷球菌属（Methanococcus）等。可以利用的原料包括：糖类、丙酮酸、脂肪、蛋白质等有机物，这些物质广泛存在于工农业生产的废液和固废中。

厌氧发酵制氢具有制氢能力高、制氢速率快、能耗低、原料来源广泛且成本低等特点，易于实现规模化生产。

1. 厌氧发酵产氢途径与机理

微生物厌氧发酵的路径如图 5-9 所示，由水解酸化阶段、产氢产乙酸阶段、同型产乙酸阶段和产甲烷阶段四个部分组成，其中产氢途径主要有丙酮酸脱羧产氢、辅酶Ⅰ的氧化与还原平衡调节产氢、产氢产乙酸细菌的产氢三种。

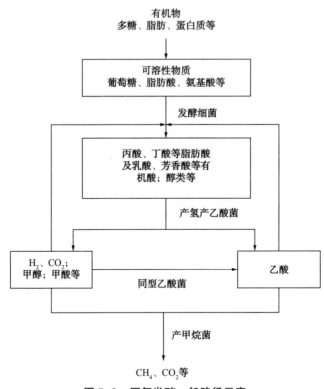

图 5-9 厌氧发酵一般路径示意

1965 年，GRAY 等研究者提出了丙酮酸脱羧产氢途径，分为梭杆芽孢杆菌型和肠道杆菌型。2000 年，TANISHO 提出了烟酰胺腺嘌呤二核苷酸（NADH）和氢离子（H⁺）氧化还原产氢途径，通过 NADH 的再氧化产氢（图 5-10）。

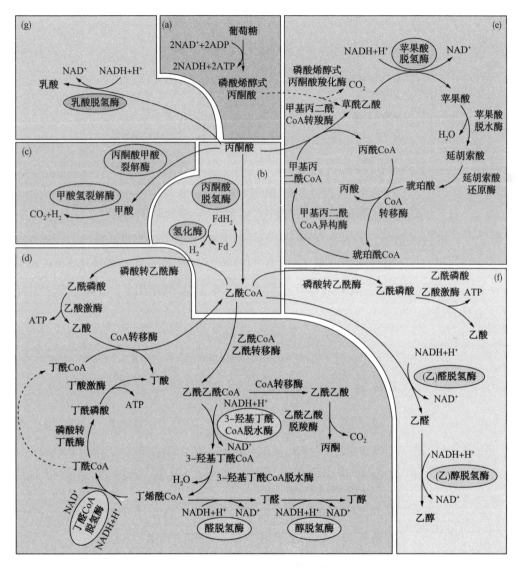

图 5-10　厌氧菌暗发酵产氢途径

（a）糖酵解途径；（b）丙酮酸脱氢途径；（c）丙酮酸甲酸 + 解产氢途径；（d）丁酸型发酵产氢途径；
（e）丙酸型发酵产氢途径；（f）乙醇型发酵产氢途径；（g）丙酮酸生成乳酸途径（ATP：腺原嘌呤核苷三磷酸）

1）丙酮酸脱羧产氢

产氢细菌直接产氢过程均发生于丙酮酸脱羧作用中，可分为以下两种方式。

方式一：梭状芽孢杆菌型。1mol 的葡萄糖经糖酵解产生 2mol 的丙酮酸，在丙酮酸脱氢酶的作用下，丙酮酸的羧基先被辅酶焦磷酸硫胺素（TPP）接触，形成丙酮酸与 TPP 的加成化合物。继而，丙酮酸 –TPP 加成物脱羧形成羟乙基硫胺素焦磷酸，并将电子传递给铁氧还蛋白（Fd），铁氧还蛋白 Fd 再将电子传递给氢化酶，最终在氢化酶的作用下，H^+ 获得电子，形成 H_2，如图 5-11 所示。在此途径的基础上，AKHTAR 等发现氢化酶、铁氧还蛋白 Fd 和氧化还原酶等都含 Fe–S 簇，负责合成 Fe–S 簇的基因过量表达可提高菌株的产氢能力。

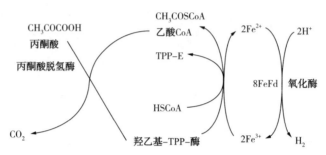

图 5-11　丙酮酸脱羧酸作用中产 H_2 过程——梭状芽孢杆菌型

方式二：肠道杆菌型。在兼性厌氧菌（如大肠杆菌）中，最常见的途径是由丙酮酸 – 甲酸裂解酶（PFL）和甲酸氢裂解酶（FHL）两种酶催化而产生 H_2，如图 5-12 所示。丙酮酸在 PFL 的催化下形成乙酰 CoA 和甲酸。此后，在 FHL 的作用下，甲酸裂解产生 CO_2 和 H_2，总体反应如下：

$$C_6H_{12}O_6 + 6H_2O \rightarrow 12H_2 + 6CO_2 \tag{5-1}$$

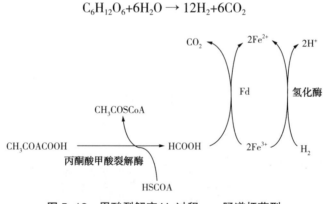

图 5-12　甲酸裂解产 H_2 过程——肠道杆菌型

2）辅酶 I 的氧化与还原平衡调节产氢

$NADH/NAD^+$ 是一种平衡调节途径，$NADH/NAD^+$ 辅因子在微生物分解代谢中起主要作用，在有氧条件下，O_2 将作为最终的电子受体。在微生物的新陈代谢过程中，经糖酵解（EMP）途径产生的 NADH 和 H^+ 一般均可通过与丙酸、丁酸、乙醇或乳酸等发酵相耦联而被消耗，从而保证 $NADH/NAD^+$ 平衡。但当 NADH 和 H^+ 的消耗速率低于其生成速率时，必然会产生 NADH 与 H^+ 的积累。对此，生物有机体必须采取其他调控机制，如在氢化酶的作用下，通过释放分子氢以使 NADH 与 H^+ 减少。反应方程式如下：

$$NADH+H^+ \rightarrow H_2+NAD^+ \qquad (5-2)$$

2. 厌氧发酵产氢类型

因为细菌种属不同，厌氧发酵产氢途径不同，导致最终末端产物组成的不同。如化学计量反应式（5-3）所示，每 mol 葡萄糖理论产氢量 12mol。然而，由于生成不同的末端产物，如乙酸、丙酸、丁酸，以及甲醇、丁醇或丙酮等，降低了发酵产氢量。如反应式（5-4）和反应式（5-5）所示，乙酸的生成能使 12mol 的理论产氢量减少到 4mol，而丁酸的生成更使得理论氢产量降为 2mol。在实际过程中，末端产物通常为不同产物的混合物，因此 1mol 葡萄糖只能生成 1.0~2.5mol 的 H_2。

$$C_6H_{12}O_6+6H_2O \rightarrow 12H_2+6CO_2 \qquad (5-3)$$

$$C_6H_{12}O_6+2H_2O \rightarrow 4H_2+2CO_2+2CH_3COOH \qquad (5-4)$$

$$C_6H_{12}O_6 \rightarrow 2H_2+2CO_2+CH_3CH_2CH_2COOH \qquad (5-5)$$

根据末端发酵产物的组成，可将厌氧发酵制氢分为乙醇型发酵（Ethanol Fermentation）、丙酸型发酵（Propionic Acid Fermentation）和丁酸型发酵（Butyric Acid Fermentation）三种类型。

1）乙醇型发酵制氢

经典的乙醇发酵代谢途径是指经 EMP 途径，酵母菌属降解碳水化合物形成丙酮酸，再经一系列酶催化形成乙醇，末端发酵产物只有乙醇和 CO_2。同时，在产生的气体中检测出大量 H_2，液相末端的主要发酵产物为乙醇和乙酸，如图 5-10（f）所示。因此，将这种产氢途径命名为乙醇型发酵。乙醇型发酵的优势细菌为产乙醇杆菌属（*Ethanoligenens*），如哈尔滨产乙醇杆菌（*Ethanoligenens Harbinense*）。乙醇型发酵的关键酶为乙醛脱氢酶和乙醇脱氢酶。

2）丙酸型发酵制氢

在厌氧发酵过程中，当基质中的含氮有机物（如肉膏、明胶、酵母膏）或者纤维素等难降解的碳水化合物含量较高时，发酵类型主要表现为丙酸型。丙酸型发酵的主要特征是不产生气体或产生气体很少，丙酸为主要的液端发酵产物，伴有乙酸、琥珀酸、CO_2 等副产物生成，如图 5-10（e）所示。丙酸发酵主要是丙酸杆菌属（*Propionibacteria*），如特氏丙酸杆菌（*Propionibacteria Thoenii*）、费氏丙酸杆菌（*Propionibacteria Freudenreichii*）、薛氏丙酸杆菌（*Propionibacteria Shermanii*）和产酸丙酸杆菌（*Propionibacteria Acidipropionici*）等。

3）丁酸型发酵制氢

当底物以葡萄糖、蔗糖、淀粉、乳糖等可溶性碳水化合物为基质时，大多会呈现丁酸型发酵。丁酸型发酵的主要末端产物是乙酸、丁酸、CO_2 和 H_2。丁酸型发酵的优势种群是梭状芽孢杆菌（*Clostridium*），主要包括丁酸梭状芽孢杆菌（*Clostridium Butyricum*）

和酪丁酸梭状芽孢杆菌（*Clostridium Tyrobutyricum*）。其中，在丁酸梭状芽胞杆菌的发酵途径中，乙酰 CoA 经一系列的酶催化可产生丁酸、丁醇和乙酸，乙酸又可以和丁酰 CoA 反应，生成丁酸和乙酰 CoA，如图 5-10（d）所示。其中 3- 羟基丁酰 CoA 脱氢酶和丁酰 CoA 脱氢酶是关键的产氢酶，可将 NADH 催化为 NAD^+，从而产生 H_2。

5.2.1.2　厌氧发酵制氢的影响因素

在厌氧发酵产氢过程中，产氢菌的活性、产氢量和产氢速率、代谢途径及类型均会受到各种环境及操作因素的影响，如选用的菌种和发酵底物、厌氧发酵的条件和各种微量元素的浓度等。

1. 菌种

厌氧发酵制氢菌种的选择会影响到操作条件的确定、产氢量大小及发酵途径和最终产物。在厌氧发酵制氢中，根据菌源是否单一，将产氢菌源分为纯种厌氧产氢微生物和混合厌氧产氢菌群。二者相比，纯菌种存在稳定性差、条件控制困难、对外部环境要求高等缺陷，而混合菌群由于自身可以进行调节，不同类群的细菌之间在一定条件下抵御外部环境变化的能力强于纯菌种，因而稳定性也高于纯菌种。同时，混合厌氧产氢菌群来源广泛，除了污水处理厂的厌氧消化污泥和活性污泥外，还有各种土壤中也含有大量的制氢混合菌种。此外，藻类也是生物制氢的菌源之一。近年来，利用海洋生物，如超嗜热古细菌（*Thermococcus Onnurineus*）进行生物制氢也显示出巨大潜力，有效拓展了生物制氢的菌源。

2. 发酵底物

发酵底物包含了厌氧发酵产氢菌生长代谢所需的全部营养物质，厌氧发酵产氢的一大特点就是可利用的发酵底物很广泛，如制糖厂、啤酒厂等工厂的含糖废水、造纸厂富含纤维素废水、面粉厂废水、厨余垃圾等。不同的发酵底物，其营养物质组成、分子结构及理化性质均存在较大的差异，通常分子量较小、结构较为简单的有机化合物可以被厌氧发酵产氢菌直接利用，从而转化成 H_2 和其他副产物（如葡萄糖、蔗糖等），而复杂的大分子有机物（如淀粉、纤维素等）则需要在厌氧发酵产氢前进行预处理（包括酸碱处理、热处理等），被分解为小分子物质后才能被厌氧发酵产氢菌利用进行代谢产氢。

3. 发酵温度

厌氧发酵产氢细菌必须在适宜的温度下才能保持良好的生物活性。根据各种微生物的温度生长范围，可以将微生物分为嗜冷菌、嗜温菌和嗜热菌三类。发酵温度对厌氧发酵产氢菌的生物活性有较强的影响，进而会影响到 H_2 产率和化学需氧量（COD）去除率。厌氧生物产氢菌的适宜发酵温度从 20℃到 70℃都有报道，但研究报道的大多数厌氧发酵产氢菌的适宜发酵温度在 30~40℃之间，属于嗜温菌范畴。

4. pH 值

发酵液的 pH 值是厌氧发酵生物制氢的关键非生物因素之一，主要影响细菌酶活性（包括与厌氧发酵产氢密切相关的产氢酶和固氮酶等）、细菌厌氧发酵产氢的代谢途径及产氢类型、氧化还原电位以及底物最终被利用的程度等。关于 pH 值对厌氧发酵产氢的影响研究较为充分，大多数研究所得到的最优 pH 值为 6.0~8.0，为弱酸或者弱碱条件。但是由于用于厌氧发酵制氢的发酵底物不同，所用的菌种亦有所差别，所以各研究中所报道的最优 pH 值也存在差异，需根据实际情况确定。

5. 无机营养物质

微生物的生长代谢需要各种无机元素，这是必不可少的一类营养物质。无机元素在厌氧发酵产氢菌的生长代谢过程中具有多种多样的生理作用，如促进或抑制相关酶的活性、维持细胞的代谢稳定性、促进细胞生长等，不同的无机营养元素具有不同的生理作用。

金属离子铁广泛存在于发酵产氢微生物的细胞色素、酶的辅助因子、铁氧还蛋白和其他铁硫蛋白中，是大多数厌氧产氢菌必需的无机营养元素。金属离子的加入，对微生物生长代谢有较大的影响。但应该注意的是，只有合适的离子浓度才能对产氢微生物产生较好的促进作用，一旦浓度不适宜，反而会起到抑制作用。

5.2.1.3 厌氧发酵制氢工艺

传统的发酵制氢工艺主要包括活性污泥法生物制氢（混菌制氢）和发酵细菌固定化制氢（纯菌制氢）两种。

活性污泥法制氢是一项利用驯化的厌氧污泥发酵有机废弃物或废水制取氢气的工艺技术，发酵后的液相末端产物主要为乙醇、乙酸、丙酸和丁酸，其发酵为乙醇型。利用活性污泥法制氢具有工艺简单和成本低的优点，但也存在产生的 H_2 很容易被污泥中耗氢菌消耗等缺点。

发酵细菌固定化制氢是一项将发酵产氢细菌固定在木质纤维素、琼脂和海藻酸盐等载体上，采用分批或连续培养的方式，制取 H_2 的工艺技术。与非固定化制氢技术相比，发酵细菌固定化制氢技术具有产氢量和产氢速率高的优点，但也有所用的载体机械强度和耐用度差、对微生物有毒性或成本高等缺点。典型的有机废水发酵制氢工艺如图 5-13 所示。

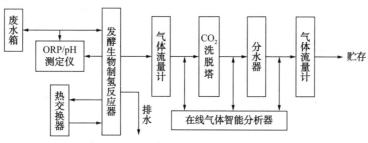

图 5-13　有机废水发酵法生物制氢工艺流程

传统的厌氧发酵方式大多是连续发酵，也有间歇发酵，难以同时满足产氢菌的营养和操作需求，因此厌氧发酵系统的产氢能力受限。在传统的厌氧发酵过程中存在多种微生物群落，这容易引发产氢菌和产甲烷菌之间的竞争。为了解决这一问题，两相厌氧发酵的概念应运而生，该方法通过将产氢菌和产甲烷菌分隔开来，从而最大限度地分阶段产生 H_2（第一相）和 CH_4（第二相）。然而，在研究中，两相发酵也存在不少问题：首先，第一相产生的挥发性脂肪酸（VFAs）和 H_2 会被甲烷菌进一步利用，因此在第一相中应及时进行 H_2 收集。其次，由于第一相污泥底物未被充分利用，导致残留的挥发性脂肪酸会降低 pH 值，从而降低产氢菌的活性，并抑制了 H_2 的产生。目前，两相发酵的研究主要集中在探讨产氢菌和产甲烷菌生长环境的差异性方面。总的来说，两相发酵技术是一种能够有效减小产氢菌和产甲烷菌竞争的方法，通过发酵装置功能的分离，可以实现功能微生物属的筛选和富集。典型的两相厌氧发酵产氢工艺流程如图 5-14 所示。

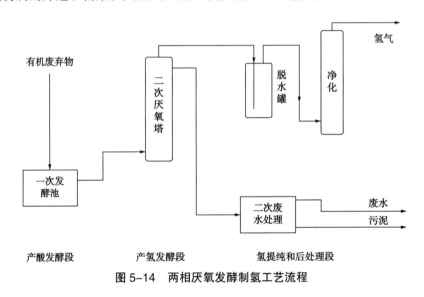

图 5-14　两相厌氧发酵制氢工艺流程

5.2.2　光合微生物制氢

光合微生物制氢是指在一定光照条件下，通过光合微生物分解底物产生 H_2 的过程。光合微生物能够利用光能从水中提取电子，以三磷酸腺苷（ATP）和低氧化还原电位化合物的形式产生 O_2 和能量。目前，此种技术主要研究集中于藻类和光合细菌产氢，微藻可以利用光能分解水产 H_2，而光合细菌在光照条件下将有机物转化为 H_2。微藻属于光合自养型微生物，具有强大的光合机制，通过利用水和太阳能，能够在细胞核中编码酶（氢化酶和固氮酶）的存在下产生 H_2，主要包括蓝藻、绿藻、红藻和褐藻等，目前研究较多的为绿藻。光合细菌属于光合异养型微生物，目前关注较多的有深红红螺菌、球形红假单胞菌、深红红假单胞菌、夹膜红假单胞菌、球类红微菌和液泡外硫红螺菌等。

5.2.2.1 基本原理

1. 光解水产氢

微藻光解水产氢可分为直接光解产氢和间接光解水产氢两种。其中，直接光解水产氢类似于植物或者微藻光合作用，不需要添加额外的有机物作为底物或能量来源。微藻利用太阳能直接将水分解产生电子，通过电子传递到氢酶，将 2 个质子还原为 H_2，是一种化学和生物有机结合的过程，如图 5-15 所示。微藻直接光解水产氢的代谢途径中，铁氧还蛋白（FD）作为氢化酶的基本电子供体，这种不经过暗反应直接利用氢化酶产气的过程具有较高的光能转化效率，理论上光能转化效率可达到 12%~14%，是太阳能转化为氢能的最大理论转化效率。直接生物光解是一种非常有前景的方法，因为其只需利用太阳能，就可以很容易将水转化为氢和氧。但光系统 II（photosystem II，PS II）光解水产生电子和质子的同时会产生大量的 O_2，而氢化酶类对 O_2 极其敏感，会导致 H_2 产率受到影响。研究显示，降低 PS II 的活性可以降低光合氧的含量，但同时也限制了 H_2 产量。因此，利用微藻直接生产 H_2 的关键问题在于解决如何将氢化酶与光合过程中产生的 O_2 隔离开来，或者在降低 O_2 含量的同时保证足够的氢离子传递到氢酶，提高产氢效率。

由于 O_2 在直接生物光解过程中与酶的活性有关，O_2 的存在会影响氢化酶的活性，抑制 H_2 产生。为降低 O_2 对氢化酶的影响，研究者采用了许多方法来降低 O_2 含量、并激活氢酶。减少硫源是微藻培养中实现厌氧的常用方法之一。在初始阶段，培养物和细胞中存在 O_2，可以利用储备的内源性硫。随着储备硫被大量消耗，当 O_2 的释放和呼吸平衡时，即可达到厌氧状态，再开始诱导氢化酶的表达，从而促进微藻产氢。

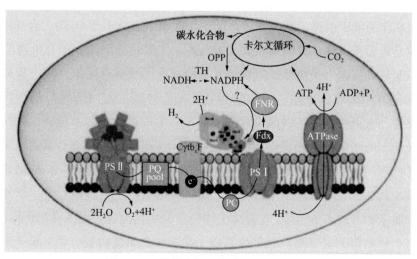

图 5-15 微藻产氢的直接生物光解途径

OPP——氧化磷酸戊糖途径；NADPH——还原型辅酶II；NADH——还原型辅酶；TH 为转氢酶；
PS I——光合系统 I；PS II——光合系统 II；PQ——质体醌；Cγtb$_x$F——细胞色素 b$_x$F；PC——质体蓝素；
Fd$_x$——铁氧还蛋白；FNR——铁氧还蛋白 NADP$^+$还原酶；ADP——二磷酸腺苷；ATP——三磷酸腺苷酶；P1——磷酸基团。

间接光合产氢过程可分为 2 个阶段：第一阶段，微藻经光合作用储存能源、淀粉和糖原等碳水化合物；第二阶段，碳水化合物分解催化质子产生 H_2，如图 5-16 所示。在间接光解过程中，PS Ⅱ捕获 CO_2 分解水产生 O_2 和还原型铁氧还蛋白。该过程的优势在于避开了 O_2 对氢化酶的抑制，光合作用积累的淀粉在暗反应阶段被降解，从而产生大量电子传递给质体醌，氢酶利用电子传递链产生 H_2。该过程缺点在于反应需要消耗大量能量，同时光能转化效率低。间接光合产氢的另外一条途径是微藻卡尔文循环，将积累的有机物经三羧酸循环和糖酵解作用产生 NADPH，NADPH 氧化还原酶将 NADPH 生成 $NADP^+$ 并释放电子，电子通过质体醌库间接进入电子传递链，由铁氧还原蛋白传递给氢化酶产生 H_2。

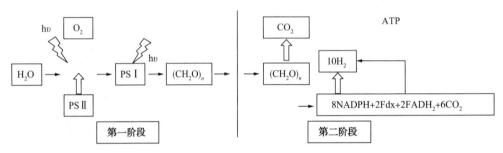

图 5-16 间接光合产氢过程

2. 光合发酵产氢

光合发酵制氢是光合细菌在光照条件下将有机物转化为氢的过程。目前，球形红杆菌、沼泽红假单胞菌和荚膜红杆菌是主要的光合产氢细菌。光合细菌是原核生物的一种，可以把有机物作为电子供体，利用光合系统Ⅰ（PSⅠ）进行不产 O_2 的光合作用。光合生物制氢过程是依靠光合细菌分解有机酸而进行的，主要是分解低分子有机物产生 H_2。光合细菌进行制氢过程的电子供体或氢供体是有机物或还原态硫化物，其过程是与光合磷酸化耦联的固氮酶的放氢作用。固氮酶和氢酶是光合微生物内部参与氢气代谢的主要酶。一般来说，有机物通过三羧酸循环产生质子、电子供体和二氧化碳。同时，光合系统Ⅰ吸收光能，低能电子的光反应中心被光激发产生高能电子。部分高能电子转移到铁氧还蛋白（Fd），铁氧还蛋白反过来将这些高能电子转移到固氮酶，高能电子的另一部分在电子链中转移，在三磷酸腺苷（ATP）酶的作用下产生三磷酸腺苷。固氮酶则利用高能电子、质子和 ATP 生成 H_2。光发酵生物制氢的生化途径如图 5-17 所示。其中，固氮酶是光合生物制氢的主要酶。固氮酶本质上是一种金属蛋白复合物，负责分子氮的生物固定。在固氮过程中，固氮酶不仅可以催化生物 H_2 的生成，同时还可以保持氧化还原平衡。

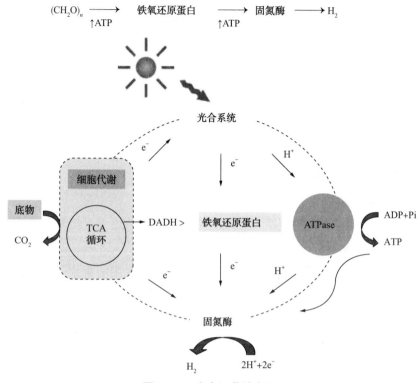

图 5-17　光合细菌的产氢机理

5.2.2.2　光合微生物制氢的影响因素

1. 底物浓度

不同的底物浓度会影响光合细菌原料的代谢降解特性及产氢特性，过低的底物浓度无法为光合细菌产氢提供充足的能量来源，将会影响其生长代谢过程，而过高的底物浓度则不但会影响光能的传输，还会造成代谢副产物的过量积累，也会抑制产氢性能。

2. 光照

光照是影响和限制光合生物制氢技术产氢量的主要因素之一。在光合生物制氢过程中，入射光为细胞的生化反应提供能量，显著影响光合细菌的生长和产氢性能。在光照条件下，光合细菌通过固氮酶催化作用进行生物 H_2 的生成。研究表明，在无光照条件下，即使 ATP 供应充足，固氮酶也不活跃，而在光照条件下，光合固氮和产氢都需要光合磷酸化提供能量。由此可见，合适的光照是提高光合细菌活性的关键条件。

3. pH 值

pH 值是光合生物制氢过程中的重要参数，合适的 pH 值对于光合生物制氢系统中的产氢速率和产氢量有显著影响。研究表明，pH 值通过影响光合细菌内部的酶促反应来影响光合细菌的生长代谢，进而影响光合细菌的产氢性能。因此，适宜的 pH 值在为光合细菌提供理想的生长和代谢环境的同时，也构建了高效稳定的光合生物制氢过程。一般来说，pH 值为 7 的中性环境更适应于光合微生物的生长繁殖，但不同的发酵工艺和微生物菌种最适宜的 pH 值也不同。

4. 温度

温度对光合生物制氢技术的影响主要体现在两个方面：一方面，通过影响其光合细菌内部的酶活性与其生长代谢过程影响 H_2 的产量；另一方面，在温度应力的影响下，光生物反应器会变形，可能会阻碍光合生物制氢体系的平衡。有研究表明，合适的温度对光合细菌产氢时间的延长和系统温度的变化有较强的促进作用，30℃为光合细菌最适宜的生长和产氢环境。

5.2.2.3 光合微生物制氢工艺

光合细菌连续制氢工艺主要包括光合细菌生产菌种连续培养、接种（接入产氢培养基）、产氢发酵、气体收集与净化、残液处理等工序，如图 5-18 所示。通过太阳能聚光传输装置、光热转换及换热器、光伏转换和照明装置实现太阳能聚集、传输，并利用部分循环折流型光合微生物反应器来实现光合生物制氢。光合细菌在密闭光照条件下利用有机物作供氢体兼碳源，连续完成高效率的规模化代谢放氢过程，产生的 H_2 通过 H_2 收集储存装置贮存。

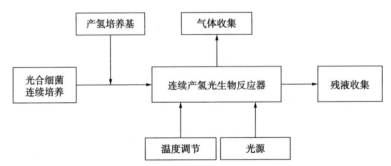

图 5-18　光合细菌连续制氢工艺流程

5.2.3　厌氧 - 光合微生物联合制氢

厌氧 - 光合微生物联合发酵制氢结合了暗发酵与光发酵两种发酵方式，进行顺序发酵或者共培养发酵，这样能够实现底物的高效转化，提高产氢效率，同时还能降低发酵尾液对环境的污染。厌氧 - 光合微生物联合制氢分为厌氧 - 光合联合两步法产氢和厌氧 - 光合联合一步法产氢 2 种类型。

5.2.3.1　基本原理

厌氧 - 光合联合产氢分为两个阶段：一是暗发酵产氢菌分解大分子有机物，H_2 代谢的同时产生挥发性饱和脂肪酸 VFAs；二是光发酵细菌在固氮酶的催化下，将暗发酵阶段产生的 VFAs 作为电子供体进行生长代谢进而产生 H_2，如图 5-19 所示。

在暗发酵的产氢过程中会伴随生成 VFAs，如乙酸、丁酸和丙酸等，也会产生一定浓度的乙醇。如果无法有效处理这些有机酸，不仅会污染环境，也会造成资源的浪费。由于反应仅向自由能降低的方向进行，在分解所得有机酸中，除甲酸可进一步分解出 H_2 和 CO_2 外，其他有机酸并不能继续分解，这也是发酵细菌产氢效率很低的原因所在，而产氢效率低也是发酵细菌产氢实际应用中面临的主要障碍。需要注意的是：一方面，光合细菌可以利用太阳能破除有机酸进一步分解所面临的自由能势壁垒，可将小分子有机酸用作碳源进行代谢，将其转化成 H_2 和 CO_2，使有机酸得以彻底分解，释放出有机酸中所含的全部 H_2；另一方面，由于光合细菌不能直接利用淀粉和纤维素等复杂的有机物，只能利用葡萄糖和小分子有机酸，所以光合细菌直接利用废弃的有机资源产氢时，效率也很低，甚至得不到 H_2。利用发酵细菌可以将有机物分解为小分子有机酸的特点，将原料利用发酵细菌进行预处理，再利用光合细菌生产 H_2，可实现两者优势互补，两种微生物几乎不存在底物竞争，而是对底物进行梯级代谢的关系。

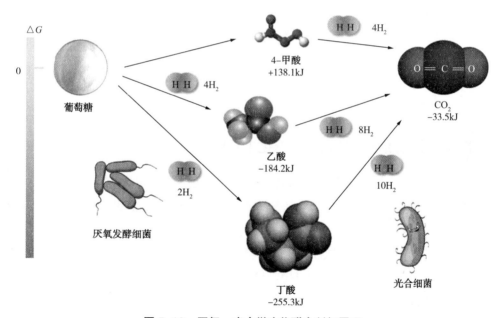

图 5-19 厌氧 - 光合微生物联合制氢原理

5.2.3.2 厌氧 - 光合微生物联合制氢工艺

由于不同菌体利用底物的高度特异性，其所能分解的底物成分是不同的，光合微生物与发酵型细菌可利用城市中的大量工业有机废水和垃圾为底物，要实现底物的彻底分解并制取大量的氢气，应考虑不同菌种的共同培养。研究者验证了混合产氢途径的可行性，同时发现发酵细菌和光合细菌联合不仅提高了 H_2 产量，而且降低了光合细菌产氢所需的能量，这说明将多种菌混合使用可使系统更稳定，提高产氢量。图 5-20 为厌氧 - 光合微生物联合制氢工艺。

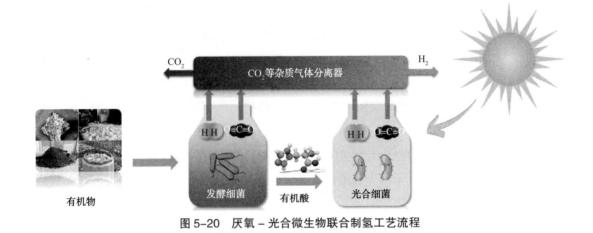

图 5-20 厌氧 – 光合微生物联合制氢工艺流程

5.3 生物质制氢应用案例

5.3.1 生物质热化学制氢用于化工领域

H_2 是化工生产过程中的重要原料之一。生物质制氢技术可以提供清洁、可再生的 H_2，为化工生产提供了更加环保和可持续的选择。国内外众多企业已经在生物质制氢领域进行了大量的研究和推广。

2023 年，全球首台（套）200Nm³/h 生物质乙醇重整制氢项目顺利通过验收和鉴定，如图 5-21 所示。该装置由国投生物科技投资有限公司投资 1500 万元建设，国投生物和中国科学院生态环境研究中心联合开发。此项目采用一种新型高效的贵金属催化剂进行生物乙醇重整反应，该催化剂由中国科学院生态环境研究中心贺泓院士团队研究开发，具有高活性、高选择性、高稳定性的特点。目前，这台生物乙醇重整制氢装置已在国投广东生物能源有限公司（简称国投广东能源）顺利投入运行。该装置占地仅 144m²，单台产氢量可达 200Nm³/h，原料为国投广东能源生产的 1.5 代木薯乙醇。该装置能够兼容乙醇水蒸气重整和乙醇自热重整两种工况，可实现剩余含能气体能量 100% 回收，重整反应剩余原料水 100% 回用，废水、废气、废渣零排放。截至 2023 年 10 月，装置已满负荷连续稳定运行 168h，H_2 产量大于 200m³/h，H_2 纯度大于 99.99%，装置累计运行时间已超过 1000h。

基于国投生物科技投资有限公司的现场实际运行数据核算，该装置的 H_2 生产成本相较于加氢站内电解水制氢具有一定的价格竞争优势。根据有研工程技术研究院有限公司的估算，在化工园区内规模化应用生物乙醇重整制氢技术时，其 H_2 生产成本与天然气制氢相当。

该项目研发的生物质乙醇重整制氢技术总体达到国际领先水平，实现了生物质乙醇重整制氢技术的全球首台（套）工业化示范应用，验证了生物质乙醇作为制氢原料的可行性，且实现了 100% 国产化率，为氢能绿色供应、实现双碳目标提供了新的技术路线。

图 5-21　生物质乙醇重整制氢装置

美国可持续生物技术公司（Genomatica）专注于使用可持续生物原料制造化学品，该公司使用生物质制氢技术生产具有高附加值的化学品。郎泽科技有限公司（LanzaTech）研究了先进的生物质转化技术，将废弃物和污染物转化为燃料和化学品，也探索了生物质制氢在化工领域的应用。德国林德公司（Linde）是一家气体和工程公司，拥有丰富的氢能技术经验。该公司也在研究生物质制氢技术，为化工生产提供清洁能源。法国化学工业公司（Air Liquide）在利用生物质制氢替代传统石油燃料等应用方面开展了研究。日本三菱化学（Mitsubishi Chemical）、住友化学（Sumitomo Chemical）等也在积极研究生物质制氢在化工领域的应用。

5.3.2　生物质热化学制氢用于农村和城市发展

生物质资源分布广泛，且易于获取和利用。对于一些缺少电力、燃料供应的农村地区，生物质制氢技术可以提供可再生、便捷的 H_2 供应方案。如在非洲、印度等地区，已经开始采用生物质制氢技术为当地居民提供清洁、可靠的能源供应。同时，随着城市化进程的加快，城市能源供应面临着日益严峻的挑战。生物质制氢技术可以将城市中产生的有机垃圾等生物质资源转化为氢气，为城市能源供应提供可持续、环保的解决方案。

印度私营炼油商信实工业（RIL）正在使用碳化生物质在气化炉中产生 H_2，该公司还计划利用生物质的催化气化生产 H_2。该项目目前处于设计示范工厂的后期，工厂可以使用这种方法每天生产 50t H_2，假设全年满负荷运营，年产量略高于 1.8×10^4t。RIL 还试图在贾姆纳格尔现有的气化炉装置中引入生物质，以生产绿色 H_2、甲醇、柴油和可持续航空燃料。

加拿大商业巨头布莱恩·费尔和伊恩·麦格雷戈正在开展 Hydrogen Naturally 项目，该项目计划收集森林残留物，并将其制成颗粒，以便于运输到集中的 Hydrogen Naturally 生产工厂。在该项目工厂，颗粒将经过封闭的气化过程和下游分离，以产生纯 CO_2 和 H_2。然后，CO_2 通过管道输送到埋存地点进行永久储存。在该项目的第一阶段，每年将投入 60×10^4t 木屑颗粒，获得 4×10^4t H_2，并从大气中永久去除 100×10^4t CO_2。H_2 可以用于城市中任何使用 H_2 的工业过程，如炼油厂、化肥厂和化工厂，或作为运输业的燃料。

2005 年，由任南琪院士承担的国家 863 计划"有机废水发酵法生物制氢技术生产性示范工程"在哈尔滨国际科技城启动。该项目采用废糖蜜为原料进行生物发酵制氢，产氢以后的残液再进入产 CH_4 系统中，继续产生 CH_4。工程包括生物制氢－储氢系统、产 CH_4－储 CH_4 系统、好氧曝气池，出水达到排放标准。其中，产氢发酵罐的总容积为 $100m^3$，有效容积为 $63m^3$。工程总投资 2100 万元，日产 H_2 约 $1200m^3$，成为国际上第一条发酵法生物制氢生产线，且在规模上创造了当时的世界之最。

2023 年，依托任南琪院士团队关于生物制氢的最新科研成果，国内首个生物制氢及发电一体化项目近日在黑龙江省哈尔滨市平房污水处理厂完成入场安装、联调，并启动试运行。该项目包括制氢、提纯、加压、发电、交通场景应用、发酵液综合利用等六大系统，其中，制氢环节以农业废弃秸秆、园林绿化废弃物、餐厨垃圾、高浓有机废水等为发酵底物，以高效厌氧产氢菌种作为 H_2 生产者，在处理废弃物的同时回收大量的清洁能源氢，可以避免化石能源制氢过程中对环境的污染，从源头上控制 CO_2 排放。

5.4 生物质制氢技术的碳减排特性

生物质制氢技术作为一种可再生能源生产方式，具有显著的碳减排特性，对全球气候变化和降低温室气体排放具有重要意义。以氢燃料电池汽车推广后的碳减排效益为例，选取城市公交车、厢式物流车，以行驶 100km 为基准计算（氢燃料电池公交车、物流车每 100km 平均氢耗分别为 5kg 和 3kg），综合各种制氢技术路线下的 H_2 生产过程（WTT）碳排放和氢燃料电池汽车使用过程（TTW）碳排放可得整体碳排放结果，如图 5-22 所示。

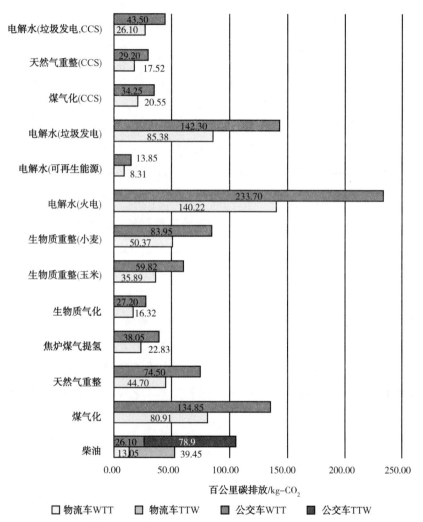

图 5-22　不同燃料（氢气、柴油）公交车和物流车的百公里 CO_2 排放对比

由图 5-22 可知，可再生能源制氢的碳减排效益最高，接近于零碳排放，主要是因为在可再生能源发电电解水制氢技术中，从制氢源头上消灭了制氢过程中的碳排放，其总体碳排放仅体现于氢气加压及运输过程。生物质气化制氢整体上的碳排放量较低，其碳排放量仅多于基于可再生能源发电的电解水制氢。去除碳排放高于传统燃油车的制氢路线后，在各制氢路线下，氢燃料电池公交车和物流车替代相应柴油车后能实现的碳减排效益，如图 5-23 所示。

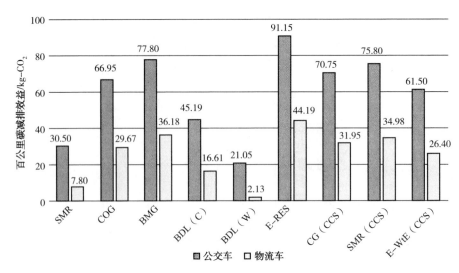

图 5-23 不同制氢方法下氢燃料电池汽车替代传统燃油车后的碳减排效益

SMR 为天然气重整制氢；COG 为焦炉煤气制氢；BMG 为生物质气化制氢；BDL（C）为玉米生物质重整制氢；BDL（W）为小麦生物质重整制氢；E-RES 为可再生能源电解水制氢；CG（CCS）为带碳捕集与储存系统的煤气化制氢；SMR（CCS）为带碳捕集与储存系统的天然气重整制氢；E-WtE（CCS）为带碳捕集与储存系统的垃圾发电电解水制氢。

由图 5-23 可知，基于可再生能源的电解水制氢技术的碳减排效益最优，可达到 91.15kg-CO_2/100km（公交车）和 44.19kg-CO_2/100km（物流车）。生物质气化制氢技术的碳减排效益位居第二，可达到 77.8kg-CO_2/100km（公交车）和 36.18kg-CO_2/100km（物流车）。需要注意的是，虽然同为生物质制氢，但生物质重整制氢的碳减排效益要明显低于生物质气化制氢，可能是因为生物质重整制氢技术工艺流程更长，过程中 CO_2 排放量更大。

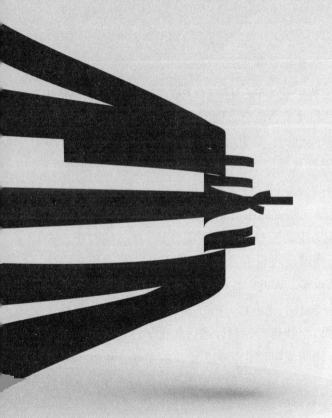

6

生物天然气技术
原理及应用

6.1 生物天然气的基本概念

6.1.1 基本定义

生物天然气（bio-natural gas），又称生物甲烷（bio-methane）或生物燃气，是一种可再生的清洁低碳能源。2019年，国家发展和改革委员会、国家能源局等十部委联合发布了《关于促进生物天然气产业化发展的指导意见》，要求加快生物天然气产业化发展。在文件中给出了生物天然气的定义："生物天然气是以农作物秸秆、畜禽粪污、餐厨垃圾、农业副产品加工废水等各类城乡有机废弃物为原料，经厌氧发酵和净化提纯产生的绿色低碳清洁可再生的天然气"。说明生物天然气制备的主流途径是通过厌氧发酵的方式制备，随后对产生的气体进行净化提纯得到。生物天然气的主要成分是 CH_4，同时还包含少量的 CO_2、N_2、H_2 等杂质。由于生物质热解反应后也可获得生物燃气，经过净化提纯后 CH_4 含量或热值可达到与天然气相当的水平。因此，在《生物天然气》（GB/T 41328—2022）、《生物天然气 术语》（GB/T 40506—2021）等生物天然气国家标准中对生物天然气重新进行了定义，其定义可归纳总结为"以生物质为原料，通过热化学转化或生物化学转化后产生可燃气体，并对该可燃气体经净化或甲烷化工艺后生产的主要含甲烷组分的可再生天然气"。即凡沼气、生物质热解气、垃圾填埋气等含甲烷的燃气经净化或者甲烷化工艺后生产的天然气，均可被视为生物天然气。

6.1.2 生物天然气的国内外标准

1. 中国现行的生物天然气标准

2022年，国家市场监督管理总局和国家标准化管理委员会发布了国家标准《生物天然气》（GB/T 41328—2022）。该标准由中国石油和化学工业联合会提出，全国气体标准化技术委员会（SAC/TC 206）归口。该标准由西南化工研究设计院有限公司等24家科研教学和企业单位近50位专家共同编制完成，并于2022年10月1日正式实施。该标准的颁布实施，与2021年分别颁布的国家标准《生物天然气 术语》（GB/T 40506—2021）、《车用生物天然气》（GB/T 40510—2021）以及农业行业标准《生物天然气工程技术规范》（NY/T 3896—2021）等初步构建了生物天然气标准体系。

由于生物天然气制取过程的原料多样性及工艺复杂性，需要对生物天然气的主要气体组分含量作出一定的规范。根据生物天然气标准（GB/T 41328—2022），我国现行的生物天然气技术要求如表 6-1 所示。其中，一类生物天然气要求 CH_4 含量高于 96%，二类生物天然气 CH_4 含量高于 85%。同时，对于其他一些杂质气体也作出了具体规定。一类生物天然气的 CH_4 浓度要求与欧洲主要国家生物天然气的 CH_4 浓度要求基本一致。

表 6-1 中国的生物天然气技术要求

项目	一类	二类
高位发热量 /（MJ/m^3）	≥ 34.0	≥ 31.4
甲烷含量 /（mol/mol）	≥ 0.96	≥ 0.85
氢气含量 /（mol/mol）	≤ 0.035	≤ 0.10
二氧化碳含量 /（mol/mol）	≤ 0.03	
硫化氢含量 /（mg/m^3）	≤ 5	≤ 15
总硫（以硫计）含量 /（mg/m^3）	≤ 6	≤ 20
氧气含量 /（mol/mol）	≤ 0.005	
一氧化碳含量 /（mol/mol）	≤ 0.0015	
氨气含量 /（mol/mol）	≤ 0.00005	
汞含量 /（mg/m^3）	≤ 0.05	
硅氧烷含量 /（mg/m^3）	≤ 10	
总氯（以氯计）含量 /（mg/m^3）	≤ 10	
固体颗粒物含量 /（mg/m^3）	≤ 1	
水露点 /℃	在交接点压力下，水露点应比输送条件下最低环境温度低5℃	
二噁英类含量、胺含量和焦油含量	供需双方商定	

2. 欧盟主要国家的压缩生物天然气标准

在碳中和背景下，沼气（biogas）等生物燃气在新能源领域占据举足轻重的地位。沼气经过净化后可应用于多个领域，包括发电、产热、制备蒸汽、接入天然气管网以及作为汽车燃料。目前，欧盟主要国家在能源系统中使用的新能源占比约为 20%，其中至少25% 由沼气提供。沼气作为一种新能源，其利用价值不可小觑。全球范围内，生物天然气作为汽车燃料的使用比例预计将从目前的 2% 增长到 2050 年的 27%。政策和能源环境效益的推动将促进更先进的沼气生产和利用技术的出现。欧洲主要国家对沼气提纯制备的生物天然气制定了严格的标准，如表 6-2 所示。这些标准严格限制了压缩生物天然气中 CO_2 的含量（不得超过 6%），而法国和奥地利的要求更为严格，分别为不得超过 2.5%和不得超过 3%。此外，经过沼气提纯制备的生物天然气中，对 H_2S、NH_3 等其他成分的含量也设有严格的限制。

表 6-2　欧洲主要国家的压缩生物天然气标准

组分	法国	瑞典	荷兰	德国	奥地利	瑞士
CH_4 体积分数 /%	96	> 97	—	—	96	> 96
CO_2 体积分数 /%	< 2.5	< 4	< 6	< 6	< 3	< 6
H_2S 含量 / (mg–S/Nm³)	< 5	< 15	< 5	< 5	< 5	< 5
H_2 体积分数 /%	< 6	—	< 12	< 5	< 4	< 4
硫醇类含量 / (mg–S/Nm³)	< 6	—	< 10	< 16	< 6	< 5
全硫分含量 / (mg–S/Nm³)	< 30	< 23	< 45	< 30	< 10	< 30
O_2 体积分数 /%	< 1	< 1	< 0.5	< 0.5	< 0.5	< 0.5
水露点	< –5℃	< –9℃, 20MPa	< –10℃, 0.8MPa	地表温度	< –8℃, 4MPa	< –8℃
华白指数 / (MJ/Nm³)	48.24~56.52	44.7~47.3	43.46~44.41	46.1~56.5	47.7~56.5	47.9~56.5
热值 / (MJ/Nm³)	38.52~46.08	—	31.6~38.7	30.2~47.2	38.5~46	38.5~47.2

与传统的沼气净化不同，沼气提纯的主要目的是使沼气达到生物天然气成分标准，而沼气净化仅仅是为了去除沼气中如 H_2S、水汽、硅氧烷等杂质，使沼气方便户用或者直接燃烧发电和产热，减少在利用过程中对设备的腐蚀和损害，而对沼气中的 CO_2 基本不作处理。沼气提纯更加关注沼气中 CO_2 的去除，同时还需要同步考虑对其他杂质成分的去除。沼气中的其他杂质成分可以在去除 CO_2 之前纯化，也可以和 CO_2 同时去除，如高压水洗和化学吸收法沼气提纯过程中可同时达到对 H_2S 和 CO_2 的去除。而具体选择什么方式对生物燃气中的 CO_2 及杂质气体进行脱除，一方面取决于该项目工程所能提供的资源，如项目周边是否具有热能或者水能；另一方面还取决于项目对于后期产品的销售计划，如生物天然气与主要成分 CO_2 的处置方式等。若工程项目本身具有大量余热可用，则化学吸收法脱碳具有一定优势；若后期 CO_2 用于制备干冰进行销售，则深冷法具有优势。

生物天然气的生产原料主要是农业废弃物、城市生活垃圾、工业有机废弃物等，这些原料来源广泛，具有可再生性。根据国际能源署（IEA）评估，在可持续利用生物质的条件下，全球生物天然气开发的技术潜力可达 7.3 亿吨油当量，折合约 8800×10^8m³ 天然气，相当于目前全球天然气需求量的 20%。因此，生物天然气是一种清洁的且资源丰富的绿色能源。需要注意的是，生物天然气制备过程中需要对 CO_2 进行分离，若能对该 CO_2 进一步转化、利用或者储存，则可使生物天然气工程成为一个负碳排放工程。显然，生物天然气生产过程中，有机废弃物被降解，减轻了环境污染。生物天然气中的 H_2S 等有害成分较少，也有助于改善空气质量。生物天然气可以作为汽车燃料、锅炉燃料等，替代化石燃料，降低对非可再生能源的依赖。生物天然气发电、供暖等，可提高能源利用效率，降低能源成本。在我国，生物天然气的发展得到了政府的大力支持。在未来，通过推广生物天然气项目，有利于促进能源结构调整，大幅减少温室气体排放，改善环境，实现可持续发展。

基于生物质厌氧发酵而生产生物天然气时，主要包括厌氧发酵产沼气及沼气提纯净化等步骤，下面章节将对此进行详细介绍。

6.2　生物质厌氧发酵产沼气的基本原理与工艺

6.2.1　沼气发酵基本原理

沼气发酵，也称作厌氧消化、厌氧发酵，是一种发生在严格厌氧条件下的复杂生物化学过程。这个过程涉及的有机物质种类繁多，包括人、畜、家禽的粪便，农作物秸秆、各种杂草等。这些有机物质在一定的水分、温度和厌氧条件下，通过数量巨大、功能不同的各类微生物的分解代谢，转化为 CH_4 和 CO_2 等混合性气体，也就是通常所说的沼气。沼气发酵过程中的微生物种类繁多，包括细菌、原生动物和真菌等。在分解有机物质的过程中，各自发挥不同的作用。一些细菌能够将有机物质分解成较小的分子，如脂肪酸、醇类和酮类等，这些小分子物质更易于进一步转化为沼气；另一些细菌则直接参与沼气的生成，通过代谢作用将有机物质转化为 CH_4 和 CO_2。

沼气发酵过程中，水分和温度的控制至关重要。适宜的水分含量可以保证微生物的生存和活性，同时稀释产物及有害物质；温度的控制则保证了微生物的代谢速度，过高或过低的温度都会影响沼气的生成效率。因此，沼气发酵设施通常会采用保温措施，以保持微生物的最佳活性。沼气发酵不仅能够产生清洁能源沼气，还可以有效处理有机废物，减少环境污染。沼气发酵过程中产生的沼渣和沼液，还可以作为优质的有机肥料，促进农作物的生长。同时，沼气发酵还可以减少农业生产中的碳排放，有助于缓解全球气候变暖。

6.2.1.1　沼气发酵微生物

沼气发酵是一种极其复杂的微生物和化学过程，这一过程的发生和发展是五大类群微生物生命活动的结果，分别为发酵性细菌、产氢产乙酸菌、耗氢产乙酸菌、食氢产甲烷菌和食乙酸产甲烷菌。这些微生物按照各自的营养需要，起着不同的物质转化作用。从复杂有机物的降解，到 CH_4 的形成，就是由上述微生物分工合作和相互作用而完成的。在沼气发酵过程中，五大类群细菌构成一条食物链，从各类群细菌的生理代谢产物或其活动对发酵液酸碱度（pH 值）的影响来看，沼气发酵过程可分为产酸阶段和产甲烷阶段。前三类群细菌的活动可使有机物形成各种有机酸，因此，将其统称为不产甲烷菌；后二类群细菌的活动可使各种有机酸转化成 CH_4，因此，将其统称为产甲烷菌。

产甲烷菌在自然界中的分布极其广泛，也是生态系统中重要的组成部分。在富含有机质的土壤中，产甲烷菌通过分解有机物质，释放出 CH_4 气体，这一过程对地球的碳循环和能量循环至关重要。在湖泊、沼泽等地势低洼区域，以及反刍动物的肠胃道内，产甲烷菌同样扮演着关键角色，并帮助分解纤维素等难以消化的物质，为动物提供能量。在淡水或碱水池塘的污泥中，以及下水道污泥中，产甲烷菌通过厌氧消化过程，不仅净化了环境，还产生了可利用的清洁能源。在农业废弃物（如秸秆）的腐烂过程中，以及在牛马粪便中，产甲烷菌同样发挥转化有机物质的作用。

尽管产甲烷菌的存在和作用至关重要，但由于其分离、培养和保存的技术难题，获得的纯种数量有限。目前，一些菌种的培养方法尚未成熟，导致对产甲烷菌生理生化特征的了解还存在一定不足，这不仅阻碍了产甲烷菌的生产和应用，也限制了沼气发酵研究的深入。产甲烷菌的纯种无法应用于生产，直接影响了沼气发酵的效率和沼气产量的提高。因此，加强对产甲烷菌的研究，开发有效的培养和保存技术，对于提升沼气能源的生产效率，以及促进低碳经济的发展具有重大意义。

在沼气发酵过程中，不产甲烷菌与产甲烷菌相互依赖，互为对方创造维持生命活动所需的物质基础和适宜的环境条件，同时又相互制约，共同完成沼气发酵过程。其相互关系主要表现在下述几方面。

（1）不产甲烷菌为产甲烷菌提供营养。一方面，原料中的碳水化合物、蛋白质和脂肪等复杂有机物不能直接被产甲烷菌吸收利用，必须通过不产甲烷菌的水解作用，使其形成可溶性的简单化合物，并进一步分解，形成产甲烷菌的发酵基质。这样，不产甲烷菌通过其生命活动为产甲烷菌源源不断地提供合成细胞的基质和能源。另一方面，产甲烷菌连续不断地将不产甲烷菌所产生的乙酸、氢和 CO_2 等发酵基质转化为 CH_4，使厌氧消化中没有酸和氢的积累，不产甲烷菌从而继续正常地生长和代谢。由于不产甲烷菌与产甲烷菌的协同作用，使沼气发酵过程达到产酸和产 CH_4 的动态平衡，从而维持沼气发酵的稳定运行。

（2）不产甲烷菌为产甲烷菌创造适宜的厌氧生态环境。在沼气发酵启动阶段，由于原料和水的加入，从而导致在沼气发酵装置中引入了大量的空气。O_2 的带入对产甲烷菌有害，但是由于不产甲烷菌类群中的好氧和兼性厌氧微生物的活动，使发酵液的氧化还原电位（氧化还原电位越低，厌氧条件越好）不断下降，逐步为产甲烷菌的生长创造厌氧生态环境。

（3）不产甲烷菌为产甲烷菌清除有毒物质。在以工业废水或废弃物为发酵原料时，其中往往含有酚类、苯甲酸、氰化物、长链脂肪酸和重金属等物质，这些物质对产甲烷菌有毒害作用。而不产甲烷菌中有许多菌类能分解和利用上述物质，这样就可以解除对产甲烷菌的毒害。此外，不产甲烷菌发酵产生的 H_2S 可以与重金属离子作用，生成不溶性的金属硫化物而沉淀下来，从而解除了某些重金属的毒害作用。

（4）不产甲烷菌与产甲烷菌共同维持环境中适宜的酸碱度。在沼气发酵初期，不产甲烷菌首先降解原料中的淀粉和糖类等，产生大量的有机酸。同时，产生的 CO_2 也部分溶于水，使发酵液的酸碱度（pH）下降。但是，由于不产甲烷菌类群中的氨化细菌迅速进行氨化作用，产生的 NH_3 可中和部分有机酸。同时，由于甲烷菌不断利用乙酸、H_2 和 CO_2 形成 CH_4，从而使发酵液中有机酸和 CO_2 的浓度逐步下降。通过两类群细菌的共同作用，就可以使 pH 值稳定在一个适宜的范围。因此，在正常发酵的沼气装置中，pH 值始终能维持在适宜的状态而不需人为控制。

6.2.1.2　沼气发酵过程

沼气发酵过程实质上是微生物的物质代谢和能量转换过程。在分解代谢过程中，沼气微生物获得能量和物质，以满足自身生长繁殖，同时大部分物质转化为 CH_4 和 CO_2。由此，各种各样的有机物质可不断地被分解代谢，从而构成了自然界物质和能量循环的重要环节。科学测定分析表明，有机物中约有 90% 被转化为沼气，10% 被沼气微生物用于自身的消耗。因此，可以认为，发酵原料生成沼气是通过一系列复杂的生物化学反应来实现的。一般认为这个过程大体上分为水解发酵、产酸和产甲烷三个阶段（图 6-1）。

1. 水解发酵阶段

各种固体有机物通常不能进入微生物体内被微生物利用，必须在好氧和厌氧微生物分泌的胞外酶、表面酶（纤维素酶、蛋白酶、脂肪酶）的作用下，将固体有机质水解成分子量较小的可溶性单糖、氨基酸、甘油、脂肪酸，而这些分子量较小的可溶性物质就可以进入微生物细胞之内被进一步分解利用。

2. 产酸阶段

各种可溶性物质（单糖、氨基酸、脂肪酸）在纤维素细菌、蛋白质细菌、脂肪细菌、果胶细菌胞内酶等作用下继续分解而主要转化成低分子物质，如丁酸、丙酸、乙酸以及醇、酮、醛等简单有机物质。同时，也有部分 H_2、CO_2 和 NH_3 等无机物的释放。

上述两个阶段是一个连续过程，通常称之为不产甲烷阶段，也是复杂的有机物转化成沼气的先决条件。

3. 产甲烷阶段

由产甲烷菌将第二阶段分解出来的乙酸等简单有机物分解成 CH_4 和 CO_2，其中 CO_2 在 H_2 的作用下还原成 CH_4。这一阶段叫产气阶段，或叫产甲烷阶段。

图 6-1 沼气发酵过程示意

6.2.2 沼气发酵的基本条件

6.2.2.1 碳氮比适宜的发酵原料

沼气微生物的生存和沼气生成取决于沼气发酵原料，发酵原料可为微生物提供生命活动所需的营养。按物理形态分，沼气发酵原料可分为固态和液态原料；从营养成分角度看，发酵原料可分为富氮原料（如人、畜、家禽排泄物）和富碳原料（如秸秆、稻壳等农作物的残余物）。

富氮原料含丰富的氮元素、水分含量高、颗粒细小，并含有大量中间代谢产物。这些原料在沼气发酵时无须预处理，易于进行厌氧分解、产生沼气快，但发酵周期短。相比较而言，富碳原料的干物质含量一般较高、质地疏松、比重小，易于在沼气池中形成发酵死区——浮壳层，因此发酵前一般需要预处理。同时，富碳原料的厌氧分解比富氮原料慢，产气周期较长。

氮素是构成沼气微生物细胞质的重要原料，碳素不仅构成细胞质，还提供生命活动所需的能量，因此发酵原料的碳氮比（C：N）直接影响沼气发酵速度和产气情况。沼气发酵细菌消耗碳的速度比消耗氮的速度快 25~30 倍，因此，发酵原料的碳氮比在调配成（25~30）：1 时，沼气发酵可以在合适的速度下进行。若碳氮比失调，将会影响产气和微生物的生命活动。因此，在制取沼气时，除了要确保充足的原料外（表 6-3），还需注意发酵原料碳氮比合理搭配（表 6-4）。

表 6-3 生产 1m³ 沼气的原料用量

发酵原料	含水率 /%	沼气生产转换率 / (m³/kg)	生产 1m³ 沼气的原料用量 /kg	
			干重	鲜重
猪粪	82	0.25	4.00	13.85
牛粪	83	0.19	5.26	26.21
鸡粪	70	0.25	4.00	13.85
人粪	80	0.30	3.33	16.65
稻草	15	0.26	3.84	4.44
麦草	15	0.27	3.70	4.33
玉米秸	18	0.29	3.45	4.07
水葫芦	93	0.31	3.22	45.57
水花生	90	0.29	3.45	34.40

表 6-4   农村常用沼气原料的碳氮比   %

原料名称	碳素占原料比例	氮素占原料比例	碳氮比
鲜牛粪	7.30	0.29	25：1
鲜马粪	10.0	0.42	24：1
鲜猪粪	7.80	0.60	13：1
鲜羊粪	16.0	0.55	29：1
鲜人粪	2.50	0.85	2.9：1
鸡粪	25.5	1.63	15.6：1
干麦草	46.0	0.53	87：1
干稻草	42.0	0.63	67：1
玉米秸	40.0	0.75	53：1
树叶	41.0	1.00	41：1
青草	14.0	0.54	26：1

6.2.2.2   质优足量的菌种

沼气发酵过程中的微生物是人工制取沼气的核心因素，外部环境的变化必须通过微生物的作用才能产生效果。因此，进行沼气发酵的先决条件是添加含沼气发酵微生物的接种物，即富含菌种的材料。沼气发酵微生物广泛存在于自然界中，尤其是关键的产甲烷菌群，其能在任何具有厌氧特性并含有机质的场所被找到。接种物的来源多样，包括沼气发酵装置、湖泊、沼泽、池塘底泥、下水道污泥、积存粪水、动物粪便及其肠道内容物、屠宰场、酿酒厂、豆制品加工地和副食品加工厂的废水以及人工厌氧消化设施。

在新的沼气发酵装置中添加这些丰富的沼气微生物群落，是为了迅速启动发酵过程，并使其在新环境中繁衍增长，不断累积，从而确保沼气的有效生成。在农村沼气池中，一般会将接种物的比例控制在总投料量的 10%~30%。在其他条件保持一致的情况下，增加接种量可以提升产气速度和气体品质，同时降低启动过程中的不确定性。但接种量过多，也会降低原料添加量，从而导致沼气池或沼气发酵装置的容积利用率下降。

6.2.2.3   严格的厌氧环境

严格的厌氧环境对于沼气微生物的生存和沼气的生成至关重要。沼气微生物的核心菌群是产甲烷菌，也是一种严格的厌氧性细菌，对 O_2 的敏感度非常高。在其生长、发育、繁殖和代谢等生命活动中，不需要空气的存在，因为空气中的 O_2 会对其生命活动产生抑制作用，甚至导致其死亡。

产甲烷菌只能在严格厌氧的环境中生长和发展。因此，在修建沼气池 / 发酵装置的过程中，应保证其严格密闭，不漏水和不漏气至关重要，即不能存在"病态池"。这不仅是为了收集沼气和储存沼气发酵原料，同时也是确保沼气微生物在厌氧的生态条件下生活良好，以保证沼气池 / 发酵装置能够正常产气。因此，维护沼气池 / 发酵装置的严格密闭性是保证沼气发酵正常运行的关键。

6.2.2.4 适宜的发酵温度

温度是沼气发酵的重要外部条件，对沼气生成有着至关重要的影响（图6-2）。当温度适宜时，细菌的繁殖能力会增强，活力提高，从而使厌氧分解和CH_4生成的速度加快，沼气的产量也会相应增加。因此，温度被认为是影响沼气产量的重要因素。研究表明，在10~60℃的温度范围内，沼气能够正常进行发酵并产生气体。然而，如果温度低于10℃或高于60℃，微生物的生存和繁殖将受到严重抑制，从而影响沼气的产量。在这一温度范围内，一般来说，温度越高，微生物的活动越旺盛，沼气的产量越高。然而，微生物对温度变化的敏感性非常高，无论是突然的温度上升还是下降，都会对微生物的生命活动产生影响，进而影响沼气的产量。

通常，根据发酵温度的不同，可以将沼气发酵分为三个区间：46~60℃的高温发酵（thermophilic fermentation），28~38℃的中温发酵（mesophilic fermentation），以及10~26℃的常温发酵（normal temperature fermentation）。如农村沼气池通常依靠自然温度进行发酵，因此属于常温发酵。尽管常温发酵的温度范围较广，但在10~26℃的范围内，温度越高，沼气的产量也越高。这就是选择常温发酵的发酵装置（如沼气池）在夏季时，尤其是7月份气温最高的时候，产气量会大幅增加，但在冬季，尤其是1月份气温最低的时候，产气量会大大减少，甚至不产气的原因。因此，选择常温发酵的沼气发酵装置，应在冬季采取良好的保温措施，以保证沼气的正常生产。

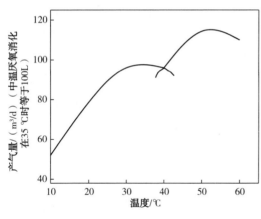

图6-2　发酵温度对产气率的影响

6.2.2.5 适宜的酸碱度

沼气微生物的生存和繁衍需要发酵原料的酸碱度保持在中等或微偏碱性，过酸或过碱都会对产气产生影响。研究表明，当酸碱度（pH）在6到8之间时，均可以产生气体，其中pH值为6.5到7.5时产气量最高，而当pH值低于6或高于9时则不会产生气体。

在沼气发酵装置的初期发酵阶段，由于产酸菌的活动，池内会生成大量的有机酸，导致pH值下降。然而，随着发酵的持续进行，氨化作用会产生NH_3中和部分有机酸，同时甲烷菌的活动会将大量的挥发酸转化为CH_4和CO_2，从而使pH值逐渐回升至正常水平。因此，在正常的发酵过程中，沼气池内的酸碱度变化可以自然调节，先由高到低，然后再升高，最后达到一个恒定的自然平衡（适宜的pH值），通常无须人为干预。只有在配料和管理不善，导致正常发酵过程被破坏的情况下，才可能出现有机酸大量积累，使发酵料液过酸（简称为酸化）。在这种情况下，可以取出部分料液，加入等量的接种物，将积累的有机酸转化为 CH_4，或者添加适量的草木灰或石灰澄清液等碱性物质来中和有机酸，以使酸碱度恢复到正常水平。

6.2.2.6 适度的发酵浓度

沼气发酵装置的运行负荷常以容积有机负荷衡量，其是指单位体积沼气发酵装置每天所能承受的有机物数量，通常以 kg-COD/（m^3·d）作为单位（COD 为化学需氧量）。容积负荷是沼气池设计和运行过程中的关键参数，主要由厌氧活性污泥的数量和活性决定。

在沼气发酵装置的运行过程中，负荷通常以发酵原料的浓度表示。适宜的干物质浓度范围为 4%~10%，也就是说，发酵原料的含水量应在 90%~96% 之间。如果浓度过高或过低，都会对沼气发酵产生不利影响。当浓度过高时，含水量会相对减少，发酵原料不易被分解，而且容易积累大量的酸性物质，不利于微生物的生长和繁殖，从而影响沼气的正常产生。而当浓度过低时，含水量会过多，单位体积内的有机物含量相对减少，同样也会导致产气量减少，不利于沼气发酵装置的充分利用。

因此，为了保证沼气发酵装置的正常运行和高效利用，需要控制好发酵原料的浓度，使其保持在适宜的范围内。同时，还需要定期检查发酵装置的运行状态，包括污泥的数量和活性，以及发酵原料的浓度，及时进行调整，以确保发酵装置能够持续、稳定地产生沼气。

6.2.2.7 持续搅拌

在静态发酵中，发酵原料加水混合后，与接种物一起投进沼气发酵装置后，按其密度和自然沉降规律，从上到下将明显地逐步分成浮渣层、清液层、活性层和沉渣层（图 6-3），这对微生物以及产气很不利，将导致原料和微生物分布不均。此时，大量的微生物集聚在底层活动，因为此处接种污泥多、厌氧条件好，但原料缺乏，尤其是用富碳秸秆做原料时，原料更易漂浮到料液表层，不易被微生物吸收和分解，同时形成的密实结壳，不利于沼气的释放。为了改变这种不利状况，需要采取搅拌措施，变静态发酵为动态发酵。

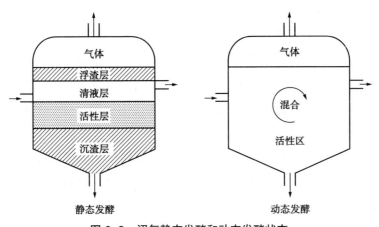

图 6-3 沼气静态发酵和动态发酵状态

实践证明，适当的搅拌方法和强度可以使发酵原料分布均匀，增强微生物与原料的接触，使微生物获取营养物质的机会增加，活性增强，生长繁殖旺盛，从而提高产气量。搅拌又可以打碎结壳，提高原料的利用率及能量转换效率，并有利于气泡的释放。搅拌后，平均产气量可提高 30% 以上。沼气发酵装置的搅拌通常可分为机械搅拌、气体搅拌和液体搅拌三种方式（图 6-4）。机械搅拌是通过机械装置运转达到搅拌目的，气体搅拌是将沼气从发酵装置底部充入，产生较强的气体回流，达到搅拌的目的；液体搅拌是从沼气发酵装置的出口将发酵液抽出，然后从进料管充入发酵装置内，产生较强的液体回流，从而达到搅拌的目的。

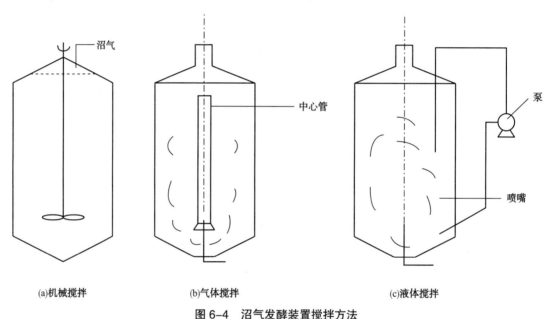

(a)机械搅拌　　　　　　　(b)气体搅拌　　　　　　　(c)液体搅拌

图 6-4　沼气发酵装置搅拌方法

6.2.2.8　毒性物质或添加剂

1.沼气发酵毒性物质

沼气发酵微生物的生命活动会受到很多物质的影响。当沼气发酵装置中挥发性有机酸浓度过高时，对发酵有抑制或毒害作用；当氨态氮浓度过高时，对发酵细菌有抑制或杀伤作用；许多农药也对微生物具有极强的毒杀作用，即使微量农药也极有可能完全破坏沼气发酵的正常进行。因此，这些毒性物质的浓度不能超过某一个临界值，如表 6-5 所示。很多盐类，特别是金属离子，如汞、银、铅、铜等大多数重金属元素对细菌都有很强的毒性，超过一定浓度时都会强烈地抑制沼气发酵。因此，沼气发酵料液中应当避免有毒物质的进入。一般情况下，沼气发酵原料中不会含大量的有毒物质，但是在施用农药或防疫时可能会造成较多的农药进入原料。另外，也可能由于进料不当而投入了对沼气发酵有抑制作用的大蒜、桃叶、马钱子、解放草或被毒死的畜禽等。

表 6-5　部分有机杀菌剂和抗生素的允许质量浓度　　　　　　mg/L

化合物	允许质量浓度	化合物	允许质量浓度
苯酚	1000	烷基苯磺酸	50
甲苯	500	青霉素	5000
五氯粉	10	链霉素	5000
甲酚（来苏儿）	500~1000	卡那霉素	5000

2. 沼气发酵添加剂

添加剂是能够促进原料分解，提高产气量的各种物质的统称，其种类较多，包括水解酶类、无机物和有机物。在进料时或在沼气发酵装置中添加一定数量的水解酶可以将原料的利用率和产气量提高约 20%，主要原因在于其提高了原料的分解效率。用纤维素酶为主的水解酶预处理秸秆，可以大幅提高产气速度。直接添加产多种水解酶的黑曲霉，也可以提高产沼气的能力。但是，在沼气发酵过程中，蛋白酶量多、活性高，会影响正常的沼气发酵，降低沼气产气速率和产气量，原因可能在于，在蛋白酶的催化作用下，纤维素酶、淀粉酶、脂肪酶等其他水解酶被分解，从而影响了对原料的利用。

适量的碱金属元素和碱土金属元素对沼气发酵有刺激作用。在以牛粪为原料的沼气发酵中，适量添加尿素能够得到较高的产气速度、较高的产气量（约为 257L/t- 干物质）和原料分解率（约为 36.92%）。添加油饼作为氮源时，能够提高沼气质量，所产的沼气中的 CH_4 和 H_2 含量增加。在沼气发酵中添加活性炭粉产气量可以提高 2~4 倍，当碳质量浓度为 500~4000mg/L 时，产气量与添加浓度成比例增加，并且沼气中的 CH_4 含量增加。

近年来，还发现生物炭对厌氧发酵有促进作用，可增强沼气发酵装置的稳定性，并提高产气率。生物炭添加的影响主要表现在以下几个方面。

（1）提高产气效率。生物炭具有高度多孔的结构、较大的比表面积和丰富的表面官能团，这些特点使其具有较强的吸附性能。在厌氧发酵过程中，生物炭可以吸附并去除发酵液中的有害物质，如氨氮等，从而降低有毒物质对厌氧微生物的抑制作用，提高发酵产气效率。

（2）改善发酵环境。生物炭的加入可以调节发酵系统的 pH 值，使其保持在适宜的范围之内，有利于厌氧微生物的生长和繁殖。此外，生物炭还具有较好的缓冲作用，能够稳定发酵环境的酸碱度，减少酸碱波动对厌氧发酵的影响。

（3）促进微生物生长。生物炭可以作为微生物的附着基质，为微生物提供生长和繁殖的场所。同时，生物炭表面的官能团可以与微生物细胞膜上的官能团发生相互作用，增强微生物的附着力和生长活性，从而促进厌氧发酵过程。

（4）提高抗冲击负荷能力。生物炭的加入能够提高厌氧发酵系统对有机物负荷的适应能力，使其在面临较高负荷波动时仍能保持稳定的运行性能。这主要是由于生物炭的吸附作用能够缓解有机物对微生物的抑制作用，提高系统的抗冲击负荷能力。

6.2.3 沼气发酵工艺

沼气发酵工艺是指通过沼气发酵微生物生产沼气的技术和方法。由于沼气发酵原料多种多样，沼气发酵微生物类群复杂，因而沼气发酵工艺类型较多，通常按发酵温度、投料方式、发酵浓度、发酵级数等进行分类。

6.2.3.1 按发酵温度划分

沼气发酵可在 10~60℃ 范围内进行，根据微生物对温度的适应性，分为常温、中温和高温发酵。常温发酵在自然温度下进行，温度波动较大，一般夏季产气快，冬季慢或不产，当气温低于 8℃ 时停止产气。此法无须控温、设备简单、投资少、易管理，农村沼气池或常年气温较高的地区常用此种发酵方式。中温发酵在 28~38℃ 进行，通常控温在（35±2）℃，产气稳定，全年可正常进行，比高温发酵略慢、能耗低。高温发酵在 50~60℃ 间进行，适宜高温微生物，通常发酵温度设定为（53±2）℃，其代谢快、产气量速率高，能杀病菌虫卵，但能耗大，适合处理高温废水如酒厂废液等。

6.2.3.2 按投料方式划分

根据投料方式，沼气发酵可分为连续、半连续和批量发酵。连续发酵是指启动后，连续加原料并排出相同体积料液，保持稳定发酵，其适用于能稳定供料的地方，如大型养殖场。半连续发酵是指启动时投入较多原料，达到预定浓度，待正常发酵后，定期加新原料并排出发酵料液，维持稳定发酵。我国的农村沼气池常采用此工艺。批量发酵是指一次投入原料，发酵期间不加新料，待发酵完成后，取出料液或残留物，重新投入新料开始下一次发酵。批量发酵的产气率不稳定，适用于原料产气率测定、研究或城市生活垃圾处理等。

6.2.3.3 按发酵浓度划分

根据发酵料液干物质浓度，沼气发酵可以分为低浓度发酵、高浓度发酵和干发酵三种。低浓度发酵是指发酵料液的干物质浓度在 10% 以下，也称为湿式发酵，大多数沼气工程通常采用这种工艺。高浓度发酵是指发酵料液的干物质含量在 10%~20%，需要较高的工艺控制条件。干发酵也称固体发酵，发酵料液的干物质含量在 20% 以上，与农村堆沤肥的方法相似，由于出料困难，不容易实现连续或半连续发酵，通常只在批量发酵中采用。

6.2.3.4 按发酵级数划分

沼气发酵类型有单级、两级和多级。单级沼气发酵是指整个沼气发酵在一个沼气发酵装置中完成。采用这种工艺的沼气发酵装置结构简单、运行管理较方便、建设和管理的投资较低，目前是我国最常见的沼气发酵类型。两级沼气发酵是指由两个沼气发酵装置串联而成，第一个发酵装置供消化，主要用于产气，产气量为总产气量的 80%，而第二个发酵装置对有机物质进行较为彻底的分解。多级沼气发酵与两级发酵相似，发酵原料经过三级、四级甚至更多级的发酵，更为彻底地被利用。但多级发酵一般较少采用。

6.2.4　用于生物天然气生产的大中型沼气工程

6.2.4.1　大中型沼气工程发展背景

沼气工程最初是指以粪便、秸秆等废弃物为原料、以沼气生产为目标的系统工程。我国的沼气工程建设起始于 20 世纪 60 年代，历经近半个世纪的发展，沼气工程从最初的单纯追求能源生产，拓展为以废弃物厌氧发酵处理为手段、以资源和能源回收为目标，最终实现沼气、沼液和沼渣的综合利用。20 世纪 90 年代中期，规模化畜禽场污染问题日益受到关注，特别是近年来随着我国经济的发展和人民生活水平的提高，我国的畜牧养殖业得到了迅猛发展，牛、猪、羊和家禽等的存栏量一直呈现上升趋势。

近年来，畜牧养殖业的快速发展在满足人民生活需求和促进农村经济发展的同时，也排放了大量的畜禽粪便。目前，畜禽粪污排放总量近 40 亿吨 /a，农作物秸秆总量约 10 亿吨。畜禽养殖场粪污排放 COD 已超过工业废水和生活污水的总和，这些畜禽粪便如不妥善处理，将破坏农田生态环境、污染水体和空气、传播疾病，带来一系列的环境、卫生问题，严重影响周围居民生活。而畜禽粪便具有很好的可生化降解性，蕴含大量的生物质能。在环境污染和能源短缺日益严重的情况下，有效利用生物质能源，对实现环境、能源和经济的可持续发展具有重要意义。

沼气工程是处理畜禽粪便的一种有效方法，其通过厌氧消化技术对畜禽粪便进行处理，产生沼气、沼渣和沼液，实现了畜禽粪便的无害化、减量化和资源化。沼气是一种高品质清洁能源，可用于炊事、取暖和发电等，沼气的开发利用能够有效改善我国农村的能源结构，解决因燃烧秸秆和薪柴等造成的森林覆盖率降低、土壤肥力下降、水土流失等问题。沼渣和沼液是优质有机肥料，不仅可减少化肥和农药的使用量，还可改良土壤，提高作物产量、品质和抗寒抗病能力。根据 NY/T 667—2011《沼气工程规模分类》的定义，大中型沼气工程指沼气发酵装置单体装置容积和总体容积均在 $300m^3$ 以上的沼气工程，且具有完善的原料预处理系统、进 / 出料系统、增温保温系统、回流和搅拌系统、沼气净化 / 储存 / 输配 / 利用系统及沼渣和沼液综合利用或后处理系统。大中型沼气工程的建设极大地促进了我国种植业和养殖业的发展，提高了农民收入，改善了农村能源结构和生态环境，也有力地促进了我国的社会主义新农村建设。

6.2.4.2　大中型沼气工程的类型

根据沼气工程的单体装置容积、总体装置容积、日产沼气量和配套系统的配置 4 个指标可将沼气工程的规模分为特大型（厌氧消化装置单体容积超过 $2500m^3$，总体容积超过 $5000m^3$）、大型（厌氧消化装置单体容积为 $500{\sim}2500m^3$，总体容积为 $500{\sim}5000m^3$）、中型（厌氧消化装置单体容积为 300~500m³，总体容积为 300~1000m³）和小型（厌氧消化装置单体容积为 20~300m³，总体容积为 20~600m³）。

根据沼气工程的运行温度、最终目标和原料种类，大中型沼气工程可分为不同的类型，如表 6-6 所示。

表 6-6　大中型沼气工程类型

沼气工程类型	按发酵温度	常温（变温）发酵型
		中温（35℃）发酵型
		高温（54℃）发酵型
	按工程目的	能源生态型
		能源环保型
	按原料种类	处理食品工业有机废水工程型
		处理畜禽粪污工程型
		处理其他工业有机废水工程型

6.2.4.3　典型厌氧反应器的结构与工作原理

1. 全混式反应器

全混式反应器（Continuous Stirred-Tank Reactor，CSTR）是在传统消化器（反应器）中添加了搅拌设备，使发酵原料和微生物达到完全混合的状态。相比传统厌氧消化器，全混式消化器使活性区域遍布消化器，从而提升了效率，因此也被称为高速消化器。这种消化器通常采用恒温连续或半连续投料运行，适合处理高浓度和含大量悬浮固体原料的场合，如污水处理厂的好氧活性污泥厌氧消化处理等。

在全混式反应器（图 6-5）中，新加入的原料在搅拌作用下迅速与发酵液混合，使发酵液底物浓度保持相对较低。而排出的料液与发酵液的底物浓度相同，且在出料时微生物也会一同排出，因此出料浓度一般较高。全混式消化器具有完全混合的流态，其水力停留时间（Hydraulic Retention Time，HRT）、污泥停留时间（Sludge Retention Time，SRT）、微生物停留时间（Microorganism Retention Time，MRT）相等，即 HRT=SRT=MRT。为了保持生长缓慢的产甲烷菌的增殖和流出速度平衡，需要较长的 HRT，通常需要 10~15d 或更长时间。在中等温度发酵时，其负荷为 3~4kg-COD/（m³·d），高温发酵时为 5~6kg-COD/（m³·d）。

全混式消化器的优点主要体现在如下几个方面：①可以进入高悬浮固体含量的原料；②消化器内物料均匀分布，避免了分层状态，增加了底

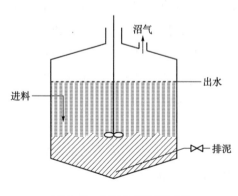

图 6-5　全混式反应器示意

物和微生物接触的机会；③消化器内温度分布均匀；④进入消化器的抑制物质，能够迅速分散，可保持较低的浓度水平；⑤避免了浮渣、结壳、堵塞、气体逸出不畅和短流现象。

全混式反应器的缺点主要有：①由于消化器无法做到在 SRT 和 MRT 大于 HRT 的情况下运行，所以需要消化器体积较大；②要有足够的搅拌，因而能量消耗较高；③生产用大型消化器难以做到完全混合；④底物流出该系统时未完全消化，微生物随出料而流失。

2. 塞流式反应器

塞流式反应器（Plug Flow Reactor，PFR）亦称推流式消化器，是一种长方形的非完全混合消化器，高浓度悬浮固体原料从一端进入，从另一端流出，原料在消化器内的流动呈活塞式推移状态。在进料端呈现较强的水解酸化作用，CH_4 的产生随着原料向出料方向的流动而增强。由于进料端缺乏接种物，所以要进行污泥回流。在消化器内应设置挡板，有利于运行的稳定，如图 6-6 所示。

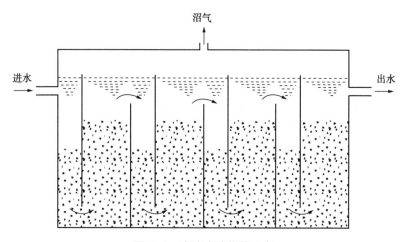

图 6-6　塞流式消化器示意

塞流式消化器最早用于酒精废醪的厌氧消化，河南省南阳市南阳酒精厂于 20 世纪 60 年代初期修建了隧道式塞流消化器，用来高温处理酒精废醪。发酵池温约为 55℃，投配率为 12.5%，滞留期为 8 天，容积产气率为 2.25~2.75m³/（m³·d），负荷为 4~5kg-COD/（m³·d），每 m³ 酒精度醪可产沼气 23~25m³（表 6-7）。塞流式消化器在牛粪厌氧消化上也有广泛应用，因牛粪质轻、浓度高、长草多、本身含有较多产甲烷菌、不易酸化，所以，用塞流式消化器处理牛粪较为适宜（表 6-8）。该消化器要求进料粗放，不用去除长草，不用泵或管道输送，使用绞龙或斗车直接将牛粪投入池内。采用总固体（TS）浓度为 12%，使原料无法沉淀和分层。生产实践表明，塞流式池不适用于鸡粪的发酵处理，因鸡粪沉渣多，易生成沉淀而形成大量死区，严重影响消化器效率。

表 6-7 酒精废醪厌氧消化结果

项目	悬浮固体（SS）		COD		生物需氧量（BOD）	
原料 pH 值	质量浓度 /（mg/L）	去除率 /%	质量浓度 /（mg/L）	去除率 /%	质量浓度 /（mg/L）	去除率 /%
进料	4.3	17000		45500		28000	
出料	7.6	1900	88.8	7000	84.6	2300	91.8

表 6-8 塞流式消化器与常规沼气池比较

池型及体积	温度 /℃	负荷 /[kg-VS/（m³·d）]	进料 TS 含量 /%	HRT/d	产气量 /（L/kg VS）	CH₄ 含量 /%
塞流式	25	3.5	12.9	30	364	57
38.4m³	35	7	12.9	15	337	55
常规池	25	3.6	12.9	30	310	58
35.4m³	35	7.6	12.9	15	281	55

塞流式消化器的优点有：①不需搅拌装置、结构简单、能耗低；②除适用于高 SS 废物的处理外，尤其适用于牛粪的消化；③运转方便、故障少、稳定性高。

塞流式消化器的缺点主要有：①固体物可能沉淀于底部，影响消化器的有效体积，使 HRT 和 SRT 降低；②需要固体和微生物的回流作为接种物；③因该消化器面积 / 体积的比值较大，难以保持一致的温度，效率较低；④易产生结壳。

3. 升流式厌氧污泥床反应器

升流式厌氧污泥床（Upflow Anaerobic Sludge Bed，UASB）是目前发展最快的消化器之一，其特征是自下而上流动的污水流过膨胀的颗粒状的污泥床。消化器分为三个区，即污泥层、悬浮层和三相分离区，如图 6-7 所示。分离器将气体分流并阻止固体物漂浮和冲出，使 MRT 比 HRT 大大增长，产甲烷效率明显提高。污泥床区平均只占消化器体积的 30%，但 80%~90% 的有机物在此处被降解。该工艺将污泥的沉降和回流置于同一个装置内，降低了造价，在国内外已被大量用于低 SS 废水的处理，如废酒醪滤液、啤酒废水、豆制品废水等。

UASB 的优点主要体现在：①除三相分离器外，消化器结构简单，没有搅拌装置及填料；②较长的 SRT 及 MRT 使其实现了很高负荷率；③颗粒污泥的形成使微生物天然固定化，增加了工艺的稳定性；④出水 SS 含量低。

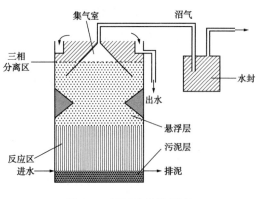

图 6-7 UASB 结构示意

UASB 的缺点主要有：①需要安装三相分离器；②需要有效的布水器，使进料能均匀分布于消化器底部；③要求进水 SS 含量低；④在水力负荷较高或 SS 负荷较高时易流失固体和微生物，运行技术要求较高。

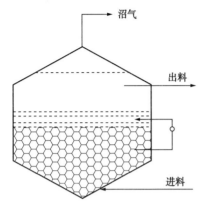

图 6-8 升流式固体反应器示意

4. 升流式固体反应器

升流式固体反应器（Upflow Solid Reactor，USR）是一种简单的反应器，能自动形成比 HRT 更长的 SRT 和 MRT，未反应的生物固体和微生物靠自然沉淀滞留于反应器内，可进入高 SS 原料，如畜禽粪水和酒精废液等，而且不需要出水回流和气－固分离器，如图 6-8 所示。将 USR 用于鸡粪废水的中温厌氧消化，负荷达 10.5kg-COD/（$m^3 \cdot d$），产气率达 4.9m^3/（$m^3 \cdot d$），在 HRT 为 5d 的情况下，SRT 可达 24.5d。该反应器适用于高 SS 原料，应用前景广阔。

5. 厌氧滤器

厌氧滤器（Anearobic Filter，AF）多用纤维或硬塑料作为支持物，使细菌附着于表面形成生物膜。当污水穿流过生物膜时，有机物被细菌利用而生成沼气。AF 可以选择在厌氧滤器的不同高度不同方向进水，水流方向可以升流或降流，可使反应器在水力和有机负荷冲击下的稳定性增强，有机废水 COD 去除率增加，同时使可溶性污水快速转化。AF 可以考虑用于两阶段厌氧消化（酸化阶段和产甲烷阶段）中的甲烷化阶段，但它不适用于高 SS 含量的进料，因为后者能很快堵塞该系统。AF 的结构示意如图 6-9 所示。

AF 的优点在于：①低操作费用、不需要搅拌；②效率较高、消化器体积可缩小；③微生物固着在惰性介质上，MRT 相当长，微生物浓度高，运转稳定；④更能承受负荷的变化。

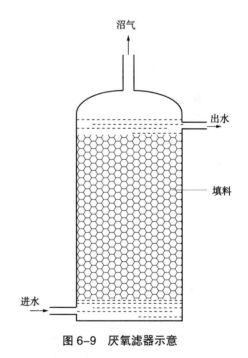

图 6-9 厌氧滤器示意

AF 的缺点主要体现在：①填料的费用较高，可达总造价的 60%；②由于微生物的积累，增加了运转期间料液的阻力；③易发生堵塞和短路；④通常需要较长的启动期。

6. 厌氧反应器比较

五种常见厌氧反应器的比较如表 6-9 所示。

表 6-9　五种厌氧反应器的比较

类别	CSTR	UASB	USR	PFR	AF
原料范围	所有类型有机原料	高 COD 污水	猪粪	牛粪	低固体含量原料
原料 TS 体积分数 /%	5~13	< 2	3~5	10~13	< 1
应用区域	全国各地	中部、南部	中部、南部	全国各地	中部、南部
水力停留时间 /d	10~30	1~5	8~15	8~15	1~5
单位能耗	低	高	中	低	高
单位池容 /m³	300~3000	200~3000	200~2000	100~500	100~500
操作难度	中等	中等	中等	容易	容易
产气率 / [m³/ (m³·d)]	0.8~5.0	0.3~0.8	0.4~1.2	0.3~0.5	0.3~0.8

6.3 沼气提纯技术与工艺

6.3.1　沼气提纯概述

沼气主要的有效成分为 CH_4，其体积分数可占沼气总体积的 50%~70%。沼气中还存在 CO_2，体积分数一般为 30%~50%。沼气中 CH_4 和 CO_2 的相对含量主要取决于发酵底物的性质和反应器的 pH 值。除这两种气体外，沼气中还含有其他杂质气体，如 N_2，其体积分数为 0~3%；水蒸气（H_2O）的体积分数为 5%~10%，O_2 的体积分数为 0~1%；H_2S 的浓度为 0~10%，主要来源于硫酸盐或硫元素的还原；NH_3 来源于蛋白质类、氨基酸或尿液等物质的降解；此外，还有烃类物质，质量浓度为 0~200mg/m³，硅氧烷的质量浓度为 0~41mg/m³。

在标准温度和压力下，CH_4 的低位热值为 35.88MJ/Nm³–CH_4。因此，沼气中的 CO_2 或 N_2 含量越高，沼气的热值就越低。对于 CH_4 含量在 60%~65% 范围内的沼气，其低位热值为 20~24MJ/Nm³。H_2S 和 NH_3 具有毒性和极强的腐蚀性，在燃烧过程中产生的 SO_2 会损害热电联产（Combined Heat and Power，CHP）单元和金属部件。此外，在燃烧过程中，硅氧烷会生成黏性残留物，沉积在沼气燃烧发动机和阀门上，导致功能异常。因此，即使在较低的浓度下，硅氧烷的存在也会产生一定的问题。

生物天然气制取的第一步称为沼气净化，包括去除有害和／或有毒化合物［如 H_2S、硅氧烷、挥发性有机化合物（VOCs）、CO 和 NH_3］。然而，实际上主要针对的仍是 H_2S。除了可采用传统的湿法脱硫或干法脱硫外，许多沼气工程也采用了基于好氧硫酸盐氧化细菌生物氧化 H_2S 的去除单元。生物天然气制取的第二步称为沼气升级或沼气提纯（Biogas Upgrading），旨在提高沼气的低位热值，从而将其转化为更高品位的燃料。如果提纯后的沼气被净化到类似天然气的规格，最终气体产品称为生物甲烷或生物天然气。目前，天然气组成的规格取决于国家法规，在大部分国家要求 CH_4 含量超过 95%。

需要注意的是，在沼气提纯过程中，沼气中的 CO_2 要么被去除，要么通过与 H_2 反应转化为 CH_4。目前，沼气提纯有多种技术可供选择。

6.3.2　基于物理化学方法的沼气提纯技术

沼气提纯技术按照 CO_2 分离位置关系可分为原位沼气提纯（in-situ biogas upgrading）和异位沼气提纯（ex-situ biogas upgrading）。现阶段使用较多的是异位沼气提纯模式，主要有高压水洗、化学吸收、膜分离、变压吸附、冷冻分离等物理及化学方法。相关沼气技术的优缺点对比如表 6-10 所示。

表 6-10　主要沼气提纯技术的优缺点对比

技术	优点	缺点
变压吸附法	高 CH_4 浓度（95%~99%）；可同时去除原沼气中的水分；低能耗、低气体损失；安装快，启动容易	高投入、高操作费用，需提前脱硫处理；吸附剂需提前脱水处理；易被沼气中的杂质成分污染；高 CH_4 损失
高压水洗法	>97% 的 CH_4 浓度；可同时去除 CO_2 和 H_2S；无须特别处理；不需要化学药剂；耐杂质污染性；水可以再生回用	高投入、高操作费用、低效率；不同进气条件下灵活性差；过程缓慢；操作压力高导致电能耗大；即使水可以再生回用但水量依然较大；由于微生物生产，填料易被堵塞；设备易被 H_2S 腐蚀
有机溶剂洗涤法	>97% 的 CH_4 浓度；可同时去除有机物、杂质等（如 H_2S，NH_3，HCN，H_2O）；低 CH_4 损失	操作复杂、操作费用高、投资高；小规模应用时费用高；需要较高能耗再生溶剂；溶液昂贵，难处理；若 H_2S 未提前去除，溶剂再生困难
化学吸收法	>99% 的 CH_4 浓度；操作费用低；可在常压下同时去除 H_2S；高 CO_2 选择分离性；低 CH_4 损失率；过程比高压水洗快且吸收剂易再生	高投资且需要大量热能再生吸收剂；吸收剂的腐蚀性和易分解性；废弃化学吸收剂需要处理
膜分离法	操作费用和投资费用低的条件下达到 CH_4 回收率>96%；占地面积小；易操作且无毒害化学品；快速安装、能耗低等	为获取高纯度 CH_4，需要多级膜分离过程；单级分离时 CH_4 回收率低；膜选择性低；不适合高纯度需要；提纯单位体积沼气电能消耗高
低温冷冻分离法	CH_4 浓度>98%；可同时获得高纯度 CO_2 或干冰；可在低能耗和费用下获得液化生物 CH_4；环境友好、不需要化学品	高投资、高操作费用、高能耗；使用不同种类昂贵设备

面对能源紧缺，全球环境恶化等问题，需要开发更多的符合特定沼气工程实际的沼气提纯技术，除满足更低的操作费用和减少投资外，同时也需要在沼气提纯时考虑该过程的温室气体排放和碳封存或固定等问题。因此，沼气提纯工艺在未来不仅具有重要的能源效益，还具有特殊的环境效益。虽然现阶段已存在多种不同的沼气提纯技术，但是对于其高能耗和高操作费用，还有待对各项技术进行深入研究。如在高压水洗过程中使用更耐腐蚀和不易被微生物生长所污染的填料、多级水洗降低 CH_4 损失率和再生水回用，或者在此过程中利用含化学吸收剂的废水替代纯水等。在变压吸附过程中，通过对吸附材料的改性，增加吸附剂的表面积并能够轻易吸附如 CO_2 等酸性气体分子；改变吸附剂的孔径，使其能够对 CO_2 和 CH_4 有更好的选择分离特性；使吸附材料更容易在低能耗下再生和具备更好的水汽去除能力。与吸附过程类似，有机溶剂吸收技术也一直在进行吸收剂的改性和过程优化。膜分离技术的创新研发重点则主要在膜材料和膜过程领域，通过对膜材料的改性和膜过程的优化，使之达到更好的机械性能、耐腐蚀性、高的选择分离性等。化学吸收法 CO_2 分离技术也在化学吸收剂、吸收过程的优化等方面进行了深入研究。

除对传统的 CO_2 分离技术进行深入研究外，还开发出了新型沼气提纯技术，如采用生物法对沼气进行提纯，其主要是基于厌氧发酵产沼气机理中的嗜氢产 CH_4 过程，通过嗜氢产 CH_4 菌在氢气存在的条件下将 CO_2 转化为 CH_4，该过程可使 CH_4 体积分数提升到 98% 以上。沼气中 CO_2 也可以在微藻生长过程中被微藻吸收利用，进而达到沼气提纯的目的。研究者还利用废弃的灰渣中含碱性物质分离沼气 CO_2，同时使 CO_2 固定在灰渣中，并减少灰渣利用过程中的碱性对植物带来的危害。由于上述新型沼气提纯技术还暂未得到商业化应用，因而本书仅针对主流沼气提纯技术进行简要的总结。

6.3.2.1 高压水洗

高压水洗（Pressurized Water Scrubbing，PWS）是最常用的沼气净化和提纯技术之一，如图 6-10 所示。该过程可同时将 CO_2 和 H_2S 从沼气中分离，相比于 CH_4，CO_2 和 H_2S 在水中的溶解度较高。根据亨利定律，25℃时 CO_2 在水中的溶解度大约是 CH_4 的 26 倍。该工艺中，沼气被加压（0.6~1MPa，最高 40℃）并从底部注入吸收塔，而水从顶部喷入，气液逆流反应。吸收塔中装满填料，以增加气液质量传递。生物甲烷/生物天然气从吸收塔顶部释放，而含有 CO_2 和 H_2S 的水相被循环到闪蒸塔中，将压力降低到 0.25~0.35MPa，并回收一些溶解在水中的 CH_4。根据水的再利用需求，商业上有两种可用的方法：①单级洗涤，可使用污水处理厂提供的污水；②再生吸收，即在大气压力和空气吹扫作用下，在解吸塔（也称再生塔）中去除水中的 CO_2 和 H_2S，实现水的循环使用。然而，在沼气中含高浓度 H_2S 的情况下，使用闪蒸及空气吹扫解吸过程中，应避免因空气导致的单质硫生成，进而导致堵塞等操作问题。高压水洗过程对水的需求量非常大，因此水的循环再生使用非常重要。提纯 1000Nm³/h 原始沼气所需水流量一般为 180~200m³/h。经过干燥步骤后，生物天然气中的 CH_4 最高可达到 99% 的纯度。

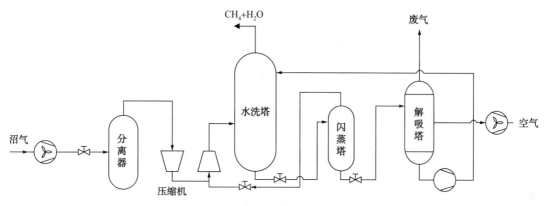

图 6-10　高压水洗技术工艺流程

6.3.2.2　有机溶剂物理吸收

有机溶剂物理吸收技术（organic solvent-based physical absorption process）原理类似于高压水洗法，不同之处在于，其采用有机溶剂而非水来吸收 CO_2 和 H_2S。与水相比，有机溶剂具有更高的 CO_2 溶解度，例如 $Selexol^{®}$ 的 CO_2 吸收能力是水的 3 倍。而有机溶剂的 CO_2 溶解度越高，在相同的 CO_2 脱除量条件下，所需的吸收剂量越小，因而系统的吸收剂循环量越小，进而使得沼气提纯设备规模更小，循环泵的功率更低。然而，由于 CO_2 在有机溶剂中的高溶解度，有机溶剂的再生过程也会面临挑战。此外，H_2S 的溶解度也远高于 CO_2 的，因此再生过程中需要提高温度以便分离 H_2S。显然，沼气中 H_2S 浓度越高，所需温度越高。

在采用有机溶剂吸收工艺中，一般考虑先进行脱硫处理，再将沼气压缩至 0.7~0.8MPa，并冷却至 20℃ 左右，随后从吸收塔底部注入。类似地，从塔顶添加有机溶剂前，也需要降低温度，因为温度会影响亨利常数。CO_2 吸收后，通过将有机溶剂加热至 80℃，并在压力降至 0.1MPa 的解吸塔中完成再生。采用该技术制备生物天然气时，CH_4 的最终含量可达到 98%。

6.3.2.3　化学吸收法

典型的沼气化学吸收法（Chemical Absorption Process）提纯工艺流程如图 6-11 所示。沼气通过增压风机增压后，由吸收塔塔底进入，并与自顶部流入的化学吸收剂在填料吸收塔中进行直接接触。沼气中的 CO_2 和 H_2S 等酸性气

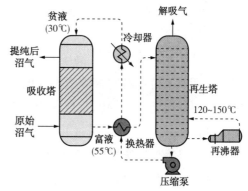

图 6-11　典型的化学吸收法沼气提纯过程

体与吸收剂发生化学反应而被吸收，从沼气进入吸收剂中，达到 CO_2 吸收的目的。由于是常压反应，因此 CH_4 在吸收剂中的溶解度很低，吸收塔顶部出口气体中 CH_4 体积分数可高达 99%，且 CH_4 回收率高，CH_4 损失可忽略不计。吸收 CO_2 后的富 CO_2 吸收剂溶液（简称富液）通过富液泵输送到换热器中，与解吸塔底引出的高温贫 CO_2 吸收剂溶液（简称贫液）进行换热，升温后的富液由解吸塔顶进入，并在其中释放出 CO_2。CO_2 释放后的贫液在贫富液换热器中降温后再次进入吸收塔，完成一个吸收 – 解吸循环。

在化学吸收法工艺中，通常以醇胺作为 CO_2 吸收剂，如乙醇胺（MEA）、二乙醇胺（DEA）、三乙醇胺（TEA）、二甘醇胺（DGA）、N- 甲基 – 二乙醇胺（MDEA）和哌嗪（PZ）等。CO_2 吸收进入吸收剂溶液的过程，既有物理过程也有化学反应。CO_2 需要在分压梯度驱动下由气相扩散到液相中，穿过气液界面与液相中的吸收剂发生化学反应，主要反应为氨基甲酸化途径或碳酸氢化途径。而 CO_2 进入化学吸收剂溶液属于物理扩散过程，因此根据亨利定律，化学反应的存在有利于减少溶液中 CO_2 分子数量和 CO_2 分压，进而保持气液界面的 CO_2 浓度梯度。当溶液中吸收剂分子吸收 CO_2 达到饱和后，溶液中 CO_2 分压迅速增加，CO_2 吸收速率减少直到停止。化学吸收法可获得体积分数 > 99% 的 CH_4，且具备操作费用低、可在常压下同时去除 H_2S、高 CO_2 选择分离性、低 CH_4 损失率、过程比高压水洗快等优点。其中，减少 CH_4 损失率有利于减少温室气体的排放，分离出的高纯度 CO_2，有利于其后期利用或实现 CO_2 的封存。但需要注意的是，现有吸收剂普遍存在高 CO_2 吸收速率与低 CO_2 再生能耗难以同时存在的"跷跷板效应"，即当 CO_2 吸收速率高时，吸收剂富液的再生能耗也高，如典型的 MEA 吸收剂；而吸收剂富液的再生能耗低时，CO_2 吸收速率也较低，如 MDEA 或 K_2CO_3 吸收剂。因此，目前关于化学吸收法技术的研究重点之一在于研发新型的复配吸收剂，从而同时满足高 CO_2 吸收速率与低 CO_2 再生能耗。同时，对化学吸收系统的余热进行回收利用，也有助于降低系统能耗。

6.3.2.4　变压吸附技术

变压吸附（Pressure Swing Adsorption，PSA）技术主要根据气体分子特性和吸附剂材料的亲和力，将沼气中的不同气体进行分离。吸附剂可以是碳分子筛、活性炭、沸石以及其他具有高比表面积的材料。变压吸附技术的主要原理是基于高压气体的特性，使其吸附到固体表面。因此，在高压下，大量气体将被吸附，而压力降低会导致气体释放。PSA 过程包括 4 个持续时间相等或不同的步骤，即吸附、吹扫、净化和增压（图 6-12）。首先，压缩沼气至 0.4~1MPa 后注入吸附塔，其中吸附剂材料可选择性地保留 CO_2、N_2、O_2、H_2O 和 H_2S，而 CH_4 能够流过并从塔顶部收集。在实际应用中，可安装多个吸附塔（通常为 4 个）以确保连续操作。吸附剂饱和后，气体流将继续流向下一个塔。在达到吸附饱和的塔中，吸附剂材料将通过解吸过程进行再生，可通过降低压力并释放所吸附的气体完成。从吸附塔中释放的气体混合物含有大量的 CH_4，因此，需要将其引导到变压吸附塔入口处进行回收。与之相反，H₂S的吸附通常是不可逆的，因此，在将沼气注入变压吸附塔之前，必须将其去除。PSA的优势在于设备紧凑，能量和资本投资成本较低，且便于安全操作。变压吸附可将沼气中的CH_4浓度提升至96%~98%，但可能会有高达4%的CH_4损失。

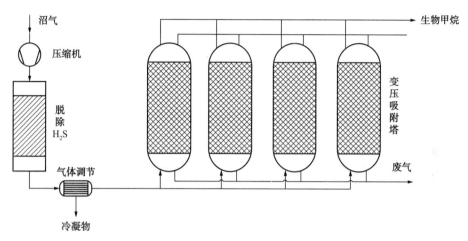

图6-12 变压吸附技术工艺流程

6.3.2.5 膜分离

膜分离（membrane separation）技术是一种极具竞争力的技术，可以替代传统的基于吸收的沼气提纯方法。该技术以膜的选择透过性为核心原理，能有效分离沼气中的各种组分。如沼气中的CH_4、N_2、H_2S、CO_2和H_2O可以根据它们的相对透过率，从慢到快依次分离。根据分离介质的不同，膜分离过程可以采用干法（气体/气体分离）或湿法（气体/液体分离）两种技术。在干法过程中，主要使用特定的聚合物膜，如醋酸纤维素和聚酰亚胺，这些材料可以分离CO_2和CH_4。膜的渗透性取决于气体的吸附系数和膜材料的性质，进而影响分离的选择性。相对分子质量较小的气体（如CO_2）通常凝结性较低，更容易透过膜。与其他聚合物膜相比，CO_2的扩散系数和溶解度较高，因此其渗透性更强。

在实际操作中，首先需要对沼气进行预处理，去除水分和H_2S等杂质，以防止腐蚀问题。然后，将沼气压缩至0.5~2MPa，送入膜组件进行分离（图6-13）。CO_2的分离效率与所使用的膜类型和材料密切相关。理想的膜在CH_4和CO_2之间应具有较大的渗透率差异，以降低CH_4损失并有效提纯沼气。目前，有4种主要的气体分离模式，分别为单级、双级带循环、双级带冲洗和三级带冲洗。单级配置简单、维护方便、运行成本较低；双级带冲洗中，离开膜级联B的沼气流被回流，与进料气体混合后，作为冲洗流进入膜级联A；三级带冲洗技术中，沼气流具有额外的级联，构成低压进料膜的富集和洗脱部分。膜分离技术中，CH_4的含量通常为95%，某些条件下可超过98%。干法与湿法的区别主要在于微孔膜的疏水性。湿法膜技术结合了膜和吸收法的优点，通过疏水膜分离进料气体和液体，气体分子可以透过膜，而液体则在相反方向流动，吸收 CO_2。液体可以在高温下再生，释放纯 CO_2，用于其他工业。但该技术的缺点是膜的成本较高且较脆弱，预计沼气净化膜的使用寿命一般在 5~10a。

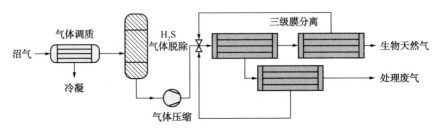

图 6-13　膜分离技术提纯沼气工艺流程

6.3.2.6　低温分离

低温分离技术通过逐步降低沼气温度，将 CH_4 与 CO_2 以及其他成分分离，如图 6-14 所示。该过程先将原始沼气干燥和压缩至 8MPa，再逐渐降温至 $-110℃$。在操作中，杂质（如 H_2O、H_2S、硅氧烷、卤素等）以及 CO_2 将逐渐被移除，获得近乎纯净的生物甲烷（>97%）。低温分离技术的投入和运营成本较高，且 CH_4 损失较大，因而目前应用范围有限。

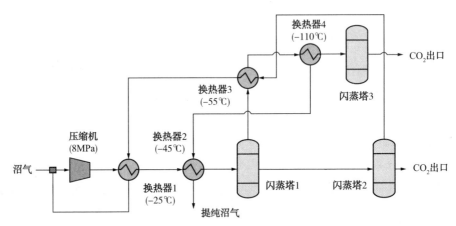

图 6-14　低温分离技术工艺流程

6.3.2.7　化学氢化反应

化学氢化反应沼气提纯技术主要是将沼气中的 CO_2 与 H_2 进行化学还原，从而将 CO_2 转化为高值产品。化学氢化过程的实现既可以采用生物方法，也可以基于 Sabatier 反应（CO_2 与 H_2 反应生成 CH_4 和水蒸气）进行化学还原。在化学氢化过程中，研究者已在高温（如 300℃）和高压（如 5~20MPa）条件下对多种催化剂进行了试验。由于催化剂的高选择性，实现 CO_2 与 H_2 的完全转化成为可能。然而，尽管该技术的效率较高，但仍存在一些缺点，如沼气中的痕量气体可能会影响其可持续性，甚至可能会损害催化剂，导致需要定期更换。此外，该过程的技术挑战还包括制造高效催化剂的原料稀缺，需要使用纯气体，以及维持操作条件所涉及的高能耗成本等。

6.3.2.8　甲烷原位富集法

甲烷原位富集主要是基于 CO_2 在水中的溶解度远远高于 CH_4 这一原理，通过将厌氧发酵液循环到一个单独的容器内脱除其溶解的 CO_2 后再返回厌氧反应器，从而直接产出高浓度 CH_4 的生物天然气生产工艺（图 6-15）。与传统沼气提纯技术相比，这种技术具有明显的成本优势。研究表明，当气体产率小于 $100m^3/h$ 的情况下，甲烷原位富集工艺的运行费用仅是传统沼气提纯技术的 1/3。

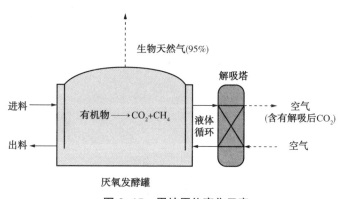

图 6-15　甲烷原位富集示意

6.3.3　基于生物法的沼气提纯技术

基于生物法的沼气提纯技术主要分为化学自养和光合两类。大多数相关技术已经过实验室验证，并且正在进行初步的示范运行或已处于全面应用中。这些技术最大的优势在于能在非常温和的条件下（如常压和适中的温度）将 CO_2 转换成高价值的产物。

6.3.3.1　化能自养法

化能自养型沼气提纯方法（图 6-16）是基于氢营养型甲烷菌的作用，这种细菌可以利用 H_2 将 CO_2 转化为 CH_4。为了确保生物提纯方法的可持续性，反应过程中所需的 H_2 应来源于可再生资源。随着对利用风能和太阳能等产生的过剩电力进行水解水制氢的关注日益增加，这一概念变得尤为重要。此方法不仅有助于存储风力涡轮机和光伏模块产生的多余能量，还催生了一种名为电力转燃气（Power to Gas，P2G）的新兴技术。太阳能和风能属于间歇性能源，在无光或无风时，需要一种方式储存和输送能量。尽管电池是储存电力的一种方式，但其存储能力有限、成本高昂，且往往需要使用有害和腐蚀性的材料。

利用可再生能源电解水，将水分解为 O_2 和 H_2。所产生的 H_2 作为一种自身具备能量载体的清洁能源，没有 CO_2 排放。然而，H_2 在实际应用中还面临一些挑战，如极低的体积能量密度，给储存带来困难。同时，将 H_2 作为运输燃料的开发仍在进行中。因此，将 P2G 技术用于将 H_2 转化为 CH_4 的方法显得格外具有吸引力，是结合了风能或太阳能技术与生物燃气技术。这一过程是将电能转化为化学能量载体的潜在途径，并且能够方便地储存在现有的天然气基础设施中。由于 CH_4（35.88MJ/m³）的单位体积能量密度显著高于 H_2（10.88MJ/m³）的，也使得 CH_4 更有利于作为能源储存的形式。

由于能源储存过程利用了沼气工程现有的设施，从而降低了初期投资成本。在化能自养过程中，CO_2 不是被分离或吸收，而是被转化为 CH_4，这显著提高了由风力或太阳能过剩能量生产的 CH_4 的能源价值。CH_4 辅助沼气提纯可以采取原位、异位和混合设计三种配置。到目前为止，原位和异位过程已通过实验得到验证，并且已有相关研究成果发表，而混合概念仍在开发中。

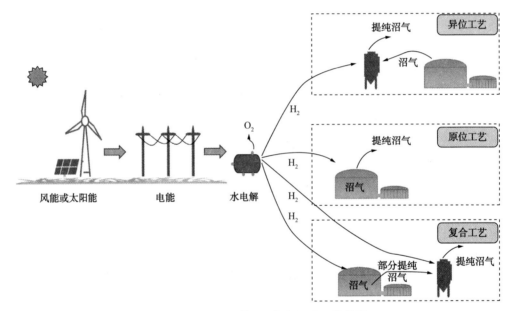

图 6-16　化能自养型沼气提纯法工艺简图

6.3.3.2　光能自养型

光能自养型沼气提纯技术提供了一种新的途径固定 CO_2，进而获得富含 CH_4 的气体。此种方法不仅能有效去除 H_2S，还能消耗掉大量的 CO_2。通过藻类等光合生物在封闭或开放的光生物反应器中进行反应，以达到 CH_4 回收率大于 97% 的效率。具体回收效率取决于反应器类型和所选藻的种类。

封闭系统展现出较高的光合效率以及较低的土地和水资源需求，但高投资成本和能源需求成为主要限制因素。而开放光生物反应器在建设和运行中需要的资源较高，但其光合 CO_2 吸收效率较低，对自然资源的需求较高。在沼气提纯过程中，沼气可以直接注入光生物反应器，或者通过外部吸收柱注入，其中微藻悬浮液从主罐循环。光自养微生物利用太阳能、水和营养物质有效地吸收 CO_2，产生生物质、氧气和热量，从而提高 CH_4 含量，满足现有气体中 CO_2 含量不超过 2%~6% 的规定。此外，此过程的附加好处在于其可产生活性生物质，从而可用于提取高附加值产品，或作为循环经济导向的沼气生产的原料，实现 CO_2 的有效转化。

在生物甲烷生产中，已利用了多种光合效率高的蓝细菌或微藻，如绿藻（Chlorella）、节旋藻（Arthrospira）和螺旋藻（Spirulina）等。需要注意的是，在此种技术中，除了消耗 CO_2 外，沼气中其他污染物的去除也同样重要。如固定 1mol CO_2 会释放 1mol O_2，这可能会降低纯微藻光生物反应器中光自养技术的效率，影响最终产品的组成。但是，通过使用不同的培养物，这一缺点可以被转化为优点。如混合微藻和硫氧化剂的菌群可以利用生成的 O_2 将沼气中的 H_2S 氧化为硫酸盐。这样，结合 CO_2 捕获和 H_2S 去除，生物甲烷的热值可以得到进一步提升。H_2S 的去除对于提高过程的可持续性也非常重要，因为即使在接近 0.01% 的浓度下，H_2S 也可能对微藻细胞产生毒性。同样，过多的 CO_2 可能导致 pH 值下降，从而减缓微藻的生长速率。此外，CH_4 和 O_2 组成的气体可被甲烷氧化菌用于生产单细胞蛋白。

需要注意的是，温度和溶解氧浓度等操作参数也会直接影响藻类的生长，从而间接影响提纯效率。光波长和强度对光自养生物群落的影响也非常显著，此时，利用人工 LED 光源可能比自然光源更具潜力，因为其可以通过调节光波长、光周期和强度获得最佳条件。

6.4　生物天然气应用案例

在全球范围内，沼气和生物天然气的产量约为 $700 \times 10^8 m^3$，其中欧洲的生物天然气产业处于世界领先地位，尤其是德国、瑞典、丹麦等国。截至 2019 年年底，欧洲拥有超过 1.8 万座沼气工程，年产沼气 $158 \times 10^8 m^3$。同时，生物天然气工程从 2011 年的 187 座增长至 2021 年的超过 1000 座，年产量达到 $36 \times 10^8 m^3$。例如，瑞典利用先进的沼气提纯技术，年产沼气约 $1.96 \times 10^8 m^3$，主要用于生产生物天然气。自 2004 年起，哥德堡等城市已实现生物天然气对居民燃气的全覆盖。瑞典是首个开发车用生物天然气的国家，生物天然气在车用燃气中占比达 91.3%。德国的沼气发电装机容量在 2020 年达 6500MW 以上，年发电量 14.5 亿 $kW \cdot h$，沼气发电的能量转化效率高，每立方米沼气可发电

$2.2kW \cdot h$。德国自2011年开始从沼气发电转向生物天然气并网。截至2020年，德国生物天然气生产厂家已超过200个，生物天然气年产量超过$110 \times 10^8 m^3$。根据欧盟的目标，到2030年，欧盟的生物天然气产量将达$350 \times 10^8 m^3$，并在2050年进一步提高。

自2015年起，我国沼气产业开始转型升级，一系列政策出台为生物天然气的发展奠定了基础。2016年，原中央财经领导小组在第十四次会议上提出，应以沼气和生物天然气为主要处理方向，力争在"十三五"期间基本解决大规模畜禽养殖场粪污处理和资源化问题。2017年，中央"一号文件"也强调了推动规模化大型沼气健康发展的重要性。2018年，《乡村振兴战略规划（2018—2022年）》提出了加快推进生物质热电联产、规模化生物质天然气和规模化大型沼气等燃料清洁化工程的目标。2019年，《关于促进生物天然气产业化发展的指导意见》中指出，到2025年，生物天然气具备一定规模，形成绿色低碳清洁可再生燃气新兴产业，生物天然气年产量超过$100 \times 10^8 m^3$。到2030年，生物天然气实现稳步发展，规模位居世界前列，年产量超过$200 \times 10^8 m^3$，占国内天然气产量一定比重。2022年，《"十四五"可再生能源发展规划》中也明确指出"加快发展生物天然气"：在粮食主产区、林业三剩富集区、畜禽养殖集中区等种植养殖大县，以县城为单位建立产业体系，积极开展生物天然气示范。统筹规划建设年产千万立方米级的生物天然气工程，形成并入城市燃气管网以及车辆用气、锅炉燃料、发电等多元应用模式。

在沼气提纯制备生物天然气方面，我国已研发出可商业化应用的提纯设备，涵盖了化学吸收、压力水洗、变压吸附等技术领域。其中，膜分离法、变压吸附法、压力水洗法和化学吸收法在我国沼气提纯领域的市场份额超过90%。为促进沼气和生物天然气的发展，2015—2017年间，国家每年投资20亿元，在各地支持了近1400处大型沼气工程建设及64个生物天然气试点项目。截至2020年年底，大、中、小型各类沼气工程超过10万处，其中包括64处规模化生物天然气示范工程。由于沼气可进一步提纯为生物天然气，因此从生产技术、装备制造再到末端应用，生物天然气的产业化发展大大受益于沼气行业的发展成果和经验。然而，从整体上看，生物天然气试点项目的发展仍较缓慢。实现绿色低碳清洁可再生燃气新兴产业的目标，还需进一步加强技术研发、产业政策和市场运作等方面的协同，推动生物天然气产业的快速发展。

6.4.1 国外典型应用案例

1.瑞典韦斯特罗斯车载生物天然气项目

该项目沼气生产的原料主要源于城市家庭的有机垃圾、餐饮业废液以及种植于农村的能源作物。这些原料经过切碎、筛选、混合和消毒等预处理步骤后，被送入一个容量为$4000m^3$的消化罐中进行混合发酵。该项目年利用18059吨有机垃圾、5699吨废液和491吨能源作物，并生产$290 \times 10^4 m^3$的沼气。为了作为公交巴士的燃料，沼气需净化并

提纯 CH_4 浓度至 97%，即达到天然气质量要求。提纯后的生物天然气通过管道输送到市中心的巴士车场，供公交巴士使用。项目产生的沼肥被运至农田，由当地农民用作有机肥料。

沼气项目从项目所在地区 14.4 万户家庭收集生活垃圾，为保障废物分离质量并降低污染，除了定期检查和公众教育外，还向居民提供纸袋。使用压实式垃圾车收集有机废物，而装载量达 35 吨的卡车则负责将有机废弃物运送至沼气厂。废液运输车同时负责从餐馆和单位的油脂分离器中收集污泥，直接运送至工厂。

沼气项目设有三个独立的车间，用于卸货和预处理原料。青贮原料通过轮式装载机从塑料袋中取出，液体废物则直接泵送。有机废物与废水在涡轮混合器中混合，生成的悬浮液经过沉砂系统，分离出如玻璃、石头等重杂质。悬浮液再通过筛选单元去除塑料和木材等漂浮物，随后分离出沙子、玻璃、石头等小颗粒惰性物质。在确保粉碎单元中颗粒尺寸小于 12mm 后，悬浮液在 70℃ 下消毒 1h，然后泵入 4000m³ 的消化罐中进行厌氧消化。消化过程中，沼气在中温下（37℃）发酵，停留时间为 20d。通过压缩沼气注入实现罐内物料搅拌，全年每周连续 6d 投喂原料。沼气进行收集，而液体消化物则使用离心机脱水。工艺所需热能来自填埋场气体，电力则由国家电网提供。在厌氧消化阶段，生产 1m³ 沼气约消耗 0.5kW·h 电力和 0.84kW·h 热能，CH_4 排放约占总产量的 1.63%。

为将沼气用于车载内燃机，沼气需净化和提纯至天然气质量（CH_4 含量为 97%）。沼气压缩至 1MPa 后，采用高压水洗技术进行提纯，此过程能量消耗为 0.23kW·h/m³–沼气。水洗过程能量消耗为 0.52kW·h/m³–沼气。提纯过程中，CH_4 泄漏量占总量的 0.87%。提纯后的生物甲烷通过管道输送至巴士站，并进一步压缩至 33MPa 后供城市巴士使用。

2. Grabsleben 村生物天然气工程

Grabsleben 村的沼气和生物天然气厂是农民与区域燃气公司共同合作的结果。其中，沼气厂和热电联产机组由农民所有并运营，而沼气到生物天然气的净化提纯厂则由区域燃气公司所有并运营。这种合作模式不仅提高了资源利用效率，还促进了当地经济发展。Grabsleben 村沼气厂的原料主要来自农民合作社的农产品，以及当地农民和其他外部来源的鸡粪。其中，厌氧发酵产生的沼气中约有 50% 通过发电后用于电网并网，从而满足村庄及周边地区的电力需求；剩余的沼气则出售给当地的一家燃气公司，由该公司进行净化提纯，然后并入天然气管网。该生物天然气工程年并入管网的生物天然气量为 $600×10^4 m^3$，采用化学吸收法提纯沼气，年产沼肥约为 9.5 万吨。

在生物天然气工程运营过程中，工程会以较高的价格出售全部发电电力，然后从电网购买电力，从而实现电力资源的优化配置。在热电联产机组中，产生的部分热能（30%~50%，随季节变动）并不用于出售，而是在沼气工程现场用于干燥沼渣和沼液、运行有机朗肯循环（ORC）机组（低温余热发电），并为沼气净化提纯的胺洗涤塔提供运行所需的热能。显然，热电联产机组所产生的余热实现了高效利用，既降低了运营成本，又减少了环境污染。

Grabsleben 村的沼气和生物天然气厂通过农民与区域燃气公司的合作，实现了有机废弃物资源化利用和清洁能源的生产。这一模式不仅提高了资源利用效率，减少了环境污染，还为当地经济发展和可持续发展提供了有力支持。

6.4.2 国内典型应用案例

2022 年，农业农村部农业生态与资源保护总站印发了《农业农村减排固碳典型案例——生物质能替代》，该通知中遴选了多处有代表性的生物天然气工程，简要介绍如下。

1. 贵州茅台产业示范园生物天然气项目

该项目建设有 3000m³ 厌氧发酵罐 16 座（图 6-17），以处理茅台酒厂酒糟和高浓度酿酒废水为主，酒糟废弃物和酿酒高浓度有机废水调配成含固约 12% 的浆液，泵入厌氧罐内进行中温厌氧发酵，厌氧发酵周期为 42d。产生的沼气首先采用干法脱硫将沼气中 H_2S 含量降低至 0.02% 以内，而后采用变压吸附塔脱碳，将沼气中的 CO_2 含量降低至 3% 以内（图 6-18）。生产的生物天然气一部分并入当地城镇燃气管网，其余为酒厂生产蒸汽。沼渣沼液则用于高粱等酿酒原料的种植。

图 6-17 茅台生态循环经济产业示范园生物天然气项目的厌氧发酵罐　图 6-18 茅台生态循环经济产业示范园生物天然气项目变压吸附脱碳装置

该项目自 2017 年投运以来，年处理酒糟 4.13 万吨、高浓度酿酒废水 4.16 万吨，生产生物天然气 $491.5 \times 10^4 m^3$，其中 $200 \times 10^4 m^3$ 并入城镇管网，其余生产蒸汽 3.5 万吨供应酒厂，同时年产沼液肥 5.4 万吨。该项目实现了酒厂废弃物的生态循环利用，解决了周边赤水河流域酿酒废弃物污染问题，年产沼气可替代 6380 吨标煤，减排 CO_2 约 1.59 万吨。

2. 安徽阜阳生物天然气并网供气项目

该项目建有生物天然气处理站 3 个（图 6-19），共有 6000m³ 厌氧发酵罐 6 座，配套

1个应急调峰中心和170km燃气管网。以县域有机废弃物为原料，生产生物天然气为全县城乡供气，沼肥还田利用。该项目自2020年投产以来，年处理农业废弃物49万吨，提纯生物天然气 $720 \times 10^4 m^3$，年产生物有机肥4万吨。该项目消纳了6个乡镇80%的畜禽粪污和10%的秸秆，为4万户居民和200余家企事业单位供气，年可替代标准煤约9300吨，减排 CO_2 近2.3万吨。

图6-19 安徽阜阳生物天然气并网供气项目

该项目以县域农业废弃物处理和燃气特许经营为核心，采用政府与社会资本合作模式，引入社会第三方，建立了生物天然气产业化、市场化发展的新模式，探索了生物天然气支撑县域能源革命的新路径。

3. 湖北宜城规模化生物天然气项目

该项目建有 $2800m^3$ 厌氧发酵罐6座，以处理城乡有机废弃物为主，沼气提纯后生产的生物天然气用作车用燃气和并入燃气管网，其余部分发电上网，沼渣沼液用于生产生物有机肥。自2017年投运以来，年处理秸秆、粪污、尾菜、有机垃圾等5.6万吨，年产沼气 $1200 \times 10^4 m^3$，其中提纯生产生物天然气 $500 \times 10^4 m^3$，发电上网640万 $kW \cdot h$，生产生物有机肥3万吨。项目年产沼气可替代标煤8568吨，减排 CO_2 约2.1万吨，而生产的生物有机肥用于3.5万亩农田修复，在提升土壤有机质的同时实现了化肥减量30%。

4. 山东滨州中裕生物天然气项目

该项目自2016年7月开工建设，总投资14260万元。项目建有 $7500m^3$ 厌氧发酵罐4座，主要处理生猪粪污和酒糟废液，沼气提纯后生产的生物天然气并入燃气管网，沼肥还田用于小麦种植。自2018年投入运行以来，年处理秸秆2.38万吨、畜禽粪污30.6万吨、液态酒精废液18.25万吨，年产生物天然气 $720 \times 10^4 m^3$，年生产沼渣沼液48万吨，为周边24000亩农田提供了优质有机肥。项目年产沼气可替代标煤9282吨，减排 CO_2 约2.3万吨。

该项目构建了小麦加工 – 生猪养殖 – 沼气工程 – 小麦种植的循环产业链，实现了小麦加工全产业链生态循环闭环运行，对黄河三角洲地区农牧产业结构的调整和提质增效起到了良好的示范和带动作用。

5. 安徽临泉规模化生物天然气项目

该项目建设有 $5000m^3$ 厌氧发酵罐6座，以畜禽粪便、秸秆、餐厨垃圾等有机废弃物为原料，生产生物天然气为工业园区供气，沼渣生产生物有机肥，沼液制备液体生物菌剂。项目自2020年投入运行以来，年处理秸秆7万吨、粪污2.3万吨，生产生物天然气 $1000 \times 10^4 m^3$、有机肥4.15万吨、液体生物菌剂0.5万吨。该项目构建了原料集中处理、能源市场化供应、有机肥生产推广应用的完整循环产业链条，补齐了区域天然气供给短板，年产沼气可替代标煤 1.3 万吨，减排 CO_2 近 3.2 万吨。该项目获得了燃气专营权与肥料许可，生物天然气、沼渣有机肥和液体肥均实现了市场化定价和商业化运营。

6. 河南长垣规模化生物天然气项目

该项目建设有 5500m³ 厌氧发酵罐 4 座，主要处理秸秆、餐厨垃圾、畜禽和厕所粪污等混合原料，生产的生物天然气定向供应工业用户使用，沼渣沼液还田利用。该项目自 2020 年投入运行以来，年处理秸秆、餐厨垃圾和畜禽粪污 4.6 万吨，年产生物天然气 $351×10^4 m^3$，就近供应 5 个工业用户用气，年产沼渣肥 1.09 万吨。

该项目通过对区域内分散原料收集，第三方专业化、市场化的集中处理，在解决农业农村废弃物污染的同时实现了资源的循环利用，年产沼气可替代标煤 4600 吨，减排 CO_2 约 1.1 万吨。

6.5　生物天然气技术的碳减排特性

生物天然气是一种既清洁又低碳的可再生能源，其在生产和消费环节均能带来温室气体减排的效果。在生产环节，这种减排效益主要来自减少生产原料作为废弃物处理时产生的温室气体排放。生产生物天然气的原料包括农业废弃物如秸秆、畜牧业废弃物如粪污、餐饮垃圾以及工业有机废水等，这些废弃物如不加以利用，会在处理过程中释放甲烷（CH_4）和氧化亚氮（N_2O）等温室气体。在消费环节，生物天然气的减排作用主要体现在其化石燃料的替代，从而减少了相关排放。从终端使用的角度来看，生物天然气可用于电力、工业、交通和建筑等多个部门。得益于生物质能源的二氧化碳中性的特性，生物天然气作为燃料或原料使用时，能减排与传统化石天然气燃烧相当的 CO_2 排放。另外，由于化石天然气的开采、加工和运输过程中可能发生 CH_4 泄漏，生物天然气的使用还能避免这一环节 CH_4 排放。消费端的减排效益也来自副产品的利用，厌氧发酵过程中产生的沼渣和沼液，经过腐熟剂处理后可制成肥料，部分替代化肥的使用。这不仅减少了化肥生产过程中的 CO_2 排放和施用后产生的 N_2O 排放，还能增加土壤中有机碳的储量。

6.5.1　沼气不同利用方式的碳减排特征

沼气的主要成分是 CH_4，也是一种强效温室气体。因此，沼气的有效利用对于减少温室气体排放具有显著的环境效益。沼气不同利用方式的碳减排特征表现如下：（1）沼气通过燃烧可以产生热量和电能，在此过程中，CH_4 被氧化成 CO_2 和水，这个过程本身是 CH_4 向 CO_2 的转化过程，因此可以减少 CH_4 的排放。然而，燃烧过程中可能产生一些氮氧化物等污染物，需要通过控制燃烧条件来减少这些副产物的生成。（2）沼气的发电利用中，沼气可用于燃气轮机或内燃机发电，转化为电能。这种利用方式不仅可以减少 CH_4 的直接排放，还可以替代化石燃料（如煤炭、石油等）发电，进一步减少 CO_2 排放。但是，发电系统的运行可能会产生一定的碳排放，如燃气轮机的冷却和润滑系统。（3）沼气可以提纯后作为一种车载燃气，用于替代柴油或汽油。这种利用方式减少了交通运输领域的化石燃料消耗，从而减少了 CO_2 排放。

每种利用方式都有其特定的碳减排效果，同时彼此之间还存在一定的技术、经济和环境效益的权衡。实际选择沼气的利用方式时，需要考虑当地的资源条件、技术发展水平、经济可行性以及环境影响等因素，以实现最优的碳减排效果。本文参考了刘殊嘉对青岛某静脉产业园沼气利用方式的分析，给出几种典型沼气利用方式的碳减排特性，以供参考。

青岛市某静脉产业园年产沼气 $548.6 \times 10^4 m^3$，沼气中 CH_4 占比 70%，CO_2 和 H_2S 等杂质气体占比 30%。沼气经过滤、脱水、脱硫、增压等预处理后进入利用环节，利用环节中考虑火炬燃烧、沼气入焚烧炉、沼气内燃机发电、沼气锅炉供热及提纯制天然气 5 种方式。碳排放核算方法采用国家发改委颁布的温室气体自愿减排方法学《CM-072-V01：多选垃圾处理方式》，主要包括基准线情景识别、项目边界确定、泄漏估算、减排量计算等过程。

沼气不同利用方式的碳减排特性如表 6-11 所示。在沼气检修或者应急处置过程的火炬燃烧没有达到碳减排的目的，即碳减排量为负值。在其他 4 种利用方式中，沼气内燃机发电的碳减排量最高，而沼气提纯制备天然气的碳减排量最小。导致碳减排量差异的主要原因在于：①产出能源对化石能源替代量的多少；②不同沼气在利用过程中的能源消耗差异。在本案例中，沼气提纯过程采用变压吸附的方式进行脱碳，其电能消耗远大于其余几种沼气利用方式，因此沼气提纯制备生物天然气的碳减排力度较弱，但每立方米沼气的碳减排量也依然可以达到 $0.85 kg CO_2eq$。

表 6-11 沼气不同利用方式的碳减排特性

沼气利用方式	年碳减排量 /（t CO_2eq）	单位立方沼气减排量 /（kg CO_2eq/m³）
火炬燃烧	-7695.04	-1.4
沼气入焚烧炉	5963.83	1.09
沼气内燃机发电	9505.18	1.73
沼气锅炉供热	9048.36	1.65
提纯制天然气	4658.73	0.85

注：CO_2eq 中的 eq 表示当量的意思，即将所有温室气体折算成 CO_2。

6.5.2 典型沼气提纯方式的碳减排特征

采用全生命周期评价方法（LCA）分析典型沼气提纯方式的碳减排特征，该工作由意大利的 Lidia Lombardi 和 Giovanni Francini 在大量数据调研基础上评价获得。案例中进行了 5 种沼气提纯制备生物天然气的环境和经济比较，分别是变压吸附（PSA）、膜分离（MP）、胺吸收（AS）、碳酸钾吸收（PCS）和高压水洗（HPWS）。在 LCA 分析中认为，特定消耗与沼气提纯的规模相对独立，而成本会随着规模而变化。因此，在经济分析中，考虑了不同沼气提纯规模（350m³–沼气 /h、500m³–沼气 /h、1000m³–沼气 /h 和 2000m³–沼气 /h）对成本的影响。

沼气提纯系统由预处理（如活性炭脱硫）、CO_2 分离过程、压缩生物甲烷注入国家天然气网以及运输和处理过程中产生的固体和液体废物组成。为了提供更全面的转化系统及其影响图景，还纳入了沼气的生产过程。将沼气生产步骤纳入分析系统的主要原因在于，保持 LCA 和生命周期成本（LCC）的研究对象一致。在 LCC 中，计算净现值（NPV）、内部收益率（IRR）和回收期（PT）时，需要考虑沼气生产的成本，因此必须在系统中考虑厌氧发酵及其他相关过程。因此，为了保持环境与经济评估对象一致，在 LCA 系统中也纳入了沼气生产步骤。从 LCA 分析的角度看，沼气生产系统对不同提纯系统的贡献一致。因此，此案例展示了整个系统的结果，特别是沼气提纯部分。需要注意的是，因其环境影响非常小，工厂建筑和设备组装没有包括在系统边界内。

案例研究中，厌氧发酵的原料包括有机废物（79%）、纸张和纸板（11%）、玻璃和无机物（5%）以及塑料废物（5%）。为了收集材料、燃料、化学制品、避免的能量（天然气）和材料（泥炭和肥料）以及废水处理和废物最终填埋的背景清单数据，案例中使用了 Ecoinvent 3.5 版本数据库。

采用不同沼气提纯技术提纯每立方沼气所带来的碳排放量如图 6-20 所示。在每一种提纯技术中，均考虑了天然气替代的影响、CH_4 逃逸、废弃物处理、运输、固废填埋、化学品、水、热能、提纯电能和压缩电能等因素的影响。总体而言，5 种沼气提纯技术对因替代天然气的使用而产生的碳减排效益基本一致，均为 $-1.4kg\ CO_2eq/m^3$，即等效碳排放量可降低约 $1.4kg\ CO_2eq/m^3$。但沼气提纯过程中的能源及资源消耗也会带来额外的碳排放量。5 种沼气提纯技术中，电能消耗对碳排放的贡献量较小，分别为 7%（HPWS）、6%（PCS）、5%（PSA）、4%（AS）和 8%（MP）。对于高压水洗、变压吸附和膜分离，导致碳排放量较高的一个重要因素是 CH_4 逃逸，其对碳排放量的贡献度分别达到了 12.5%、18% 和 6.5%。而对于采用胺吸收剂和碳酸钾吸收剂的化学分离技术而言，其贡献度却仅为 0.7% 和 0.5%。即使化学吸收提纯沼气过程中消耗了大量的热能，热能对碳排放量的贡献也仅为 8% 和 7%。值得注意的是，热能还可以从其他废热源进行回收再利用，可以实现更低的碳排放。

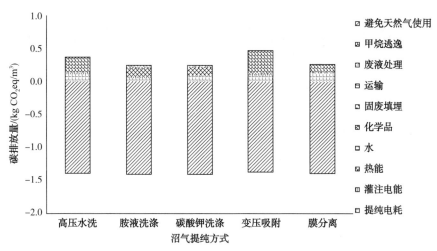

图 6-20 不同沼气提纯方式对碳排放量的影响特性

6.5.3 典型沼气提纯方式的经济性分析

不同规模及不同沼气提纯技术的主要经济指标如表 6-12 所示。显然，净现值、内部收益率和投资回收期等主要经济指标受沼气产量的影响较大，但不同沼气提纯技术间无显著差异。同时，所有技术的投资回收期均处于一致状态。对于较小规模的沼气工程，高压水洗更具优势，其净现值及内部收益率最高。然而，对于较大型的沼气工程，采用碳酸钾吸收剂的化学吸收法的净现值及内部收益率最高，这说明在该模式下，基于碳酸钾吸收剂的化学吸收法可以获得更多收益。

表 6-12 不同规模沼气工程制备生物天然气的主要经济指标

提纯技术	沼气产量 /（Nm³/h）	净现值欧元 /Nm³	内部收益率 /%	投资回收期 /a	现金流减小比 /%
高压水洗	350	1.717	5.82	10	2.47
	500	3.34	9.83	8	2.33
	1000	5.042	18.36	5	2.15
	2000	6.510	28.69	3.5	2.04
胺洗涤	350	1.528	5.34	10	1.29
	500	2.899	9.45	8	1.22
	1000	4.978	18.15	5	1.12
	2000	6.487	28.68	3.5	1.06
碳酸钾洗涤	350	1.620	5.60	10	1.64
	500	2.979	9.73	8	1.55
	1000	5.038	18.15	5	1.43
	2000	6.531	29.14	3.5	1.35

续表

提纯技术	沼气产量 / (Nm³/h)	净现值欧元 /Nm³	内部收益率 /%	投资回收期 /a	现金流减小比 /%
变压吸附	350	1.609	5.51	10	2.91
	500	2.941	9.49	8	2.75
	1000	4.974	17.94	5	2.53
	2000	6.462	28.13	3.5	2.39
膜分离	350	1.599	5.55	10	1.95
	500	2.920	9.55	8	1.84
	1000	4.942	17.98	5	1.70
	2000	6.427	28.10	3.5	1.60

注：净现值和内部收益率计算时的期限为 20a，且年利率为 1.5%。

以沼气产量为 500Nm³/h 的沼气工程为例，对沼气提纯工程初期 10 年的现金流量表进行汇总（表 6-13）。在表中，括号中的百分数（如第一行第二列的 66.80%）代表该部分能源或者资源消耗对应的沼气提纯成本占比。显然，在 500Nm³/h 规模下，不同技术提纯沼气的成本差距并不大，成本介于 0.062 欧元 /Nm³– 沼气与 0.073 欧元 /Nm³– 沼气之间。其中，高压水洗和变压吸附成本较低，而化学吸收法成本最高。虽然在该表中所呈现出的沼气提纯价格差距并不明显，但是，其综合性能还需要结合生物天然气的使用场景、现场资源禀赋特征进行进一步分析。

表 6-13　500Nm³/h 沼气提纯工程初期 10 年的现金流量表　欧元 /Nm³– 沼气

	高压水洗	胺洗涤	碳酸钾洗涤	变压吸附	膜分离
提纯电耗	0.042（66.80%）	0.021（28.94%）	0.033（46.34%）	0.035（55.62%）	0.045（63.46%）
压缩电耗	0.005（7.34%）	0.008（10.54%）	0.004（5.79%）	—	—
热能消耗（源于天然气）	—	0.016（21.98%）	0.015（20.36%）	—	—
水	4.3×10^{-10}	—	—	—	—
活性炭	0.01（16.21%）	0.01（14.05%）	0.01（14.31%）	0.01（16.43%）	0.01（14.37%）
NaOH	3.24×10^{-5}	3.24×10^{-5}	3.24×10^{-5}	3.24×10^{-5}	3.24×10^{-5}
乙醇胺	—	7.03×10^{-3}（9.69%）	—	—	—
碳酸钾	—	—	1.71×10^{-4}（0.24%）	—	—
废弃物运输	9.26×10^{-5}	9.26×10^{-5}	9.26×10^{-5}	9.26×10^{-5}	9.26×10^{-5}
废弃物填埋	1.76×10^{-4}	1.76×10^{-4}	1.76×10^{-4}	1.76×10^{-4}	1.76×10^{-4}
维护成本	0.006（9.17%）	0.010（14.39%）	0.009（12.53%）	0.008（13.65%）	0.012（17.63%）
提纯总成本	0.063	0.073	0.071	0.062	0.071

7

生物质能碳捕集和储存
技术原理及应用

7.1 生物质能碳捕集和储存技术原理

7.1.1 技术背景

为实现在 2100 年将全球平均气温较前工业化时期上升幅度控制在 2℃以内，并努力将温度上升幅度限制在 1.5℃以内，未来需要利用更多的负碳排放技术（Negative Carbon Emission，NCE）从大气中移除 CO_2。负排放技术最早由 Williams 于 1996 年提出，主要用于氢燃料的生产，之后被 Herzog 和 Drake 用于电力生产中的碳减排。负碳排放技术的核心是从空气中捕集 CO_2，并将捕集的 CO_2 进行永久封存。因此，可实现负碳排放的技术非常多，如植树造林、土壤碳封存、生物炭、海洋施肥、直接空气捕集（Direct Air Capture，DAC）和生物质能碳捕集与储存（Bioenergy with Carbon Capture and Storage，BECCS）等。其中，DAC 和 BECCS 是两种最典型的负碳排放技术，DAC 技术主要是采用碳捕集技术直接从大气中提取 CO_2 并对 CO_2 进行利用和封存的技术，BECCS 技术则是将生物质燃烧或转化过程中产生的 CO_2 进行捕集、利用或封存的过程。

联合国政府间气候变化专门委员会（IPCC）、国际能源署（IEA）等研究机构认为，BECCS 技术是必需的负碳排放技术。IPCC 发布的《全球温升 1.5℃特别报告》中，在实现 1.5℃温控目标的四种情景中，全部都应用了 BECCS 技术。IEA 发布的《世界能源技术展望 2020：CCUS 特别报告》预测，2030 年后，BECCS 技术将开始大规模应用；到 2050 和 2070 年，BECCS 技术将分别抵消全球能源系统碳排放的 7% 和 30%，分别约为 10 亿吨和 27 亿吨 CO_2；到 2070 年，全球 1/4 的生物质能利用将采用 BECCS 技术。中国 21 世纪议程管理中心等发布的《中国二氧化碳捕集利用与封存（CCUS）年度报告（2023）》中预测，预计到 2060 年时，BECCS 和 DAC 将联合贡献 5 亿~8 亿吨的 CO_2 移除量。

目前，BECCS 技术在全球范围内尚处于研发和示范阶段，暂时还不具备大规模商业化运行的条件。据 IEA 统计，截至 2020 年，全球共有 BECCS 项目 13 项，分别分布在美国、欧洲、日本和加拿大，主要应用于生物质乙醇工厂、生物质发电、垃圾焚烧等领域。在我国，一些研究机构和高校开展了 BECCS 相关理论研究和实验室规模的试验探索，取得了一定的成果，但尚未建设 BECCS 示范项目。

7.1.2 BECCS 技术原理

BECCS 技术包含两个方面，即生物质能生产和碳捕集与封存。典型的 BECCS 工艺流程如图 7-1 所示。因此，BECCS 的技术原理为：植物在生长过程中，利用光合作用将大气中的 CO_2 转化为有机物，并以生物质的形式积累储存下来，这部分生物质可以直接用于燃烧产生热量，或者通过热化学或生物化学反应合成其他高价值的清洁能源。在生物质燃烧或转化过程中产生的 CO_2，被认为是植物生长中所储存的 CO_2 重新释放出来，然后利用碳捕集和封存（CCS）技术捕获释放出来的 CO_2，将其进行利用或封存。显然，BECCS 通过对植物生长中所储存的 CO_2 进行捕集与封存，最终实现了将空气中的 CO_2 进行封存的目的，是典型的负碳排放技术。

光合作用　　生物质　　燃烧供能　　CARBON CAPTURE　　碳捕集与封存(CCS)　　化学合成等

图 7-1　典型的 BECCS 工艺流程

7.1.3 BECCS 技术分类

BECCS 将生物质能与碳捕集和封存技术耦合使用，因而可根据生物质能转化技术的不同将 BECCS 进行简单的分类。典型技术类型如下。

1. 生物质直接燃烧耦合 CCS 技术

当采用生物质进行直接燃烧发电时，将燃烧所产生的烟气中的 CO_2 利用 CCS 技术进行捕集和封存，实现负碳排放。典型的工艺流程如图 7-2 所示。据研究者分析，在整个生命周期内，生物质燃料的供应链是主要的 CO_2 排放源（约 50%），高达 90kg/（MW·h）。无 CCS 的生物质直接燃烧发电系统，在全生命周期内的 CO_2 排放量为 53.15kg-CO_2/MW·h，而增加 CCS 后，可封存 1081kg-CO_2/MW·h，释放 205.2kg-CO_2/MW·h，因而净 CO_2 排放量约为 -876kg-CO_2/MW·h。纯生物质燃烧发电的成本从基本的 116.7 英镑/（MW·h）（燃煤情形）增加到 206.6 英镑/（MW·h）（生物质情形）。对于一个 250MW 的 BECCS 项目，每年可从大气中封存 1.0~1.52Mt-CO_2，负碳排放成本约为 46~88 英镑/

$t-CO_2$。值得注意的是，当碳税价格为 83~146 英镑 /$t-CO_2$ 时，生物质直燃电厂的收益与天然气电厂的收益相当。

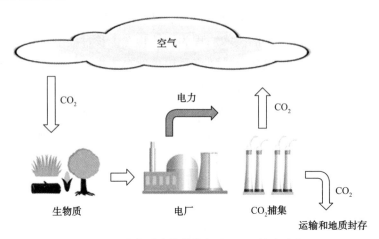

图 7-2　生物质直接燃烧耦合 CCS 技术流程

2. 生物质与煤混燃耦合 CCS 技术

将生物质与煤进行混燃发电，然后将烟气中的 CO_2 利用 CCS 技术进行捕集和封存，也能实现负碳排放，典型的工艺流程如图 7-3 所示。需要注意的是，捕集和储存的 CO_2 并不全是负碳排放，只有来源于生物质燃烧中产生的 CO_2 被捕集和储存后才能算作负碳排放量。因此，在相同规模下，生物质与煤混燃时的负碳排放量要低于生物质直燃情形。研究结果表明，当煤炭与木屑以 3∶1 混合燃烧时，在耦合 CCS 后，全生命周期内的 CO_2 排放量由 $806.1kg-CO_2/MW·h$ 大幅降低至 $155.6kg-CO_2/MW·h$。当木屑的比例进一步提高至 50%，对于 500MW 的混燃电厂，通过优化 CO_2 捕集过程中的热能消耗后，每年可从大气中捕集约 $0.83Mt-CO_2$。

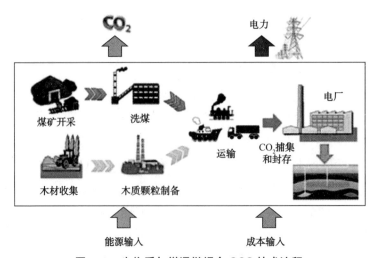

图 7-3　生物质与煤混燃耦合 CCS 技术流程

3. 生物质热裂解转化耦合 CCS 技术

将生物质热裂解转化过程中产生的气体中的 CO_2 利用 CCS 技术进行捕集和封存，也可以实现负碳排放。需要注意的是，如果对产生的生物炭还田利用，那么生物炭所对应的固定碳也应算在负碳排放量之列。当然，如果生物炭不进行还田利用，但若能将其他液固产物利用时产生的 CO_2 进行捕集和封存，将会实现更大的负碳排放量，即可达到生物质的理论负碳排放量。

4. 沼气生产耦合 CCS 技术

将生物质厌氧发酵产生的沼气中的 CO_2 利用 CCS 技术进行捕集和封存（沼气 -CCS，biogas-CCS），可以在生产生物天然气的同时实现负碳排放，典型的沼气 -CCS 技术工艺流程如图 7-4 所示。在沼气 -CCS 技术中，由于产生的生物天然气直接并入燃气管网或作为车用燃料，对其利用过程中产生的 CO_2 难以进行捕集和储存。因此，针对沼气提纯过程中产生的 CO_2 进行捕集和储存更有可操作性。对生物质厌氧发酵产生的沼气进行提纯净化，将以 CO_2 为主的杂质成分体积分数从约 40% 降低到 3% 以内（CH_4 纯度 > 97%），可获得生物天然气（Bio-natural gas，BNG）。同时，将沼气提纯过程中分离的 CO_2 进行利用和储存（CCUS），可实现 CO_2 净负排放，负碳排放量理论值最高可达 0.66m³-CO_2/m³-BNG（或 0.78kg- CO_2/m³- 沼气）。

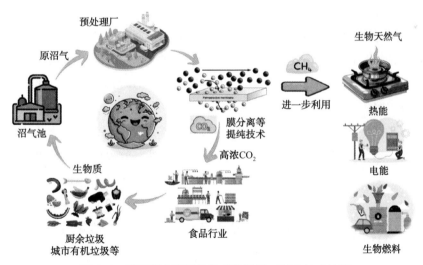

图 7-4　基于膜分离提纯技术的沼气 -CCS 技术流程

沼气 -CCS 系统包括沼气生产、沼气 CO_2 捕集及封存等部分，其中沼气生产、CO_2 捕集等技术相对成熟，但沼气提纯分离 CO_2 的利用和储存应仔细考虑。由于现有生物天然气工程规模一般较小且分散，CO_2 捕集量有限，不适宜采用传统的强化石油开采（EOR）或地质储存等成熟模式进行利用和储存。因此，需要开发适合于沼气 -CCS 系统的 CO_2 利用和储存技术。

7.2 以沼液为载体的沼气-CCS体系的基本原理

7.2.1 以沼液为载体的沼气-CCS体系提出背景

沼气-CCS体系中，重点部分在于CO_2捕集及封存。在众多的沼气CO_2捕集技术中，以CO_2化学吸收技术为基础的沼气CO_2捕集可实现分离中的极低CH_4损失和分离后的更高CH_4纯度，在CH_4减排日益严格的现实下备受关注。典型的沼气CO_2化学吸收工艺流程详见图6-11所示。在沼气CO_2化学吸收工艺中，常通过乙醇胺（MEA）等弱碱性吸收剂在CO_2吸收塔和CO_2解吸塔之间的循环，以实现CO_2分离，但富CO_2吸收剂溶液的热再生能耗高，可占系统总能耗的60%以上，导致CO_2分离成本高，从而在某种程度上造成了高的生物天然气生产成本，尤其是在中小规模的生物天然气工程中。

如能取消富CO_2吸收剂溶液的解吸过程，仅保留CO_2吸收段，理论上可最大幅度降低沼气CO_2化学吸收的系统能耗，同时还能通过取消解吸塔、贫富液换热器、贫液冷却器、解吸气冷却器、再沸器等大幅降低系统投资。此时，传统CO_2化学吸收工艺将变革为吸收剂不循环使用的单程CO_2吸收工艺（Once-Through CO_2 Absorption Process），如图7-5所示。对于采用MEA吸收剂的单程CO_2吸收工艺，系统投资可降低40%以上，系统总能耗可降低60%以上。但在该工艺中，由于吸收剂不重复使用，其成本将直接影响沼气CO_2分离成本，进而直接关系到生物天然气成本。此外，分离的CO_2不再以气相形式存在，而是存在于富液载体中，无法采用地质埋存等传统方式进行固定。因此，单程CO_2吸收工艺只适合于小规模CO_2分离应用，而这刚好与生物天然气工程规模相匹配（如沼气产量为10000m^3/d的工程，CO_2分离量仅为4000m^3/d）。

显然，在基于单程CO_2化学吸收技术的沼气-CCS中，为进一步降低成本，必须选择来源广且成本极低的吸收剂，并创新CO_2储存和利用方式。将CO_2应用于农业，利用植物细胞内碳浓缩机制及土壤微生物固碳等途径将CO_2转变为有机质，可实现CO_2低成本长期封存。此时，要求吸收剂对植物产生的生理毒性越低越好。这说明，基于单程CO_2化学吸

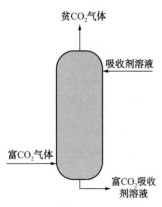

图7-5 单程CO_2化学吸收系统流程

（图中标注：贫CO_2气体；吸收剂溶液；富CO_2气体；富CO_2吸收剂溶液）

收技术的沼气 –CCS 具有低系统能耗和低 CO_2 封存成本等潜在优势，但吸收剂应具备来源广、成本低、植物生理毒性低和 CO_2 吸收性能优等特征。

在沼气工程中，生物质厌氧发酵产生沼气的同时也产生了大量的沼液。沼液一般呈弱碱性（pH 值为 7.2~8.5），量大且价格极低，也具有可再生属性，同时还具有一定的 CO_2 吸收能力和较好的化学缓冲性能，不仅富含氮、磷、钾和钙、铜、铁等营养元素，还含有丰富的氨基酸、腐殖酸、赤霉素等，可促进植物生长。沼液一般可直接用于植物的浇灌，起到部分施肥的作用，可实现营养元素向土壤的回归。同时，土壤作为陆地最大的碳源地和碳汇地，是陆地生态系统中碳循环的重要驱动者，也是重要的碳储存库。但土壤的固碳能力受到土壤肥力的影响，可通过沼液来改善土壤的肥力，进而提高土壤的长期固碳能力。

因此，若能利用沼液进行沼气 CO_2 吸收，同时保证富 CO_2 沼液的营养成分基本不变，并通过浇灌的方式施用沼液，可促使 CO_2 储存到植物和土壤中，同时还能增强土壤的长期固碳能力。这样既能保证极低成本的沼气 CO_2 分离，又能在低投入下保证 CO_2 的长期安全固定。但沼液 CO_2 吸收容量较低，如何能够在保证沼液安全利用的情况下增加沼液吸收 CO_2 的容量至关重要。

根据沼液的 CO_2 吸收机理可知，沼液主要依靠其中的游离氨（也称自由氨）与 CO_2 之间的化学反应来实现 CO_2 吸收。因此，如能将沼液中氨氮（500~5000mg–N/L）以自由氨形式富集，获得氨水用于沼气 CO_2 脱除，不仅可获得高 CO_2 反应速率和吸收量，还能获得碳酸氢铵肥料，实现 CO_2 的近封闭循环。由于回收的氨水源头为富含氨氮的沼液，而沼液是可再生的，因而分离回收的沼液可称为可再生氨水（Renewable Ammonia Aqueous solution，RAA）。基于此，可采用如图 7–6 所示的沼气 –CCS 系统实现生物天然气的负碳排放生产。显然，欲实现以沼液为载体的沼气 –CCS 体系，需要解决如下几个问题：①沼液基可再生氨水的回收；②可再生氨水的沼气 CO_2 吸收性能；③富碳沼液的农业利用性能。

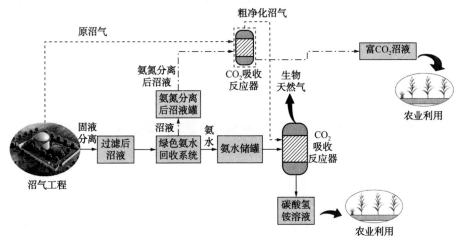

图 7–6　以沼液为载体的沼气 –CCS 体系

7.2.2 沼液基可再生氨水的回收可行性

7.2.2.1 沼液的预处理

沼液中的氨氮与自由氨存在动态平衡,自由氨浓度可采用式(7-1)进行计算。欲从沼液中回收可再生氨水,就需要将沼液中的自由氨不断从沼液体系中剥离,从而促进氨氮向自由氨的转变。由式(7-1)可知,沼液中的自由氨含量主要由沼液 pH 值和温度控制,提高沼液 pH 值或温度有助于大幅提升自由氨含量。相比较而言,提高沼液 pH 值比提高温度更有利,是增加沼液中自由氨浓度的关键所在。一般认为,pH=10 被认为是比较经济的值。显然,在沼液预处理中,应将其 pH 值提升至 10 左右。

$$[NH_3] = \frac{[TAN]}{1 + 10^{4 \times 10^{-8} \times T^3 + 9 \times 10^{-5} \times T^2 - 0.0356 \times T + 10.072 - pH}} \tag{7-1}$$

式中,$[NH_3]$ 为自由氨的摩尔浓度,mol-N/L;T 为溶液温度,℃;$[TAN]$ 为沼液总氨氮浓度,mol-N/L。

沼液中含有大量的悬浮颗粒物及胶体,其可能会在可再生氨水回收中带来负面影响。可采用絮凝剂来降低沼液中颗粒物含量,如选择聚合氯化铝(PAC)、硫酸铁(IS)、氢氧化钠(NaOH)、氧化钙(CaO)和氧化镁(MgO)等化学药剂进行沼液的预处理。当化学药剂添加后,经过 1h 的搅拌,未溶解的固体物质及大部分悬浮物通过离心的方式进行固液分离。在预处理研究中,原沼液的水质参数如表 7-1 所示。

表 7-1　原沼液的水质参数特性

参数	值	单位
pH 值	7.87 ± 0.21	—
电导率(EC)	16.61 ± 0.32	mS/cm
浊度	976.96 ± 21.14	NTU
化学需氧量(COD)	2911.98 ± 30.65	mg/L
总氨氮浓度(TAN)	2.0 ± 0.06	g-N/L
总固体浓度(TS)	4387 ± 54.37	mg/L
总磷含量(TP)	37.74 ± 0.014	mg/L
挥发性饱和脂肪酸(VFA)	0.011 ± 0.001	mg/L

采用絮凝剂对沼液进行预处理时,沼液相关水质参数变化如图 7-7 所示。由图 7-7 可知,聚合氯化铝(PAC)与硫酸铁(IS)对原沼液 pH 值的影响最小,但是可以显著降低沼液中总磷含量、浊度和 COD 含量。NaOH、CaO 和 MgO 等无机碱性物质可用于增加沼液 pH 值,同时也能减少沼液中悬浮物含量,还能降低总磷和 COD 含量及浊度。其中,由于较高的溶解度,NaOH 对 pH 值的提升最为显著,然而在降低总磷和 COD 含量上,NaOH 的效果差于 CaO 的效果。由于厌氧发酵过程是对有机氮源的分解,沼液中的氮元素主要以氨态

氮的形式存在，与之相平衡的阴离子主要是 HCO_3^- 和 CO_3^{2-}，沼液中的酸碱平衡主要由氨和 CO_2 的溶解平衡所决定。因此，当 CaO 和 MgO 添加入沼液后，将会产生 $CaCO_3$ 或 $MgCO_3$ 等沉淀而降低沼液的 CO_2 负荷，从而导致 pH 值快速上升。当 CaO 和 MgO 等絮凝剂添加量进一步增加后，沼液中的酸碱平衡将主要受氨的水解控制，因而 pH 值变化趋缓值。

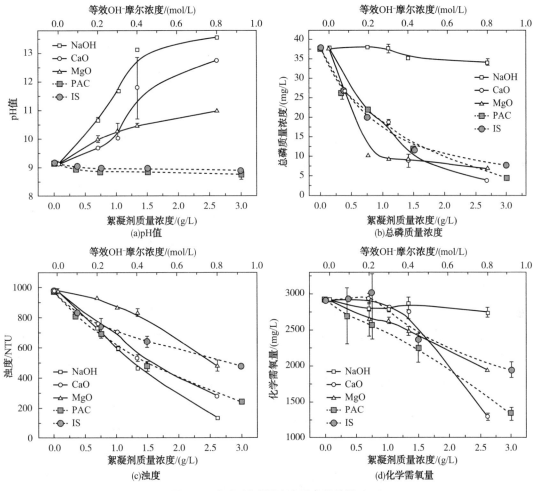

图 7-7   絮凝剂对沼液水质参数的影响

通过将溶解的磷元素转化为沉淀物，这几种絮凝剂可显著降低沼液中的磷含量。通常情况下，磷元素可通过和镁元素共聚产生鸟粪石沉淀。除 NaOH 外，其余 4 种添加剂均可显著降低磷含量。除了以鸟粪石的形式被脱除外，沼液中的磷也可与 PAC、IS 和 CaO 反应产生其他的不可溶固体物质。为了使沼液能够更好地应用于农业和藻类养殖过程中，沼液的 COD 和浊度也应该大幅削减。CaO 对降低沼液浊度和 COD 质量浓度上表现最佳。考虑到 CaO 在提升沼液 pH 值、减少 TP 质量浓度、浊度和 COD 质量浓度等方面的综合优势，可考虑选择 CaO 为添加剂进行沼液的预处理。CaO 是较便宜的工业产品，可以提升沼液

pH 值至 10.7 左右，使高达 99% 的 TAN 转化为自由氨。当沼液中 TAN 质量浓度分别为 1g-N/L、2g-N/L、3g-N/L 和 4g-N/L 时，沼液中 CaO 的添加量为 1.18mol-CaO/mol-TAN、1.18mol-CaO/mol-TAN、1.06mol-CaO/mol-TAN 和 1.09mol-CaO/mol-TAN。因此，沼液预处理时，CaO 添加量、回收氨氮量和 CO_2 吸收量之间的摩尔比基本上为 1：1：1 的关系。

7.2.2.2 沼液基可再生氨水的回收可行性

在沼液体系中，自由氨与氨氮之间存在动态平衡关系，从沼液中分离自由氨将有助于氨氮向自由氨的进一步转化。因此，回收和富集沼液中自由氨的本质实际是对沼液中氨氮的分离与回收。沼液氨氮脱除方法主要有反渗透法、蒸发浓缩法、电渗透法、气体吹扫法、生物法和吸附法等。其中，气体吹扫法及蒸发浓缩法是目前应用最广泛的两种技术，主要是利用气体吹扫和加热促进沼液中 NH_4^+ 向自由氨的转化，操作简单、能耗较低，同时还能结合硫酸吸收将沼液中脱除的氨氮回收，生成硫酸铵肥料。但该技术的主要问题在于氨氮传质推动力较弱，氨氮分离的反应动力学常数较低，导致氨氮分离时需要耗费较长的时间。在相同液相氨分压条件下，采用减压方式降低氨氮分离时气相中的氨分压，有助于增强氨氮传质推动力，提高氨氮分离的反应动力学常数，并降低分离时间。同时，通过减压方式分离沼液中的氨氮，理论上可通过冷凝等方式将分离的氨氮进行回收，可用于 CO_2 吸收和沼气的提纯净化。

减压蒸馏一般可分为直接减压蒸馏（Direct Vacuum Distillation，DVD）与减压膜蒸馏（Vacuum Membrane Distillation，VMD）两类，主要用于溶液浓缩和回收溶液中的挥发性物质。相较于直接减压蒸馏过程，减压膜蒸馏过程由于在气液界面增加了一层疏水膜，更有利于气液两相的组织，可减小蒸馏设备的体积，强化整体传质特性等，其基本分离过程如图 7-8 所示。在减压膜蒸馏中，气液两相通过一层疏水膜隔开，溶液在膜的一侧流过，在膜的另一侧施加一定的真空度。溶液中的水蒸气、氨分子等挥发性组分通过膜孔自由扩散到真空渗透侧，进而在渗透侧被冷凝和收集下来。显然，减压膜蒸馏过程是典型的热驱动过程，尤其适用于有大量废热或低品位热源的场所。其所用的膜主要为疏水性的中空纤维膜或平板膜，主要由 PTFE（聚四氟乙烯）、PVDF（聚偏氟乙烯）、PP（聚丙烯）等疏水性材料制备。

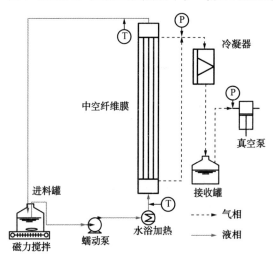

图 7-8　从沼液中分离氨氮并回收可再生氨水的减压膜蒸馏工艺流程

1. 沼液基可再生氨水回收流程

可采用疏水性中空纤维膜接触器（Hollow Fiber Membrane Contactor，HFMC）实现

沼液中氨氮分离及可再生氨水回收（图 7-8）。氨氮回收中，沼液在蠕动泵的驱动下循环于中空纤维膜的管程，沼液则在恒温磁力搅拌器的作用下保持均匀搅拌和一定的进料温度。进液流量可以通过蠕动泵的转速进行调节。带有外循环的水浴加热器在中空纤维膜组件的进口处对入口沼液进行加热，保证沼液的进料温度。同时，在膜的外侧通过真空泵施加真空，真空度由在真空泵处的阀门开度进行调节。研究中，所选择的膜接触器参数如表 7-2 所示。

表 7-2　可再生氨水回收中的中空纤维膜接触器基本参数

类别	参数	单位
膜内径	200	μm
膜外径	300	μm
膜孔直径	80~90	nm
膜孔隙率	33	%
组件内径	20	mm
组件外径	22	mm
膜丝数量	500	—
总长度	722.5	mm
有效长度	380	mm
有效气液接触面积	0.12	m²

2. 可再生氨水回收中的主要评估指标

沼液减压膜蒸馏过程中，总通量（J_t）的计算方式为：

$$J_t = \frac{\Delta m}{At} \tag{7-2}$$

式中，Δm 为沼液在操作时间 t（min）内的质量变化，g；A 为气液接触面积，可直接用膜面积替代，m²。

氨通量（J_{TAN}）可以表示为：

$$J_{TAN} = \frac{V_0 C_0 - V_t C_t}{At} \tag{7-3}$$

式中，V_0 和 C_0 分别为沼液的初始体积和总氨氮的质量浓度，单位分别为 L、g-N/L；V_t 和 C_t 分别为 t 时刻的沼液体积和氨氮的质量浓度，单位分别为 L、g-N/L。

氨回收过程中的氨氮损失量（L_{TAN}）可按下式计算：

$$L_{TAN} = \frac{V_0 C_0 - V_t C_t - \sum D_i V_i}{V_0 C_0 - V_t C_t} \times 100\% \tag{7-4}$$

式中，D_i 和 V_i 分别为冷凝回收液中的氨氮的质量浓度和体积，单位分别为 g-N/L、L；i 为取样的次数。

3. 沼液氨氮的分离特性

减压膜蒸馏回收沼液中氨氮过程时，操作参数对减压膜蒸馏过程回收氨性能的影响如图 7-9 所示。由图 7-9 可知，沼液进料流量可显著影响氨传质速率。当增加进料流量时，总传质通量和氨通量均呈线性增加，这就意味着氨氮分离过程中的边界层效应十分严重，增加进料流量可加剧流体的湍流状态并最小化边界层效应，进而促进传质。然而，总传质通量远高于氨氮通量，这主要是由于氨氮在膜内侧的停留时间较短。进料流量对氨氮损失的影响较低，约为 10%。一般而言，氨损失越大，回收的氨氮量越小，在氨氮分离中的潜在环境威胁更大。因而，在参数选择时，一般要求在保持较高氨通量的同时尽量降低氨损失。

氨氮分离温度在减压膜蒸馏过程中是一个重要影响因素，因为温度的升高不仅可以影响氨的溶解度，同时还能够影响氨的蒸气分压。当温度升高时，总通量和氨通量均大幅增加。但是，当沼液温度升高到 70℃后，总通量和氨通量的增幅变小，尤其是氨通量增加更平缓，主要是由于温度增加同时导致的温度极化增加和热损失加大，进而导致渗透通量的降低。氨损失随着温度的增加呈现先减少后增加的趋势，并在 70℃时保持稳定。氨损失量在 69℃时最低，为 3.2%，这也说明可以通过优化操作参数以降低氨损失量。

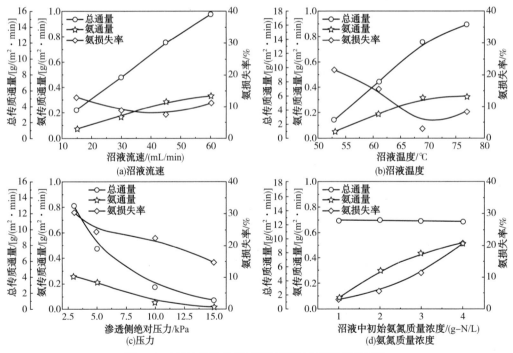

图 7-9　VMD 操作参数对沼液氨氮分离性能的影响

在减压膜蒸馏过程中，渗透侧采用较低的压力时，气液侧的氨分压更大，因而有助于增加氨传质，但也会同时导致较高的氨氮损失。根据亨利定律，高的氨气分压和低的渗透侧绝对压力会导致较高的氨氮损失。因而，当渗透侧绝对压力增加时，氨通量和氨损失都急剧降低。在实际操作过程中，可以通过优化渗透侧的真空度来达到合理的氨通量和最低的氨损失。

当沼液初始氨氮浓度增加时，总通量变化不大，但氨通量大幅上升，这主要是因为初始氨氮浓度变化基本不影响沼液中水的蒸气分压，因而在 VMD 过程中，水蒸气传质通量基本保持不变。而 VMD 过程中，水蒸气传质通量要远高于氨传质通量，因而沼液初始氨氮浓度变化对总传质通量的影响并不显著。但在沼液初始氨氮浓度越高，相同的温度和 pH 值条件下，沼液侧自由氨浓度越高，因而 VMD 过程中氨传质驱动力越大，氨传质通量越高。相应地，氨损失率也随沼液初始氨氮浓度的增加而增加。

根据上述相关结果，可考虑选择进料温度 69℃、渗透侧绝对压力 10kPa、进液流量 60mL/min（沼液流速约为 0.064m/s）作为较优的沼液氨氮回收条件，从而可获得合理的氨通量和较低的氨损失。在减压膜蒸馏过程中，馏出物可以在真空泵的前端和后端进行冷凝。在真空泵的后端进行冷凝可使馏出物在微正压下冷凝进而保证较低的氨氮损失。但在泵前冷凝更适合实验室中操作，可避免可再生氨水在真空泵中冷凝而影响试验精度。

4. 可再生氨水的回收特性

在减压膜蒸馏回收氨氮过程中，不同的进料侧沼液氨氮初始质量浓度下，沼液氨氮质量浓度随蒸馏时间变化如图 7-10 所示。由图 7-10 可知，沼液中的氨氮质量浓度随减压蒸馏时间的延长而持续降低，且氨氮质量浓度变化规律可以用指数衰减曲线进行拟合。同时，在相同的操作参数下，不同沼液初始氨氮浓度的氨氮去除率基本保持一致，90min 内的氨氮去除率均为 75%，符合一级反应动力学的特征。基于氨氮分离中所获得的回归方程，可以通过计算获得冷凝液的质量浓度和体积。在沼液温度为 69℃，沼液流速为 0.064m/s，渗透侧真空压力为 10kPa 条件下，当沼液中氨氮质量浓度由 1g/L 增加到 4g/L，且氨氮去除率为 90% 时，冷凝液的氨氮质量浓度分别为 3.9g/L 到 18.3g/L，且回收的冷凝液体积和原沼液体积之比为 1∶5。

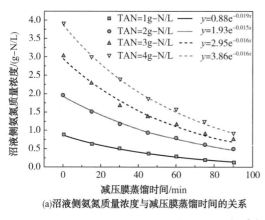
(a)沼液侧氨氮质量浓度与减压膜蒸馏时间的关系

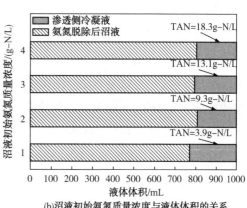
(b)沼液初始氨氮质量浓度与液体体积的关系

图 7-10 沼液氨氮分离动力学特征

在 VMD 中，除了氨会发生传质而进入渗透侧被冷凝外，其他挥发性物质，如水蒸气、CO_2、挥发性脂肪酸等均会协同传质而进入渗透侧被冷凝。因而需要对渗透侧冷凝液的成分进行进一步分析，从而确定其中自由氨含量。在不同的沼液 TAN 质量浓度下，不同时间段渗透侧冷凝液中的 TAN、总碳（TC）、总无机碳（TIC）、总有机碳（TOC）及 pH 值如图 7-11 所示。

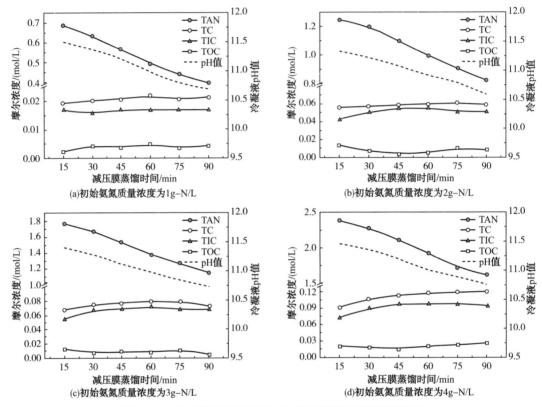

图 7-11　冷凝液主要成分及 pH 值随蒸馏时间的变化规律

由图 7-11 可知，冷凝液中的 TAN 摩尔浓度与沼液中初始 TAN 质量浓度直接相关。当沼液中 TAN 质量浓度增加时，由于传质驱动力的增加，回收冷凝液的 TAN 摩尔浓度也随之增加。如当原沼液中的初始质量浓度为 2g-N/L，冷凝液的 TAN 摩尔浓度在最初 15min 内可以达到 1.25mol-N/L，在 90min 时降低至 0.82mol-N/L。虽然在不同的初始 TAN 质量浓度下，冷凝液的 TAN 摩尔浓度不一致，但是冷凝液的 pH 值变化规律却基本一致，均随冷凝液 TAN 摩尔浓度的减少而略微降低，但值均为 10.7 到 11.5 区间。基于冷凝液的 TAN 摩尔浓度与 pH 值区间，这说明冷凝液中 99% 的 TAN 以自由氨的形式存在，这就意味着回收的冷凝液即为可再生氨水。

同时，在可再生氨水中的其他杂质组分中，无机碳部分主要是来自沼液中的 CO_2，而有机碳部分主要是挥发酸，主要包括乙醇、乙酸、丙酸、丁酸。总有机碳含量和挥发酸含量如图 7-11 和图 7-12 所示。显然，与可再生氨水中的氨质量浓度相比，CO_2 负荷和挥发酸的质量浓度均较低。

因此，采用减压膜蒸馏技术从沼液中回收可再生氨水具有可行性，且可再生氨水浓度与沼液初始氨氮质量浓度息息相关。当沼液初始氨氮质量浓度较高时，可获得较高质量浓度的可再生氨水用于沼气提纯。可再生氨水的主要化学组分为自由氨，而无机碳和可挥发性脂肪酸含量远低于自由氨含量，这就意味着可再生氨水具有良好的 CO_2 吸收性能。

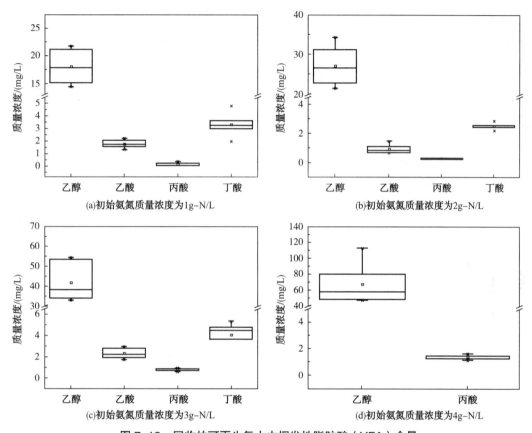

(a)初始氨氮质量浓度为1g-N/L

(b)初始氨氮质量浓度为2g-N/L

(c)初始氨氮质量浓度为3g-N/L

(d)初始氨氮质量浓度为4g-N/L

图 7-12　回收的可再生氨水中挥发性脂肪酸（VFA）含量

7.2.3　可再生氨水的沼气提纯可行性

7.2.3.1　可再生氨水的沼气 CO_2 分离特性

在填料塔反应器内进行了可再生氨水的沼气 CO_2 分离研究，并与传统的乙醇胺（MEA）和 NaOH 进行了对比研究。填料塔 CO_2 吸收系统如图 7-13 所示，填料塔参数如表 7-3 所示。试验研究中，沼气采用由 CH_4 和 CO_2 按 6∶4 的体积分数比例混合配制的模拟沼气，并采用质量流量控制器（MFC）控制气体流量（D07 系列质量流量控制器，北京七星华创电子股份有限公司）。试验研究中，保持 750L/h 的沼气流速从填料塔底进入。

吸收液以 10~60L/h 的流速由塔顶喷入，在填料塔中与模拟沼气中的 CO_2 进行气液接触反应。提纯后的沼气通过沼气分析仪检测其中 CO_2 的体积分数（Gas-board 3200L，武汉四方科技有限公司）。吸收 CO_2 后的吸收剂进入富液罐中。

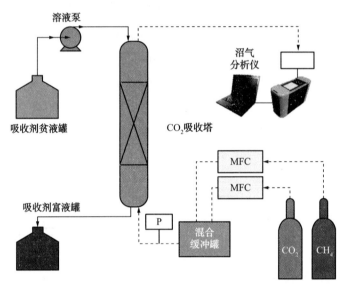

图 7-13　沼气 CO_2 填料塔吸收系统

表 7-3　填料塔相关参数

参数	数值	单位
填料塔内径	0.4	m
总高度	2	m
填料的类型	不锈钢鲍尔环	—
填料尺寸	6×6×0.3	mm
填料高度	1.5	m
比表面积	273	m²/m³
空隙率	0.914	—

　　沼气 CO_2 吸收中，可再生氨水和 NaOH 溶液摩尔浓度为 0.5~2.0mol/L。沼气流量为 750L/h，进气压力为 110kPa，吸收温度为 8℃。同时，还考虑了相同操作参数条件下的纯水和 1.0mol/L 的 MEA 溶液的沼气 CO_2 吸收性能。不同吸收剂溶液的沼气提纯性能如图 7-14 所示。

　　由图 7-14 可知，无论采用何种吸收剂，从填料塔塔顶排出的气体中 CH_4 体积分数均随吸收液流量的增加而增加，这主要是因为增加液相流量可以降低液相边界层效应，进而增加沼气中 CO_2 向液相的传质速率和传质系数。在 4 种吸收剂中，摩尔浓度为 1.0mol/L 的 MEA 溶液在试验条件下对 CO_2 的分离性能最好，如 MEA 溶液流量为 30L/h 时，即可

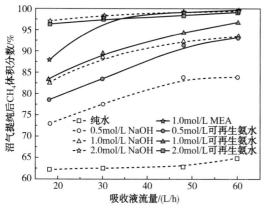

图7-14 不同吸收剂在填料塔中的沼气提纯性能

将沼气中 CH_4 体积分数提升到97%以上，满足生物天然气的基本要求。而此时，相同浓度的 NaOH 溶液和可再生氨水溶液仅能将 CH_4 体积分数提升至约87%。这主要归因于几种吸收剂的 CO_2 反应速率差异。通常而言，MEA 对 CO_2 的反应速率要高于氨水溶液，而在较高温度（如20~40℃）下，MEA 的 CO_2 反应速率则低于 NaOH。但反应温度对 NaOH 的吸收速率影响更大，因而在试验温度条件下（8℃，主要是为了降低可再生氨水的挥发损失），MEA 的反应速率反而略高于 NaOH。同时，虽然氨水与 CO_2 的反应动力学常数最低，但其受温度的影响较小，这也是工业上采用冷冻氨工艺（Chilled Ammonia Process，CAP）进行碳捕集的重要原因。因此，低温条件下氨水对沼气 CO_2 分离效果要优于 NaOH 溶液。

在沼气 CO_2 分离研究中，纯水对沼气的提纯效果最差，纯水流量为60L/h 时仅能将沼气中 CH_4 体积分数从60%提升至约65%。显然，在常压和低温下，仅依靠 CO_2 在水中的物理溶解对沼气进行提纯时难以达到提纯要求，这也是在实际沼气提纯过程中要采用高压水洗技术的原因，即需要对气体进行大幅增压，从而提高 CO_2 在水中的溶解度。纯水的沼气提纯效果不佳也说明在常压下，水的物理吸收作用对上述氨水、MEA 和 NaOH 吸收剂溶液的 CO_2 吸收性能的影响较小，这表明化学反应在 CO_2 分离过程中占主导地位。

液相流量对吸收 CO_2 后产生的富液 CO_2 负荷影响如图7-15所示。由图7-15可知，CO_2 负荷随液相流量的增加而降低。其中，0.5mol/L 的氨水吸收剂可达到最高的 CO_2 负荷，主要原因在于其浓度较低且吸收速率相对较高。但氨水在此条件下并未吸收达到饱和（热力学平衡 CO_2 负荷为1.0mol/mol），可能是因为在高 CO_2 负荷下，氨水对 CO_2 吸收速率降低，同时由于试验中采用了较高的液气比，导致氨水未充分反应就离开了吸收塔。因此，为实现可再生氨水对 CO_2 吸收潜力的利用最大化，需要合理配置气液反应设备的形式或合理安排吸收工艺过程。在高吸收剂浓度下，氨水

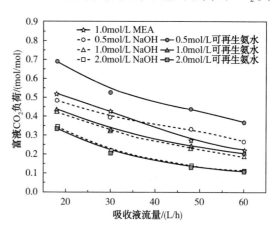

图7-15 液相流量对吸收剂富液 CO_2 负荷的影响

和 NaOH 对沼气 CO_2 分离效果及 CO_2 负荷的表现形式基本一致，同时，2mol/L 的氨水和 NaOH 对沼气 CO_2 的分离效果优于 1mol/L 的 MEA 溶液。这说明在采用可再生氨水时，需要尽量提高其中有效成分的浓度，从而达更优的沼气提纯效果。

7.2.3.2 沼液基可再生氨水的沼气提纯性能评估

由上一节的结论可知，可再生氨水完全可用于沼气 CO_2 脱除，并且在合适的浓度下，可将沼气中 CH_4 体积分数提升至 97% 以上，满足生物天然气的基本标准。但在实际沼气工程中，应用基于可再生氨水的单程 CO_2 化学吸收工艺进行沼气提纯时，还需要考虑到所能回收的可再生氨水浓度及沼气量，只有当每天回收的可再生氨水量足够脱除每天所产沼气中的 CO_2 时，才能将沼气提纯到生物天然气标准。可再生氨水回收量与沼液初始氨氮浓度及氨氮分离技术有关，在理想的氨氮分离技术前提下（如回收 90% 的沼液氨氮并全转化为可再生氨水），沼液初始氨氮质量浓度越高，回收的可再生氨水质量浓度越高。如对于采用餐厨废弃物为原料的沼气工程，其发酵后沼液中氨氮质量浓度可高达 5g-N/L，但是对于以农作物秸秆为原料发酵的沼液中，其氨氮质量浓度可能低于 0.5g-N/L。因而，在可再生氨水回收中，从餐厨废弃物基沼液中回收的可再生氨水浓度要高于秸秆基沼液。而沼液产量及沼气产量与沼气工程的容积产气率及发酵原料水力滞留期有关，如当水力滞留期为 20d，容积产气率为 1m³/（m³·d）时，沼气和沼液的体积比为 20∶1，此时，如容积产气率降为 0.5m³/（m³·d），则沼气和沼液的体积比为 10∶1。显然，对于相同氨氮浓度的沼液，沼气与沼液体积比越大，则意味着提纯过程中 CH_4 体积分数将会越低。

由以上论述可知，采用可再生氨水对沼气进行提纯时，提纯后的生物天然气中 CH_4 体积分数受到沼液氨氮质量浓度、沼气容积产气率等参数的影响（假设氨氮回收技术成熟、且可再生氨水的 CO_2 吸收性能稳定）。因而，需要对其进行评估。

提纯后生物天然气中 CH_4 体积分数可按下式进行估算：

$$C_{CH_4} = \frac{V_{biogas}\omega_{CH_4}}{V_{biogas} - V_{CO_2}} \times 100\% \tag{7-5}$$

式中，V_{biogas} 为每天的沼气产量，m³/d；V_{CO_2} 为可再生氨水每天可吸收的 CO_2 体积，m³/d；ω_{CH_4} 为沼气中 CH_4 的体积分数，%。

$$V_{CO_2} = 22.4\beta C_{NH_3} \tag{7-6}$$

式中，C_{NH_3} 为沼液中总氨氮含量，kmol/d；β 为可再生氨水中氨氮占沼液中总氨氮含量的比例，β=0.9，即假设沼液中的氨氮有 90% 被回收而转化为可再生氨水。需要注意的是，在此假设 1mol 的氨水能吸收 1mol 的 CO_2。

沼气体积和沼液中总氨氮含量可按下式进行计算：

$$V_{biogas} = \gamma V_P \tag{7-7}$$

$$C_{NH_3} = \frac{V_P}{HRT} \times [TAN] \qquad (7-8)$$

式中，V_P 为发酵罐的有效发酵体积，m^3；γ 为沼气工程的平均容积产气率，$m^3/(m^3 \cdot d)$；HRT 为发酵过程中的水力停留时间，d；[TAN] 表示沼液的氨氮摩尔浓度，$kmol/m^3$。

提纯后的生物天然气中的 CH_4 体积分数受沼气产气率、水力停留时间和沼液初始氨氮质量浓度的影响如图 7-16 所示。由图可知，在高的沼液初始氨氮浓度和低的水力停留时间下，采用沼气工程自己产生的沼液回收可再生氨水，并采用可再生氨水进行沼气提纯时，提纯后的沼气中 CH_4 含量更高，特别是在沼气产气率较低时，沼气的提纯效果会更好。当沼气产气率较低时 [如仅为 0.5 或 $1.0m^3/(m^3 \cdot d)$]，提纯后沼气中的 CH_4 体积分数可达 95% 以上。

因此，当厌氧发酵中采用高氨氮原料且沼气产量较低时，可在单程 CO_2 化学吸收工艺中应用沼液基可再生氨水进行沼气提纯，从而将沼气提纯到生物天然气标准。

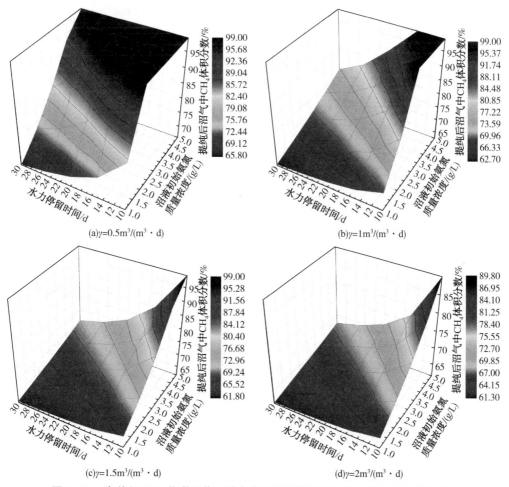

图 7-16　在单程 CO_2 化学吸收工艺中应用沼液基可再生氨水时的沼气提纯性能

7.2.4　以氨氮分离后沼液为载体时 CO_2 在植物系统中的固碳同化特性

氨氮脱除后的沼液 pH 值一般较高，超过植物根际 pH 值适宜范围，不能直接用于植物浇灌。此时，可采用沼气中的 CO_2 对沼液进行中和，形成富 CO_2 沼液，然后对富 CO_2 沼液进行农业利用，起到消纳沼液和固定 CO_2 的双重功效。由于目前暂未见利用富 CO_2 沼液进行大田种植的报道，因而在此仅以实验室的基础研究结果为例介绍富 CO_2 沼液中的 CO_2 在植物系统的固碳同化特性。

研究中，以樱桃、番茄为模式植物。同时，为避免土壤肥力对研究产生的影响，采用按照标准土：黄沙 =1∶1 质量比混合后制备的栽培土壤进行研究。研究中，称取 7.5kg 栽培土装入栽培盆中。在番茄栽培研究中，重点研究了富 CO_2 沼液和 ^{13}C 标记的富 CO_2 沼液施用时对番茄生长的影响，并用化肥（ $N∶P_2O_5∶K_2O=16∶16∶16$ ）、无碳沼液（先加硫酸将沼液 pH 调至 4 以下，释放出沼液中的 CO_2 ，然后再加 NaOH 将 pH 值调至 6~7 ）与清水处理进行对照试验。富 CO_2 沼液由脱氨后沼液吸收纯 CO_2 至 pH=6.5 时而制得，所用的化肥、无碳沼液、富 CO_2 沼液以及 ^{13}C 标记的富 CO_2 沼液按每千克栽培土施用 0.15g 纯氮计算施用量。

研究中，将三叶龄的番茄移植到装好土的盆中，每个组种植 15 盆。肥料按照 50% 基肥、30% 保花肥和 20% 保果肥的方式进行施用，并每隔 3~5d 浇一次水。在番茄第一胎花苞形成前，测定番茄植株的 ^{13}C 丰度等相关指标，在番茄第一胎果成熟后，测定番茄植株和果实的农艺及生理性状等相关指标，并对土壤微生物取样做 16S rRNA 高通量分析。土壤的物化指标和 ^{13}C 丰度等在试验开始和结束时分别取样检测。

7.2.4.1　富碳沼液对番茄的植物生理毒性

从番茄的外观长势、光合能力、所受生理胁迫状况以及元素摄取能力等方面研究了富 CO_2 沼液（ CO_2-rich Biogas Slurry，CBS）种植番茄时对番茄的生理毒性。

1. 番茄的外观长势

CBS 用于番茄种植时，番茄的长势及产量如图 7-17 所示。由图 7-17（a）可知，CBS用于番茄种植时能够提升番茄的产量。与化肥（Chemical Fertilizer，CF）处理相比，番茄的经济产量和收获指数分别显著提升了 45.8% 和 1.6%。与无碳沼液（Non-CO_2 Biogas Slurry，BS）处理相比，CBS 种植时收获的番茄的经济产量显著提升了 8.0%，但收获指数略微下降。这些结果表明，得益于沼液中含有的优质养分，将沼液引入番茄种植过程中，促进了番茄的发育［图 7-17（c）］，特别是促使番茄形成了更庞大的根系，进一步促进了番茄根系对沼液中养分的吸收，因此番茄的经济产量得到提升。而相较于 BS，在沼液中引入 HCO_3^- 形式的 CO_2 用于番茄种植时，并未对番茄的生长产生抑制作用，反而有提升番茄整体生物量的潜质。如图 7-17（c）所示，相较于 BS，CBS 种植的番茄其根系和植株长势均有所改善。

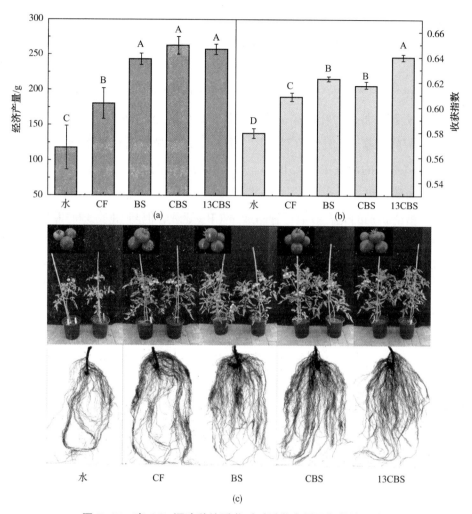

图 7-17　富 CO_2 沼液种植番茄时对番茄产量及长势的影响

添加了 ${}^{13}C$ 标记的 $NaH^{13}CO_3$ 后的沼液（${}^{13}C$ marked CO_2-rich Biogas Slurry，13CBS）种植番茄主要用于示踪模拟研究番茄对 HCO_3^- 的固定途径和固定量。因此，13CBS 不能对番茄产生生理胁迫，否则用 13CBS 模拟探究番茄对外源 HCO_3^- 的固定途径和固定份额的结果会与 CBS 的实际处理情况不一致，导致研究结果不可靠。如图 7-17 所示，与 CBS 处理的番茄相比，13CBS 处理时番茄的经济产量差异不显著，番茄的长势和根系发育差异也不显著，两处理基本相似。因此，从外观长势看，采用 13CBS 种植的番茄和 CBS 处理时处于同一水平，其结果可被用于补充说明 CBS 处理时番茄对引入的外源无机碳的固定途径和固定份额。

2. 番茄的光合能力

在番茄光合同化能力评价中，叶绿素含量代表了番茄对光能转化及转运的能力。如图 7-18 所示，与 CF 处理相比，CBS 种植的番茄在净光合速率、水分利用率、蒸腾速率以及气孔导度等指标上并无显著差异，但 CBS 种植的番茄却保持了较高的叶绿素含量，其中叶绿素 a/b 值与 CF 处理相比显著提升了 5.2%，这表明 CBS 种植的番茄的光合能力在本质上得到提升。CBS 种植的番茄与 BS 处理相比，光合速率显著提高了 20.9%，其他光合同化指标与 BS 处理差异不显著，两处理间处于同一水平。进一步分析番茄的叶绿素含量后发现，BS 处理时番茄的叶绿素 a 和叶绿素 b 比 CBS 处理分别提升了 11.5% 和 24.3%，且差异显著，但叶绿素 a/b 值差异不显著，仍与 CBS 种植的番茄处于同一水平。这些结果表明，在种植番茄的沼液中引入 HCO_3^- 并未限制番茄的光合同化能力，反而有提升光合能量转换能力的趋势。

13CBS 种植的番茄的光合参数尽管略逊于 CBS 处理，但与 CF 处理时差异不显著，两者处于同一水平。这主要是在用添加了 $NaH^{13}CO_3$ 的沼液种植番茄过程中，Na^+ 对番茄产生了部分胁迫。但 13CBS 处理时番茄的光合指标与 CF 处理时保持一致，说明 13CBS 种植的番茄能保持正常的光合能力。因此，由标记物引入栽培环境中的 Na^+ 对番茄产生的不利影响可以忽略，采用其进行 CO_2 固定同化途径研究的结果可靠。

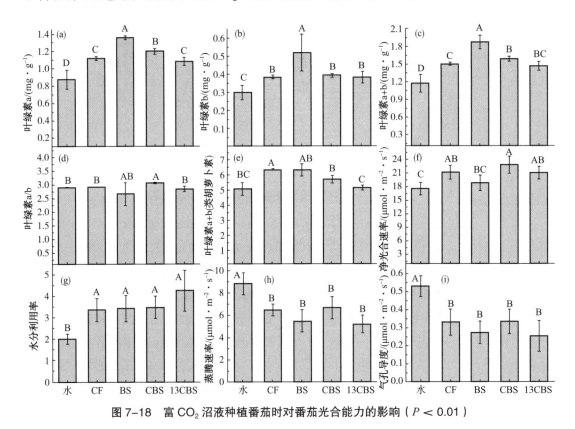

图 7-18 富 CO_2 沼液种植番茄时对番茄光合能力的影响（$P < 0.01$）

3. 番茄的生理胁迫状况以及元素摄取能力

有研究发现，当 CO_2 在作物的栽培环境中含量过高时，会造成作物在 N、P 及 Fe 元素的摄取及合成方面受阻。但由图 7-19 及图 7-20 可知，与 CF 种植的情形相比，CBS 种植的番茄在根系活力［图 7-19（a）］及对 N 元素的摄取能力［图 7-20（a）］等方面分别提升了 61.3% 和 149.6%，且两者之间差异显著。在植株含水率、P 元素摄取及 Fe 元素摄取方面，CBS 处理组与 CF 处理保持一致，且差异不明显。这些结果均表明，采用 CBS 种植番茄时，番茄对矿质元素的摄取能力不但达到了 CF 处理的标准，并在根系活力及对 N 元素摄取等指标上明显提升，同时对 P 及 Fe 元素的摄取未产生抑制作用。因此，沼液非常适合作为 CO_2 的转运载体，这得益于富 CO_2 沼液负载的 CO_2 降低了沼液的 pH 值，降低 pH 值后的富 CO_2 沼液对于维持番茄根际 pH 值稳定的缓冲性明显。富 CO_2 沼液的这些优势保障了番茄根际环境的适宜根际 pH 值，使得番茄根际中的各类矿质元素都处于可吸收状态。因此，相较于常规栽培手段（如 CF 处理），CBS 处理组的番茄对 N、P、K、Ca、Mg 和 Fe 等矿质元素的摄取均未产生明显的抑制作用。与 BS 种植的番茄相比，CBS 种植的番茄在元素摄取能力上依然保持着优势，番茄的根系活力提升了 76.1%，对 N 及 P 元素的摄取量分别提升了 68.9% 和 29.6%，但对 Fe 元素的摄取量差异并不显著。由此可见，在沼液中引入 HCO_3^- 后种植番茄时，并未对番茄的元素摄取能力产生抑制作用，反而 HCO_3^- 促进了番茄根系对矿质元素的吸收。HCO_3^- 除了为番茄根际提供了适宜 pH 值外，HCO_3^- 在被番茄根吸收后，能够被番茄根系合成为有机酸、葡萄糖等根际分泌物参与根系的元素吸收过程，这对 pH 值敏感性元素（如 P、Fe 等）的吸收有着促进作用。

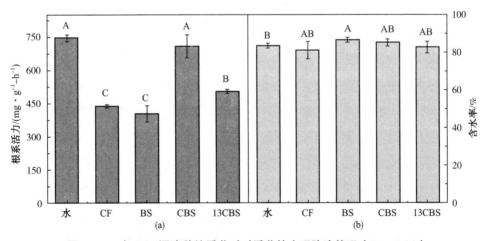

图 7-19 富 CO_2 沼液种植番茄时对番茄的生理胁迫状况（$P < 0.01$）

13CBS 种植的番茄与 CBS 处理相比，除根系活力及 N 元素吸收能力有所下降外，各项指标均与 CBS 处理差异不显著。但与 CF 处理相比，13CBS 种植的番茄的根系活力及 N 元素吸收量分别提升了 15.1% 和 30.5%，这表明在元素吸收方面，相较于 CBS 处理，13CBS 种植的番茄并未受到明显的生理胁迫。

显然，为沼液中引入了 HCO_3^- 形式的 CO_2 后，并未增加沼液对番茄的生理毒性，且相较于 BS 种植的番茄，CBS 处理在一定程度上促进了番茄的生长及营养摄取。因此，利用沼液将 CO_2 转运到番茄生态系统中，不会对番茄产生任何生理性胁迫，反而非常有利于番茄的生长。另外，用 13CBS 种植的番茄能够保持与 CBS 处理相当的水平，因而可以用 13CBS 处理模拟 CBS 处理探究番茄对引入栽培土壤的 HCO_3^- 的固定同化机理。

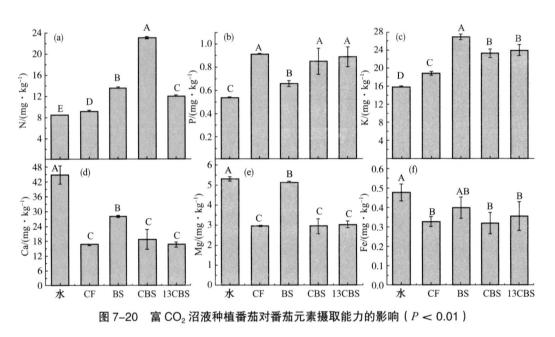

图 7-20　富 CO_2 沼液种植番茄对番茄元素摄取能力的影响（ $P < 0.01$ ）

7.2.4.2　富碳沼液施用对番茄营养品质的影响

1. 番茄果实的食用品质

利用 CBS 种植番茄时，番茄果实的食用品质参数如果实色泽（胡萝卜素）和口感指标如图 7-21 所示。与 CF 处理相比，CBS 种植的番茄果实中的胡萝卜素质量浓度及可溶性糖含量分别提升 17.3% 和 86.5%，糖酸比提升 12.5%。尽管糖酸比的提升效果并不显著，但 CBS 种植组收获的番茄的口感却有所提升［图 7-21（d）］。这些结果表明，相较于常规种植技术（CF 处理），CBS 种植的番茄果实中糖分含量高，且有机酸含量也有所提升［图 7-21（b）和图 7-21（c）］。与 BS 处理相比，CBS 种植的番茄果实中的糖酸比及可溶性糖含量分别提升了 34.6% 和 58.5%，且差异显著，但胡萝卜素质量浓度差异不显著。由此可见，番茄果实中胡萝卜素质量浓度的提升可能是沼液带来的改变，而果实中糖与酸含量的改变得益于沼液中引入的 HCO_3^- 形式的 CO_2，这也进一步说明番茄根系吸收了土壤碳库中的 HCO_3^-，并将其转化为糖及有机酸等物质存储在番茄果实中，从而改善了番茄果实的食用品质。

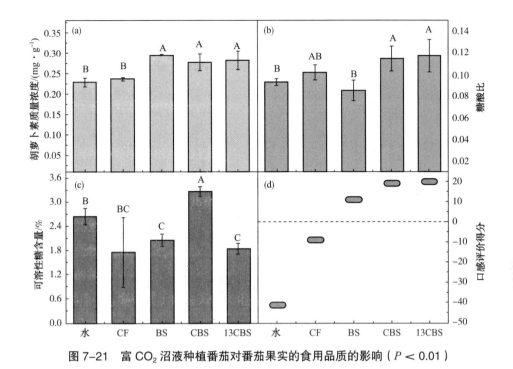

图 7-21 富 CO_2 沼液种植番茄对番茄果实的食用品质的影响（$P < 0.01$）

2. 番茄果实中的维生素质量浓度

CBS 种植番茄对番茄果实中碳基及氮基维生素质量浓度的影响如图 7-22 及图 7-23 所示。有研究表明，随着大气中 CO_2 浓度的不断升高，在现有农业管理措施下，作物中的碳基维生素含量将会提高，但氮基维生素质量浓度将大幅降低。番茄果实中的氮基维生素——B 族维生素含量如图 7-22 所示，CBS 种植的番茄果实中的 B 族维生素质量浓度与 CF 处理的相比差异并不显著，但维生素 B_1、B_5、B_6 和 B_8 等的质量浓度分别提高了 8.2%、72.1%、15.4% 和 54.1%，且差异显著，而维生素 B_2、B_4 和 B_7 的质量浓度无显著差异。但需要注意的是，维生素 B_3 质量浓度却显著下降了 21.0%。与 BS 处理相比，CBS 种植的番茄果实中的 B 族维生素质量浓度有所提升且差异显著，其中维生素 B_1、B_4、B_5、B_6 和 B_8 的质量浓度分别提升了 26.8%、63.7%、159.7%、10.7% 和 66.5%，且差异显著，但维生素 B_2、B_3 和 B_7 的质量浓度无显著差异。这些结果表明，将 HCO_3^- 引入沼液中后，确实能够维持番茄果实中氮族维生素质量浓度的稳定，且与无 HCO_3^- 额外添加的 BS 处理相比，氮基维生素质量浓度更是得到明显的提升。这主要得益于富 CO_2 沼液引入土壤碳库中的 HCO_3^- 能够结合沼液中的铵根离子，然后与土壤的结合位点结合，防止了土壤中自由氨的逸散与淋溶，进一步为番茄根际环境提供了丰富的氮源，保障了番茄生长对氮素的需求。但需要注意的是，与 CF 处理相比，CBS 处理的果实中维生素 B_3 质量浓度有所下降，这是由于合成维生素 B_3 的前体物质中除了氨态氮，还有部分硝态氮（NO_3^-）。土壤无机碳库中 HCO_3^- 的积累可能会导致番茄根系中吸收的 NO_3^- 的净流出，但 BS 处理中

的维生素 B_3 质量浓度与 CBS 处理的差异不显著，这进一步明确，维生素 B_3 质量浓度的降低或许与沼液中 NO_3^- 含量低相关。

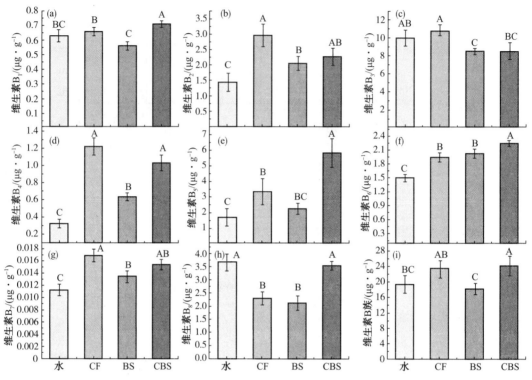

图 7-22　富 CO_2 沼液种植番茄时对番茄果实中 B 族维生素质量浓度的影响（$P < 0.01$）

　　番茄果实中的碳基维生素——维生素 E 的质量浓度如图 7-23 所示。当番茄种植到 CBS 处理的环境中，与 CF 处理相比，番茄果实的维生素 E 复合物的质量浓度明显增加，其中，α-、γ- 和 δ-维生素 E 的质量浓度分别提升了 45.3%、58.7% 和 72.4%。与 BS 处理相比，番茄果实的维生素 E 复合物的含量仍然增加，且差异显著，其中，α-、γ- 和 δ-维生素 E 的质量浓度分别提升了 111.0%、45.3% 和 96.4%。因此，引入番茄栽培土壤中的 HCO_3^- 参与了番茄的碳固定过程，并且合成的有机物被番茄转运并储存到了番茄的果实中。

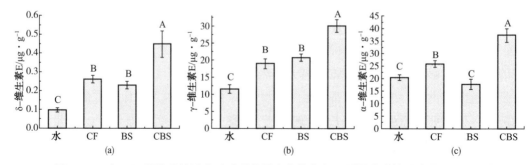

图 7-23　富 CO_2 沼液种植番茄时对番茄果实中维生素 E 质量浓度的影响（$P < 0.01$）

7.2.4.3 富碳沼液中 CO_2 在番茄中的固定

CO_2 经沼液引入番茄栽培土壤中后确实能被番茄吸收，并合成糖类、维生素等有机物储存在番茄中。为了进一步探究番茄对 HCO_3^- 的吸收利用途径，采用 ^{13}C 标记的 $NaH^{13}CO_3$ 模拟富 CO_2 沼液中的 HCO_3^- 用于番茄种植。由图 7-24 可知，在番茄的各个组织中都检测到了 ^{13}C 的存在，这表明，番茄吸收并利用了沼液引入土壤碳库的外源 HCO_3^-。对 13CBS 种植后的番茄进行 ^{13}C 核磁共振分析［图 7-24（a）］后可知，被番茄吸收的 ^{13}C 主要参与合成了脂肪环或脂肪链、氨基酸、碳水化合物或六碳糖，少量参与合成了烯烃类物质及羧基或羰基或酰胺基等。这些结果表明，在富 CO_2 沼液提供的适宜根际环境中，番茄能充分地吸收土壤碳库中的外源性 HCO_3^-，并将其转化为各种有机物。

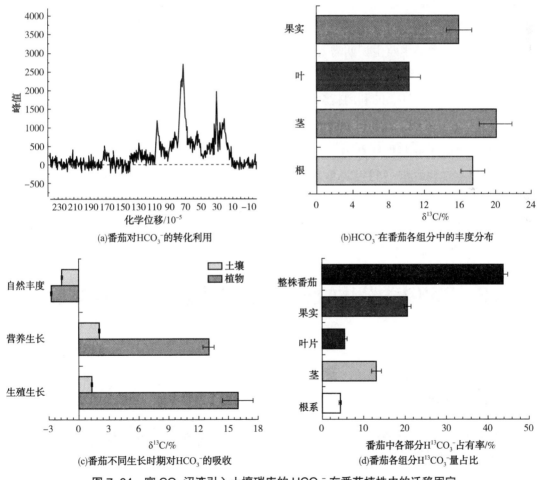

(a)番茄对 HCO_3^- 的转化利用　(b) HCO_3^- 在番茄各组分中的丰度分布
(c)番茄不同生长时期对 HCO_3^- 的吸收　(d)番茄各组分 $H^{13}CO_3^-$ 量占比

图 7-24　富 CO_2 沼液引入土壤碳库的 HCO_3^- 在番茄植株中的迁移固定

由图 7-24（b）可知，在番茄的根系中，番茄吸收的 HCO_3^- 用于合成了根际分泌物如草酸和葡萄糖等（碳水化合物、六碳糖、羧基等），这部分的 HCO_3^- 占番茄总吸收量的 10.3%。除了在根系中利用，HCO_3^- 还被转运到了番茄的茎叶中，HCO_3^- 有可能在茎叶中参与了番茄的光合作用，被合成了碳水化合物，其中在茎中合成利用的 HCO_3^- 占番茄总吸收量的 29.9%，叶中合成利用的 HCO_3^- 占番茄总吸收量的 12.6%。尽管叶片才是番茄的主要光合场所，但番茄茎中利用的 ^{13}C 含量却高于叶片的利用量，这主要是由于番茄的茎中也含叶绿素，但由于茎部气孔较少甚至没有气孔，这使得番茄的茎部很难获得来自大气中的 CO_2，因而在传统途径上，茎部并不是光合作用的主要场所。但当根部吸收的 HCO_3^- 通过番茄的茎部输送到叶片时，这些 HCO_3^- 将优先参与番茄茎部的表皮光合作用，且只有当其光合能力饱和后，才会被运输到叶片，因此茎部才是 HCO_3^- 参与光合的主要场所。不过茎部的叶绿素含量有限，也受生长时期影响，而且茎部也不是番茄的主要储能部位，如此多的 HCO_3^- 被储存在茎部或许也与番茄茎部的结构物质有关，被根系吸收的 ^{13}C 也可能被合成了番茄的木质素（脂肪环等官能团），作为番茄的主要支撑结构。另外，由图 7-24（c）可知，番茄生殖生长期对 $H^{13}CO_3^-$ 的吸收量高于营养生长期的。其主要原因在于，番茄生殖生长期需要为番茄果实同化更多有机物，进而为繁育后代做准备。番茄植株会将根系吸收的 $H^{13}CO_3^-$ 合成为有机物并输送到果实中储藏，因此，番茄在生殖生长过程中对 HCO_3^- 的利用就会增加，这部分利用的 HCO_3^- 的量占番茄总吸收量的 47.2%。上述研究表明，番茄果实可能是番茄的主要储藏有机物的部位。

综上所述，^{13}C 标记的研究结果表明，番茄可以从土壤中吸收 HCO_3^- 参与番茄机体有机物的合成，并将合成的有机物转运到番茄的各个部位，成为番茄的结构物质或储能物质。

7.3 以沼液为载体的沼气 -CCS 体系的负碳排放特性

7.3.1 系统边界

从沼液中回收可再生氨水用于 CO_2 吸收时，系统的资源消耗与系统边界如图 7-25 所示。该系统主要消耗的资源有：

（1）含氨氮的沼液。

（2）用于对沼液进行预处理和调节 pH 值的 CaO。虽然 CaO 在制备过程中会释放 CO_2（1.37kg-CO_2/kg-CaO），但在沼液预处理过程中又吸收了沼液中的 CO_2 并使该部分的碳固定在了固相中。因此，假设本过程中在此部分的 CO_2 释放量可忽略。

（3）外界向沼液中系统提供的热能和电能。在分析中，主要考虑了两种情景：①高氨水浓度情景，即当可再生氨水中氨氮质量浓度为100g-N/L时，由文献可知，可再生氨水回收中的热耗约为30MJ/kg-N，电耗约为1.5MJ/kg-N；②低氨水浓度情景，即可再生氨水中氨氮浓度为10g-N/L时，热耗约为300MJ/kg-N，电耗约为15MJ/kg-N。由于电能来源渠道不同，发电过程中的CO_2排放量也不尽相同，如燃煤电厂、天然气电厂、核电站、太阳能光伏电站、水力电站和生物质电厂发电时的典型CO_2排放量为0.96kg-CO_{2E}/kW·h、0.44kg-CO_{2E}/kW·h、0.066kg-CO_{2E}/kW·h、0.032kg-CO_{2E}/kW·h、0.01kg-CO_{2E}/kW·h和0.12kg-CO_{2E}/kW·h。

（4）从外界吸收的CO_2，此处为沼气中的CO_2。

该系统的主要资源产出包括以下两部分：

（1）低氮磷含量的沼液，可以用于农业灌溉用水。

（2）固体肥料，如沼液预处理后高磷含量的固相、回收氨水吸收CO_2后的碳酸氢铵结晶等。

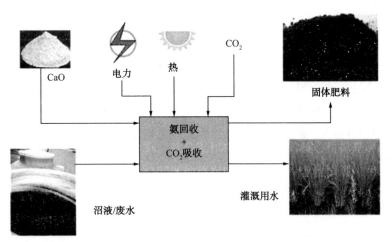

图7-25　从沼液中回收氨并用于CO_2吸收过程的资源消耗及系统边界

7.3.2　沼气-CCS体系的负碳排放量

采用氨水作为吸收剂进行沼气提纯时，考虑了不同氨的来源，即从沼液中以减压膜蒸馏的方式获得可再生氨水的过程及传统的合成氨过程。而不同的氨获取来源，其制备过程中的CO_2排放量不同，如图7-26所示。同时，合成氨的CO_2在排放中还考虑了所消耗电能的来源渠道的影响。分析中，对于可再生氨水考虑了两种情景，即质量浓度分别为100g-N/L和10g-N/L。每种情景对热能和电能的需求并不相同，将导致CO_2排放量不尽相同。分析中，参照文献对电能和热能产生过程中排放的CO_2量进行计算。当可再生氨水中氨氮浓度为10g-N/L时，氨氮回收过程的CO_2排放量为3.03kg-CO_2/kg-N。而当可再生氨水中氨氮浓度增加到 100g-N/L 时，氨氮回收过程的 CO_2 排放量可大幅降至 0.3kg-CO_2/kg-N。显然，在氨水回收中抑制水的蒸发及提升可再生氨水质量浓度，可有效降低氨水回收过程中的 CO_2 排放量。

当回收的可再生氨水用于 CO_2 吸收时，由于杂质的存在，可再生氨水的 CO_2 吸收容量略小于其热力学平衡容量，可达到约 0.98mol-CO_2/mol-NH_3，即 3.08kg-CO_2/kg-N。因此，当氨水回收过程中因能源和物质消耗所导致的 CO_2 排放量低于 3.08kg-CO_2/kg-N 时，即可实现单程 CO_2 化学吸收过程的负排放，即碳足迹为负。由此可知，当可再生氨水浓度范围为 [10, 100] g/L 时，氨水回收中的 CO_2 排放范围为 [3.03, 0.3] kg-CO_2/kg-N，而氨水的 CO_2 回收量为 3.08kg-CO_2/kg-N，意味着此时的负碳排放量为 [-0.05, -2.78] kg-CO_2/kg-N。对容积产气率为 $1m^3$/（$m^3 \cdot d$）、发酵原料水力停留期为 20d 的常规中温厌氧发酵工艺而言，采用可再生氨水的沼气-CCS 体系后带来的负碳排放量则为 [-0.0025, -0.139] kg-CO_2/m^3- 沼气。照此推算，对于日产 $10000m^3$ 沼气的沼气工程，应用可再生氨水的沼气-CCS 体系后带来的负碳排放量则为 [-25, -1390] kg/d，平均值为 -707.5kg-CO_2/d，即 -233.48t-CO_2/a（按每年运行 330d 计算）。

在单程 CO_2 化学吸收工艺中，如直接使用传统的合成氨法获得氨作为 CO_2 吸收剂时，需考虑氨合成中的 CO_2 排放量，而其排量与电能来源息息相关。传统合成氨的能耗世界平均值为 52.8MJ/kg-NH_3，当电能来源于燃煤发电厂时，氨合成时的 CO_2 排放量为 4.19kg-CO_2/kg-N，而当电能来源于核能、水能和生物质能等清洁能源时，其 CO_2 排放量均不高于 1kg-CO_2/kg-N。显然，如采用燃煤电厂的电力为合成氨系统供电时，电能消耗所导致的 CO_2 排放量要大于吸收剂不循环的单程 CO_2 吸收工艺中氨所能回收固定的 CO_2 量（3.08kg-CO_2/kg-N），因而无法实现 CO_2 吸收过程的负排放，即碳足迹为正。如若采用清洁能源供电，可实现负碳足迹。

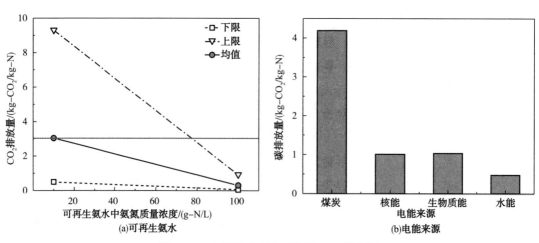

图 7-26　氨回收和制备过程的 CO_2 排放量

对可再生氨水和合成氨两种体系进行对比时，发现无论工艺系统的电能来源如何，基于可再生氨水使用的单程 CO_2 吸收工艺的 CO_2 负排放量均大于合成氨的负排放量。从 CO_2 吸收剂制备能耗的角度看，工业上传统合成氨的能耗的世界平均值为 52.8MJ/kg–NH_3，制备乙醇胺（MEA）的能耗为 88.4MJ/kg，而即使在工艺未优化的前提下，从沼液中回收可再生氨水为 CO_2 吸收剂的能耗也仅为 30MJ/kg。因此，就现有研究而言，可再生氨水的能耗明显低于 MEA 和工业氨水的制备能耗，具有一定的优势。如若对现有工艺进行改进优化，优势将会更加明显。

因此，为方便利用清洁能源，建议对废水脱氨处理工厂和清洁能源生产工厂进行集成，这样既有利于清洁能源的合理利用，减少能源输送中的损失，也可以减少沼液处理和氨回收过程的 CO_2 排放。如在沼气工程中，使用沼气工程自身产生的沼气进行发电，将产生的电和热用于沼液的处理和可再生氨水回收，但其中的资源平衡问题需要进行进一步的深入评估。利用清洁能源驱动减压膜蒸馏过程时，从沼液中回收获得氨水的灵活性远高于传统的合成氨工艺。由此可知，在沼液等废水处理过程中，利用从废水中回收获得可再生氨水吸收 CO_2，并将所产生的肥料（如沼渣和碳酸氢铵）用于农业生产，不仅能降低该过程的 CO_2 排放量，还能将 CO_2 转移并储存在植物和土壤中，属于安全的 CO_2 利用和储存过程。

参 考 文 献

［1］第二次全国污染源普查公报［R/OL］. 2020. http：//big5.mee.gov.cn/gate/big5/www.mee. gov.cn/xxgk2018/ xxgk/xxgk01/202006/W020200610353985963290.pdf.

［2］艾平，王海，万小春，等，主编.沼气工（基础知识）［M］.北京：中国农业出版社，2022.

［3］陈冠益，马文超，颜蓓蓓，等.生物质废物资源综合利用技术［M］.北京：化学工业出版社，2015.

［4］陈汉平，杨世关.生物质能转化原理与技术［M］.北京：中国水利水电出版社，2018.

［5］陈鸿伟，郭成浩，宋杨凡，等.流化床厌氧微生物发酵制氢研究进展［J］.现代化工，2023，43（11）：20–24，29.

［6］陈雷.生物质在循环双床中的热解气化实验研究［D］.北京：北京化工大学，2023.

［7］陈思，刘钊.生物质热解气化发电技术发展分析［J］.一重技术，2023（2）：67–70.

［8］陈黟，吴味隆.热工学［M］.3 版.北京：高等教育出版社，2007.

［9］崔秋芳，徐立强，涂特，等.CO_2 化学吸收法中再生气的陶瓷膜余热回收特性［J］.化工进展，2019，38（8）：3540–3547.

［10］翟秀静，刘奎仁，韩庆.新能源技术［M］.北京：化学工业出版社，2005.

［11］樊静丽，李佳，晏水平，等.我国生物质能–碳捕集与封存技术应用潜力分析［J］.热力发电，2021，50（1）：7–17.

［12］冯椋.生物质灰与沼液可再生吸收剂体系的 CO_2 吸收性能及农业应用潜力［D］.武汉：华中农业大学，2022.

［13］高嘉楠，方小里.生物质气化原理及设备浅析［J］.锅炉制造，2020，2：36–37，40.

［14］葛景岗.生物质电厂固体废弃物稳定土壤重金属的研究［D］.徐州：中国矿业大学，2020.

［15］郭莎莎.固定床棉秆生物质炭–气联产实验研究［D］.天津：河北工业大学，2014.

［16］国家发展和改革委员会，等.《"十四五"可再生能源发展规划》［R］.2022.

［17］何清.含碳基质预处理及热解气化反应机理研究［D］.广州：华东理工大学，2022.

［18］何泽.不同发酵制氢工艺控制条件优化及产氢效能［D］.哈尔滨：哈尔滨工业大学，2016.

［19］贺清尧，王文超，刘璐，等.沼液氨氮减压蒸馏分离性能与反应动力学［J］.农业工程学报，2016，32（17）：191–197.

［20］贺清尧.基于沼液的可再生吸收剂的 CO_2 吸收强化机制及工艺［D］.武汉：华中农

业大学，2018.

[21] 衡丽君．生物质定向热解制多元醇燃料全生命周期碳足迹评价［M］．江苏：东南大学出版社，2021.

[22] 胡彬彬．产氢菌株的筛选及其利用木质纤维素发酵产氢机理研究［D］．广州：华南理工大学，2018.

[23] 黄进，夏涛．生物质化工与材料［M］．2版．北京：化学工业出版社，2018.

[24] 李美狄．以碳酸氢根为纽带的高效BECCS系统的开发［D］．天津：天津大学图书馆，2019.

[25] 李孟刚，肖志远．国家能源安全与生物质能资源利用研究［M］．北京：科学出版社，2021.

[26] 李文哲，殷丽丽，王明，等．底物浓度对餐厨废弃物与牛粪混合产氢发酵的影响［J］．东北农业大学学报，2014，45（5）：103-109.

[27] 李学琴，刘鹏，吴幼青，等．生物质气化技术的发展现状及展望［J］．林产化学与工业，2022，42（5）：113-121.

[28] 李亚猛．暗－光联合生物制氢过渡态研究及其过程调控［D］．郑州：河南农业大学，2020.

[29] 梁栢强．生物质能产业与生物质能源发展战略［M］．北京：北京工业大学出版社，2013.

[30] 梁飞虹．以沼液和生物质灰为转运载体的CO_2在番茄中的固定［D］．武汉：华中农业大学，2022.

[31] 廖利，冯华，王松林．固体废弃物处理与处置［M］．武汉：华中科技大学出版社，2013.

[32] 廖莎，姚长洪，师文静，等．光合微生物产氢技术研究进展［J］．当代石油石化，2020，28（11）：36-41.

[33] 刘建禹，翟国勋，陈荣耀．生物质燃料直接燃烧过程特性的分析［J］．东北农业大学学报，2001，32（3）：290-294.

[34] 刘荣厚．生物质能工程［M］．北京：化学工业出版社，2015.

[35] 刘锐佳．废弃生物质热解过程的化学行为与机理及环境效益研究［D］．合肥：中国科学技术大学，2022.

[36] 刘殊嘉．静脉产业园沼气利用方式的碳减排分析［J］．中国沼气，2023，41（2）：17-22.

[37] 刘武军．生物质废弃物污染控制与清洁转化［M］．合肥：中国科学技术大学出版社，2022.

［38］刘一星.木质废弃物再生循环利用技术［M］.北京：化学工业出版社，2005.

［39］刘章林.基于生物质电厂废弃底灰构建类芬顿体系处理染料废水的研究［D］.成都：四川农业大学，2020.

［40］骆仲泱，周劲松，余春江，等.生物质能［M］.北京：中国电力出版社，2021.

［41］马国杰，郭鹏坤，常春.生物质厌氧发酵制氢技术研究进展［J］.现代化工，2020，40（7）：45-49，54.

［42］马帅帅.基于木质纤维素原料的光合制氢过程强化研究［D］.郑州：华北水利水电大学，2021.

［43］梅鹏.生物质直燃过程中灰特性及钾资源化利用研究［D］.沈阳：沈阳航空航天大学，2017.

［44］农业农村部农业生态与资源保护总站.农业农村减排固碳典型案例－生物质能替代［R］，2023.

［45］彭好义，李昌珠，蒋绍坚.生物质燃烧和热转换［M］.北京：化学工业出版社，2020.

［46］邱凌.生物炭介导厌氧消化特性与机理［M］.杨凌：西北农林科技大学出版社，2020.

［47］邱卫华，陈洪章.木质素的结构功能及高值化利用［J］.纤维素科学与技术，2006，14（1）：52-59.

［48］任俊莉，孙润仓，刘传富.半纤维素及其衍生物作为造纸助剂的应用研究进展［J］.生物质化学工程，2006，40（1）：35-39.

［49］任科.生物质锅炉飞灰分离处置及未燃尽炭应用实验研究［D］.济南：山东大学，2020.

［50］任南琪，李建政.发酵法生物制氢原理与技术［M］.北京：科学出版社，2018.

［51］任学勇，张扬，贺亮.生物质材料与能源加工技术［M］.北京：中国水利水电出版社，2017.

［52］沈剑山.生物质能源沼气发电［M］.北京：中国轻工业出版社，2009.

［53］石炎，薛聪，邱宇平.农林生物质直燃电厂灰渣资源化技术分析与展望［J］.农业资源与环境学报，2019，36（2）：127-139.

［54］水雪楠.静磁场中光合生物制氢技术的工艺优化研究［D］.郑州：河南农业大学，2023.

［55］宋景慧，湛志钢，马晓茜，等.生物质燃烧发电技术［M］.北京：中国电力出版社，2013.

［56］孙茹茹，姜霁珊，徐叶，等.暗发酵制氢代谢途径研究进展［J］.上海师范大学学

报：自然科学版：2020，49（6）：614-621.

［57］孙洋洲，丁一．生物质快速热解技术进展和发展前景分析［J］.现代化工，2016，36（6）：28-31，33.

［58］涂特，冉毅，贺清尧，等.CaO/PAC 混合絮凝剂的沼液净化性能［J］.化工进展，2018，37（6）：2392-2398.

［59］汪洋.潜力无穷的生物质能［M］.兰州：甘肃科学技术出版社，2014.

［60］汪一，江龙，徐俊.生物质热化学转化原理及高效利用技术［M］.武汉：华中科技大学出版社，2021.

［61］王储.生物质热解气选择性冷凝组分演化与产物调控研究［D］.合肥：中国科学技术大学，2022.

［62］王海波，刘海勇.浅谈生物质能直燃发电站锅炉炉型和炉排［J］.科技资讯，2019，34：53-55.

［63］王久臣，邱凌，李惠斌.中国沼气应用模式研究与实践［M］.杨凌：西北农林科技大学出版社，2020.

［64］王仁杰，蔡红明，夏海波，等.不同品种番茄的果实品质及感官评价［J］.中国果菜，2022，42（7）：42-50.

［65］王世永.秸秆电厂灰渣中钾磷元素及 SiO_2 回收的研究［D］.北京：华北电力大学，2015.

［66］韦惠玲.暗 - 光联合生物制氢研究及其过程调控［D］.北京：北京化工大学，2022.

［67］魏健东.基于沼液 CO_2 化学吸收的沼气热值提升技术研究［D］.武汉：华中农业大学，2022.

［68］向晓成.生物质灰提氯化钾工艺试验研究［J］.盐科学与化工，2022，51（4）：34-37.

［69］肖波，马隆龙，李建芬，等.生物质热化学转化技术［M］.北京：冶金工业出版社，2016.

［70］肖路飞，哈云，孟非，等.生物质气化技术研究与应用进展［J］.现代化工，2020，40（12）：68-72.

［71］徐朗.富碳生物质灰施用对盆栽番茄的生长及品质影响［D］.武汉：华中农业大学，2021.

［72］许鹏，王正君，宫滢.生物质电厂飞灰作混凝土掺合料的分析与评价［J］.森林工程，2018，34（6）：87-92.

［73］闫凯.生物质炭气联产实验研究［D］.保定：华北电力大学，2017.

［74］杨乐.玉米酒精废水厌氧消化制氢工艺研究［D］.昆明：云南师范大学，2022.

［75］叶茂林，谭烽华，李宇萍，等.农林废弃物气化合成混合醇生命周期环境影响分析
　　　［J］.化工学报，2022，73（03）：1369-1378.

［76］袁琪，李伟东，郑艳萍，等.中药渣的深加工及其资源化利用［J］.生物加工工程，
　　　2019，17（2）：171-176.

［77］袁振宏.生物质能高效利用技术［M］.北京：化学工业出版社，2015.

［78］袁振宏，吴创之，马隆龙，等.生物质能利用原理与技术［M］.北京：化学工业出
　　　版社，2006.

［79］臧良震.中国农林生物质能源资源潜力及其利用的环境经济效益研究［M］.北京：
　　　经济科学出版社，2021.

［80］张春雨，李彦生，于镇华，等.大气CO_2浓度和温度升高影响作物产量的光合生理
　　　及分子生物学机制［J］.土壤与作物，2021，10（3）：256-265.

［81］张全国.沼气技术及其应用［M］.4版.北京：化学工业出版社，2018.

［82］张甜.基于促酸代谢型光触媒的光发酵制氢工艺及过程强化机理研究［D］.郑州：
　　　河南农业大学，2022.

［83］张贤，杨晓亮，鲁玺.中国二氧化碳捕集利用与封存系统（CCUS）年度报告
　　　（2023）［R］.中国21世纪议程管理中心、全球碳捕集与封存研究院、清华大学，
　　　2023.

［84］张衍林 主编.农村能源实用新技术［M］.武汉：湖北科学技术出版社，2011.

［85］张振，韩宗娜，盛昌栋.生物质电厂飞灰用作肥料的可行性评价［J］.农业工程学
　　　报，2016，32（7）：200-205.

［86］张振.炉排燃烧生物质电厂飞灰利用的研究［D］.南京：东南大学，2016.

［87］赵开兴.生物质焚烧灰渣资源化技术分析与应用［J］.节能与环保，2023（4）：
　　　62-64.

［88］郑勇，轩小朋，许爱荣 等.室温离子液体溶解和分离木质纤维素［J］.化学进展，
　　　2009，21（9）：1807-1812.

［89］中德能源与能效合作.德国生物天然气发展思索——生产及并网的激励政策、商业
　　　模式、技术与标准［R/OL］.http：//www.doc88.com/p-48447033249485.html.

［90］中国产业发展促进会生物质能产业分会.3060零碳生物质能发展潜力蓝皮书［R］.
　　　2021.

［91］中国产业发展促进会生物质能产业分会.碳中和目标下的生物天然气行业展望 - 减
　　　排潜力、成本效益及市场需求［R］.2023.

［92］中国产业发展促进会生物质能产业分会.中国生物质能产业发展年鉴2023［R］.
　　　2023.

［93］中国电力企业联合会.中国电力行业年度发展报告2023［R］.https：//www.cec.org.cn/detail/index. html? 3-322625.

［94］中国投资协会能源投资专业委员会.零碳中国·生物天然气［R］.2023.

［95］中国沼气学会.中国沼气行业"双碳"发展报告［R］.2021.

［96］国家市场监督管理总局和国家标准化管理委员.车用生物天然气：GB/T 40510—2021［S］.北京：中国校准出版社，2021.

［97］国家市场监督管理总局和国家标准化管理委员.生物天然气 术语：GB/T 40506—2021［S］.北京：中国校准出版社，2021.

［98］国家市场监督管理总局和国家标准化管理委员.生物天然气：GB/T41328—2022［S］.北京：中国校准出版社，2022.

［99］沼气工程规模分类：NY/T667—2011［S］.2011.

［100］周建斌，马欢欢，章一蒙.秸秆制备生物质炭技术及产业化进展［J］.生物加工过程，2021，19（4）：345-357.

［101］周珂，孔维涛，冯新新，等.秸秆基生物天然气工程的温室气体减排估算［J］.中国农业大学学报，2022，27（12）：78-89.

［102］邹俊，陈应泉，杨海平，等.生物质高值化利用研究综述［J］.华中科技大学学报：自然科学版，2022，50（7）：79-88.

［103］Ádám Tajti, Tóth N, Bálint E, et al. Esterification of benzoic acid in a continuous flow microwave reactor［J］. Journal of Flow Chemistry，2018，8（1）：11-19.

［104］Adesanya D A, Raheem A A. Development of corn cob ash blended cement［J］. Construction and Building Materials，2009，23（1）：347-352.

［105］Adessi A, Torzillo G, Baccetti E, et al. Sustained outdoor H_2 production with *Rhodopseudomonas palustris* cultures in a 50L tubular photobioreactor［J］. International Journal of Hydrogen Energy，2012，37：8840-8849.

［106］Adhikary S K, Ashish D K, Rudžionis Ž. A review on sustainable use of agricultural straw and husk biomass ashes：Transitioning towards low carbon economy［J］. Science of the Total Environment，2022，838：156407.

［107］Aien A, Pal M, Khetarpal S, et al. Impact of elevated atmospheric CO_2 concentration on the growth，and yield in two potato cultivars［J］. Journal of Agricultural Science and Technology，2014，16：1661-1670.

［108］Al-Mohammedawi H H, Znad H, Eroglu E. Improvement of photofermentative biohydrogen production using pre-treated brewery wastewater with banana peels waste［J］. International Journal of Hydrogen Energy，2019，44：2560-2568.

[109] Alonso M M, Gascó C, Morales M M, et al. Olive biomass ash as an alternative activator in geopolymer formation : A study of strength, radiology and leaching behaviour [J]. Cement and Concrete Composites, 2019, 104 : 103384.

[110] Amutio M, Lopez G, Alvarez J, et al. Fast pyrolysis of eucalyptus waste in a conical spouted bed reactor [J]. Bioresource Technology, 2015, 194 : 225-232.

[111] Angelidaki I, Treu L, Tsapekos P, et al. Biogas upgrading and utilization : Current status and perspectives [J]. Biotechnology Advances, 2018, 36 : 452-466.

[112] Ataie F F, Riding K A. Influence of agricultural residue ash on early cement hydration and chemical admixtures adsorption [J]. Construction and Building Materials, 2016, 106 : 274-281.

[113] Bui M, Fajardy M, Mac Dowell N. Bio-energy with carbon capture and storage (BECCS): Opportunities for performance improvement [J]. Fuel, 2018, 213 : 164-175.

[114] Bui M, Fajardy M, Mac Dowell N. Bio-Energy with CCS (BECCS) performance evaluation : Efficiency enhancement and emissions reduction [J]. Applied Energy, 2017, 195 : 289-302.

[115] Cai J, Wang G. Photo-biological hydrogen production by an acid tolerant mutant of rhodovulum sulfidophilum p5 generated by transposon mutagenesis [J]. Bioresource Technology, 2014, 154 : 254-259.

[116] Calvin M, Benson A A. The Path of carbon in photosynthesis [J]. Science, 1948, 107 (2784): 476-480.

[117] Cordeiro G C, Sales C P. Influence of calcining temperature on the pozzolanic characteristics of elephant grass ash [J]. Cement and Concrete Composites, 2016, 73 : 98-104.

[118] Cruz N, Ruivo L, Avellan A, et al. Stabilization of biomass ash granules using accelerated carbonation to optimize the preparation of soil improvers [J]. Waste Management, 2023, 156 : 297-306.

[119] Cuenca J, Rodríguez J, Martín-Morales M, et al. Effects of olive residue biomass fly ash as filler in self-compacting concrete [J]. Construction and Building Materials, 2013, 40 : 702-709.

[120] de Hullu J, Maassen J I W, Shazad S, et al. Comparing different biogas upgrading techniques [R]. Netherlands : Eindhoven University of Technology, 2008.

[121] Dong F, Kirk D W, Tran H. Biomass ash alkalinity reduction for land application via CO_2

from treated boiler flue gas [J] . Fuel, 2014, 136 : 208-218.

[122] Edenhofer O, Pichs-Madruga R, Sokona Y, et al. IPCC, 2014 : Climate Change 2014 : Mitigation of Climate Change. Contribution of Working Group Ⅲ to the Fifth Assessment Resport of the Intergovernment Panel on Climate Change [R] . Cambridge University Press, 2014.

[123] Emenike O, Michailos S, Finney K N, et al. Initial techno-economic screening of BECCS technologies in power generation for a range of biomass feedstock [J] . Sustainable Energy Technologies and Assessments, 2020, 40 : 100743.

[124] Esposito E, Dellamuzia L, Moretti U, et al. Simultaneous production of biomethane and food grade CO_2 from biogas : An industrial case study [J] . Energy & Environmental Science, 2019, 12 : 281-289.

[125] Fei Z, Bao Q, Zheng X, et al. Glycinate-looping process for efficient biogas upgrading and phytotoxicity reduction of alkaline ashes [J] . Journal of Cleaner Production, 2022, 338 : 130565.

[126] Feng L, Liang F H, Xu L, et al. Simultaneous biogas upgrading, CO_2 sequestration, and biogas slurry decrement using biomass ash [J] . Waste Management, 2021, 133, 1-9.

[127] Gough C, Thornley P, Mander S, et al. Biomass energy with carbon capture and storage (BECCS) : Unlocking negative emissions (First Edition) [M] . John Wiley & Sons Ltd, 2018.

[128] Hamada H M, Skariah T B, Tayeh B, et al. Use of oil palm shell as an aggregate in cement concrete : A review [J] . Construction and Building Materials, 2020, 265 : 120357.

[129] He Q Y, Ji L, Yu B, et al. Renewable aqueous ammonia from biogas slurry for carbon capture : Chemical composition and CO_2 absorption rate [J] . International Journal of Greenhouse Gas Control, 2018, 77 : 46-54.

[130] He Q Y, Shi M F, Liang F H, et al. B.E.E.F. : A sustainable process concerning negative CO_2 emission and profit increase of anaerobic digestion [J] . ACS Sustainable Chemistry & Engineering, 2019, 7 : 2276-2284.

[131] He Q Y, Shi M F, Liang F H, et al. Renewable absorbents for CO_2 capture : From biomass to nature [J] . Greenhouse gases : Science and Technology, 2019, 9 : 637-351.

[132] He Q Y, Tu T, Yan S P, et al. Relating water vapor transfer to ammonia recovery

from biogas slurry by vacuum membrane distillation［J］. Separation and Purification Technology, 2018, 191 : 182–191.

［133］He Q Y, Xi J, Wang W C, et al. CO_2 absorption using biogas slurry : Recovery of absorption performance through CO_2 vacuum regeneration［J］. International Journal of Greenhouse Gas Control, 2017, 58 : 103–113.

［134］He Q Y, Yu G, Tu T, et al. Closing CO_2 loop in biogas production : Recycling ammonia as fertilizer［J］. Environmental Science & Technology, 2017, 51 : 8841–8850.

［135］He Q Y, Yu G, Wang W C, et al. Once–through CO_2 absorption for simultaneous biogas upgrading and fertilizer production［J］. Fuel Processing Technology, 2017, 166 : 50–58.

［136］He Q Y, Yu G, Yan S P, et al. Renewable CO_2 absorbent for carbon capture and biogas upgrading by membrane contactor［J］. Separation and Purification Technology, 2018, 194 : 207–215.

［137］Hepburn C, Adlen E, Beddington J, et al. The technological and economic prospects for CO_2 utilization and removal［J］. Nature, 2019, 575 : 87–97.

［138］Herzog H J, Drake E M. Carbon dioxide recovery and disposal from large energy systems［J］. Annual Review of Energy and the Environment, 1996, 21 : 145–166.

［139］http : //www.h2fc.net/Technology/show–972.html

［140］http : //www.tnjd.com/article_read_673.html

［141］https : //baijiahao.baidu.com/s?id=1756788180768231233&wfr=spider&for=pc

［142］https : //baijiahao.baidu.com/s?id=1779269129538633275&wfr=spider&for= pc&qq–pf–to=pcqq.c2c

［143］https : //fieet.org.cn/show/index/cid/2/id/198.html

［144］Ji L, Zheng X, Ren Y, et al. CO_2 sequestration and recovery of high–purity $CaCO_3$ from bottom ash of masson pine combustion using a multifunctional reagent–amino acid［J］. Separation and Purification Technology, 2024, 329 : 125171.

［145］Jiang D P, Ge X M, Lin L, et al. Continuous photo–fermentative hydrogen production in a tubular photobioreactor using corn stalk pith hydrolysate with a consortium［J］. International Journal of Hydrogen Energy, 2020, 45 : 3776–3784.

［146］Jiang D P, Ge X M, Zhang T, et al. Photo–fermentative hydrogen production from enzymatic hydrolysate of corn stalk pith with a photosynthetic consortium［J］. International Journal of Hydrogen Energy 2016, 41 : 16778–16785.

［147］Kapdan I K, Kargi F, Oztekin R, et al. Bio–hydrogen production from acid hydrolyzed wheat starch by photo-fermentation using different Rhodobacter Sp [J] . International Journal of Hydrogen Energy, 2009, 34 : 2201-2207.

[148] Ke X, Baki V A, Skevi L. Mechanochemical activation for improving the directmineral carbonation efficiency and capacity of a timber biomass ash [J] . Journal of CO_2 Utilization, 2023, 68 : 102367.

[149] Khan I U, Othman M H D, Hashim H, et al., Biogas as a renewable energy fuel – A review of biogas upgrading, utilization and storage [J] . Energy Conversion and Management. 2017, 150 : 277-294.

[150] Kinzel H. Influence of limestone, silicates and soil pH on vegetation [M] . Physiological plant ecology III, Springer, 1983 : 201-244.

[151] Lee J, Woolhouse H. A comparative study of bicarbonate inhibition of root growth in calcicole and calcifuge grasses [J] . New Phytologist, 1969, 68 (1) : 1-11.

[152] Liang F H, Feng L, Liu N, et al. An improved carbon fixation management strategy into the crop-soil ecosystem by using biomass ash as the medium [J] . Environmental Technology & Innovation, 2022, 28 : 102839.

[153] Liang F H, Wei S H, Wu L L, et al. Improving the value of CO_2 and biogas slurry in agricultural applications : A rice cultivation case [J] . Environmental and Experimental botany, 2023, 208, 105233.

[154] Liang F H, Yang W J, Xu L, et al. Closing extra CO_2 into plants for simultaneous CO_2 fixation, drought stress alleviation and nutrient absorption enhancement [J] . Journal of CO_2 Utilization, 2020, 42 : 101319.

[155] Liu H, Fu Y, Hu D, et al. Effect of green, yellow and purple radiation on biomass, photosynthesis, morphology and soluble sugar content of leafy lettuce via spectral wavebands "knock out" [J] . Scientia Horticulturae, 2018, 236 : 10-17.

[156] Lombardi L, Francini G. Techno-economic and environmental assessment of the main biogas upgrading technologies [J] . Renewable Energy, 2020, 156 : 440-458.

[157] Lu C Y, Zhang Z Z, Zhou X H, et al. Effect of substrate concentration on hydrogen production by photo-fermentation in the pilot-scale baffled bioreactor [J] . Bioresource Technology, 2018, 247 : 1173-1176.

[158] Miao E, Du Y, Wang H, et al. Experimental study and kinetics on CO_2mineral sequestration by the direct aqueous carbonation of pepper stalk ash [J] . Fuel, 2021, 303 : 121230.

[159] Miller S A, Cunningham P R, Harvey J T. Rice-based ash in concrete : A review of

past work and potential environmental sustainability [J]. Resources, Conservation and Recycling, 2019, 146: 416–430.

[160] Mirza S S, Qazi J I, Zhao Q, et al. Photo−biohydrogen production potential of *Rhodobacter Capsulatus-PK* from wheat straw [J]. Biotechnology for Biofuels, 2013, 6: 2–13.

[161] Muench S, Guenther E. A systematic review of bioenergy life cycle assessments [J]. Applied Energy, 2013, 112: 257–273.

[162] Munawar M A, Khoja A H, Naqvi S R, et al. Challenges and opportunities in biomass ash management and its utilization in novel applications [J]. Renewable and Sustainable Energy Reviews, 2021, 150: 111451.

[163] Niu Y, Tan H, Hui S E. Ash−related issues during biomass combustion: Alkali−induced slagging, silicate melt−induced slagging (ash fusion), agglomeration, corrosion, ash utilization and related countermeasures [J]. Progress in Energy and Combustion Science, 2016, 52: 1–61.

[164] Okon Y. Azospirillum as a potential inoculant for agriculture [J]. Trends in Biotechnology, 1985, 3 (9): 223–228.

[165] Papadopoulos I, Rendig V. Interactive effects of salinity and nitrogen on growth and yield of tomato plants [J]. Plant and Soil, 1983, 73 (1): 47–57.

[166] Pehnt M. Dynamic life cycle assessment (LCA) of renewable energy technologies [J]. Renewable Energy, 2006, 31: 55–71.

[167] Peng X, Dai Q, Ding G, et al. Distribution and accumulation of trace elements in rhizosphere and non−rhizosphere soils on a karst plateau after vegetation restoration [J]. Plant and Soil, 2017, 420 (1): 49–60.

[168] Piao S, Fang J, Ciais P, et al. The carbon balance of terrestrial ecosystems in China [J]. Nature, 2009, 458 (7241): 1009–1013.

[169] Poschenrieder C, Fern á ndez J A, Rubio L, et al. Transport and use of bicarbonate in plants: Current knowledge and challenges ahead [J]. International Journal ofmolecular Sciences, 2018, 19 (5): 1352.

[170] Rinaudo M, Vincendon M. ^{13}C NMR structural investigation of scleroglucan [J]. Carbohydrate Polymers, 1982, 2 (2): 135–44.

[171] Rodier L, Villar−Cociña E, Ballesteros J M, et al. Potential use of sugarcane bagasse and bamboo leaf ashes for elaboration of green cementitious materials [J]. Journal of Cleaner Production, 2019, 231: 54–63.

［172］Rubin E M. Genomics of cellulosic biofuels ［J］. Nature, 2008, 454 (7206): 841-845.

［173］Semiat R. Energy issues in desalination processes ［J］. Environmental Science & Technology, 2008, 42: 8193-8201.

［174］Shi M F, He Q Y, Feng L, et al. Techno-economic evaluation of ammonia recovery from biogas slurry by vacuum membrane distillation without pH adjustment ［J］. Journal of Cleaner Production, 2020, 265: 121806.

［175］Shi M F, Xiao M, Feng L, et al. Water and green ammonia recovery from anaerobic digestion effluent by two-stage membrane distillation ［J］. Journal of Water Process Engineering, 2022, 49: 102949.

［176］Shi M F, Zeng X R, Xiao M, et al. Ammonia recovery from anaerobic digestion effluent by aeration-assisted membrane contactor ［J］. Chemical Engineering Research and Design, 2022, 188: 954-963.

［177］Shinde A M, Dikshit A K, Odlare M, et al. Life cycle assessment of bio-methane and biogas-based electricity production from organic waste for utilization as a vehicle fuel ［J］. Clean Technologies and Environmental Policy, 2021, 23: 1715-1725.

［178］Shurong Wang, Gongxin Dai, Haiping Yang, Zhongyang Luo. Lignocellulosic biomass pyrolysis mechanism: A state-of-the-art review ［J］. Progress in Energy and Combustion Science, 2017, 62: 33-86.

［179］Silva F C, Cruz N C, Tarelho L A C, et al. Use of biomass ash-based materials as soil fertilisers: Critical review of the existing regulatory framework ［J］. Journal of Cleaner Production, 2019, 214: 112-124.

［180］Spohn M, Müller K, Höschen C, et al. Dark microbial CO_2 fixation in temperate forest soils increases with CO_2 concentration ［J］. Global Change Biology, 2020, 26 (3): 1926-1935.

［181］Sun T, Li W L, Ji J, et al. Valorization of biogas through simultaneous CO_2 and H_2S removal by renewable aqueous ammonia solution in membrane contactor ［J］. Frontiers of Agricultural Science and Engineering, 2023, 10: 468-478.

［182］Tan Z, Lagerkvist A. Phosphorus recovery from the biomass ash: A review ［J］. Renewable and Sustainable Energy Reviews, 2011, 15 (8): 3588-3602.

［183］Tang Y, Luo L, Carswell A, et al. Changes in soil organic carbon status and microbial community structure following biogas slurry application in a wheat-rice rotation ［J］. Science of the Total Environment, 2021, 757: 143786.

［184］Tao G，Geladi P，Lestander T A. Biomass properties in association with plant species and assortments. II：A synthesis based on literature data for ash elements ［J］. Renewable and Sustainable Energy Reviews，2012，16（5）：3507-3522.

［185］Thomas B S，Yang J，Mo K H，et al. Biomass ashes from agricultural wastes as supplementary cementitious materials or aggregate replacement in cement/geopolymer concrete：A comprehensive review ［J］. Journal of Building Engineering，2021，40：102332.

［186］Thomas B S. Green concrete partially comprised of rice husk ash as a supplementary cementitious material-A comprehensive review ［J］. Renewable and Sustainable Energy Reviews，2018，82：3913-3923.

［187］Tosti L，Van Zomeren A，Pels J R，et al. Assessment of biomass ash applications in soil and cement mortars ［J］. Chemosphere，2019，223：425-437.

［188］Tu T，Liu S，Cui Q F，et al. Techno-economic assessment of waste heat recovery enhancement using multi-channel ceramic membrane in carbon capture process ［J］. Chemical Engineering Journal，2020，400：125677.

［189］Tu T，Yang X，Cui Q F，et al. CO_2 regeneration energy requirement of carbon capture process with an enhanced waste heat recovery from stripped gas by advanced transport membrane condenser ［J］. Applied Energy，2022，323：119593.

［190］Vassilev S V，Baxter D，Andersen L K，et al. An overview of the chemical composition of biomass ［J］. Fuel，2010，89（5）：913-933.

［191］Vassilev S V，Baxter D，Andersen L K，et al. An overview of the composition and application of biomass ash. Part 1. Phase-mineral and chemical composition and classification ［J］. Fuel，2013，105：40-76.

［192］Vassilev S V，Baxter D，Andersen L K，et al. An overview of the composition and application of biomass ash.：Part 2. Potential utilisation，technological and ecological advantages and challenges ［J］. Fuel，2013，105：19-39.

［193］Vassilev S V，Baxter D，Andersen L K，et al. An overview of the organic and inorganic phase composition of biomass ［J］. Fuel，2012，94：1-33.

［194］Vassilev S V，Baxter D，Vassileva C G. An overview of the behaviour of biomass during combustion：Part I. Phase-mineral transformations of organic and inorganic matter ［J］. Fuel，2013，112：391-449.

［195］Vassilev S V，Baxter D，Vassileva C G. An overview of the behaviour of biomass during combustion：Part II. Ash fusion and ash formation mechanisms of biomass types ［J］.

Fuel, 2014, 117：152-183.

[196] Vassilev S V, Vassileva C G, Bai J. Content, modes of occurrence and significance of phosphorous in biomass and biomass ash [J]. Journal of the Energy Institute, 2023, 108：101205.

[197] Vassilev S V, Vassileva C G, Baxter D. Trace element concentrations and associations in some biomass ashes [J]. Fuel, 2014, 129：292-313.

[198] Vassilev S V, Vassileva C G, Petrova N L.mineral carbonation of thermally treated and weathered biomass ashes with respect to their CO_2 capture and storage [J]. Fuel, 2022, 321：124010.

[199] Vassilev S V, Vassileva C G, Song Y C, et al. Ash contents and ash-forming elements of biomass and their significance for solid biofuel combustion [J]. Fuel, 2017, 208：377-409.

[200] Vassilev S V, Vassileva C G. Water-Soluble Fractions of Biomass and Biomass Ash and Their Significance for Biofuel Application [J]. Energy & Fuels, 2019, 33 (4)：2763-2777.

[201] Voshell S, Mäkelä M, Dahl O. A review of biomass ash properties towards treatment and recycling [J]. Renewable and Sustainable Energy Reviews, 2018, 96：479-486.

[202] Walker M, Iyer K, Heaven S, et al. Ammonia removal in anaerobic digestion by biogas stripping：An evaluation of process alternatives using a first order rate model based on experimental findings [J]. Chemical Engineering Journal, 2011, 178：138-145.

[203] Wang M, Zhang Y L, Yan S P, et al. Enhanced biogas yield of Chinese herbal medicine extraction residue by hydrothermal pretreatment [J].BioResources, 2017, 12 (3)：4627-4638.

[204] Wang W, Zheng Y, Liu X, et al. Characterization of typical biomass ashes and study on their potential of CO_2 fixation [J]. Energy & Fuels, 2012, 26 (9)：6047-6052.

[205] Wang Y, Zhou X, Hu J J, et al. A comparison between simultaneous saccharification and separate hydrolysis for photofermentative hydrogen production with mixed consortium of photosynthetic bacteria using corn stover [J]. International Journal of Hydrogen Energy, 2017, 42：30613-30620.

[206] Watanabe A, Nishigaki S, Konishi C. Effect of nitrogen-fixing blue-green algae on the growth of rice plants [J]. Nature, 1951, 168 (4278)：748-749.

[207] Williams R H. Fuel decarbonization for fuel cell applications and sequestration of the separated CO_2 CEES Report 295 Tech. rep. Centre for Energy and Environmental Studies

［R］. Princeton University，1996.

［208］Woodward F. Do plants really need stomata? ［J］. Journal of Experimental Botany，1998：471–480.

［209］Xu C C, Zhang K H, Zhu W Y, et al. Large losses of ammonium–nitrogen from a rice ecosystem under elevated CO_2 ［J］. Science Advances，2020，6：eabb7433.

［210］Yan S P, Cui Q F, Xu L Q, et al. Reducing CO_2 regeneration heat requirement through waste heat recovery from hot stripping gas using nanoporous ceramic membrane ［J］. International Journal of Greenhouse Gas Control，2019，82：269–280.

［211］Yan S P, He Q Y, Zhao S F. Biogas upgrading by CO_2 removal with a highly selective natural amino acid salt in gas–liquid membrane contactor ［J］. Chemical Engineering and Processing：Process Intensification，2014，85（11）：125–135.

［212］Yan S P, He Q Y, Zhao S F. et al. CO_2 removal from biogas by using green amino acid salts：Performance evaluation ［J］. Fuel Processing Technology，2015，129（1）：203–212.

［213］Yan S P, Zhao S F, Wardhaugh L, et al. Innovative use of membrane contactor as condenser for heat recovery in carbon capture ［J］. Environmental Science & Technology，2015，49（4）：2532–2540.

［214］Yi Q, Zhao Y, Huang Y, et al. Life cycle energy–economic–CO_2 emissions evaluation of biomass/coal，with and without CO_2 capture and storage，in a pulverized fuel combustion power plant in the United Kingdom ［J］. Applied Energy，2018，225：258–272.

［215］Zhai J, Burke I T, Stewart D I. Beneficial management of biomass combustion ashes ［J］. Renewable and Sustainable Energy Reviews，2021，151：111555.

［216］Zhang H, Chen G, Zhang Q, et al. Photosynthetic hydrogen production by alginate immobilized bacterial consortium ［J］. Bioresource Technology，2017，236：44–48.

［217］Zhu C W, Kobayashi K, Loladze I, et al. Carbon dioxide（CO_2）levels this century will alter the protein，micronutrients，and vitamin content of rice grains with potential health consequences for the poorest rice–dependent countries ［J］. Science Advances，2018. 4（5）：eaaq1012.

［218］Zhu S, Yang X, Zhang Z, et al. Tolerance of photo–fermentative biohydrogen production system amended with biochar and nanoscale zero–valent iron to acidic environment ［J］. Bioresource Technology，2021，338：125512.